餐飲概論

Introduction of Food and Beverage

張麗英◎著

嚴序

　　麗英在西元1990年加入亞都麗緻大飯店，期間擔任訓練部副理一職，由於工作表現優異，1992年升任為訓練經理，之後一年間即又接任人事訓練部經理。1995年9月至1998年7月加入麗緻管理顧問公司成為專案經理，任內協助欣葉餐廳、麗池高苑、新竹醫院、中悅建設等專案。之後轉任欣葉連鎖集團，負責集團內人事及教育訓練，同時在許多大專院校擔任餐旅專業課程兼任老師多年。

　　麗英在亞都及麗緻服務的期間，個人對其五年中為公司設定許多良好制度及深得各級員工喜愛的優異表現留下深刻的印象，爾後在顧問公司的幾個重要專案中，也因麗英的付出使得許多工作得以順利推動及進行。

　　原本遠赴國外繼續深造的計畫因生病而改變，作為麗英的同事及朋友，心中對於她能勇敢的面對生命中最大的挑戰而感到敬佩。所幸，在她自己的信心及摯愛的先生照顧下，麗英不但戰勝了病魔，同時更回到學校崗位繼續作育英才。更在幾年間，陸續完成了「旅館房務理論與實務」、「旅館暨餐飲業人力資源管理」及這本「餐飲概論」大作，令人感動。

　　本書中麗英以其餐旅業多年的豐富經驗傳承，用心地整合學術界須具備的理論，並以餐旅業未來趨勢為重要的引導，分門別類地將餐飲管理重要的內容，以親切口吻說明各項理論，更以各種實例分析及說明，充分表現出作者真正具有豐富實務經驗。而書中許多實務操作的檢視表及技巧、管理制度的說明、顧客關係及抱怨處理等，許多餐飲業管理的真正精髓所在呈現，都反映出本書不同於一般教條式書籍。

　　誠心祝福麗英的著作出版成功，也衷心期盼她身體健康，生活美滿！

亞都麗緻大飯店
總裁

賴序

　　認識麗英是在圓山大飯店，當時麗英正在進行圓山的訓練課程，對於麗英認眞活潑的教學態度及專業的餐旅素養印象十分深刻。所以當忠品顧問公司跨足於餐旅產業時，第一個想要聘用的就是像麗英這樣的人才！後來，麗英離開業界擔任多所學校的兼任老師，由於有一致的訓練理念，忠品顧問公司正式聘用其爲課程總顧問。與麗英共事的這三年，她不但爲忠品規劃許多適合餐旅業界的課程，更以專業的課程諮詢技巧讓許多業者對她印象深刻，也由於她的努力，讓忠品顧問在餐旅業界打響名號。

　　麗英以其在餐旅業多年的豐富經驗，整合學術界所需具備的理論，寫出這本不可多得的好教科書。除了其內容完整外，並具備下列特色：第一、以整體餐飲業未來發展及餐廳在旅館的角度來導入其角色的重要性，使得入門者很容易了解餐飲業的現況及未來。第二、每篇主題說明後均有實際個案討論，筆者根據其多年經驗，舉出許多餐飲實際情況，讓讀者討論。不但可以印證該章節的學理外，更讓同學們有實際運用及思考練習的機會，理論與實際外還另加運用。第三、對於許多餐飲抽象的作業現象，巧妙地運用許多作業流程、圖解及詳盡的註釋，並在每段章節前加上引言，不但使學生一目了然，更容易在最短的時間內了解文章的重點，是相當高明的呈現手法。第四、以附表文字方式將許多無法避免的繁瑣細節詳盡地讓讀者可運用於餐飲實務中。作者爲求各項內容完整，使用相當數量之表單，用心地將許多小細項清楚地列出，提供了讀者最好的查詢資料。

　　在此先祝福麗英出版成功，期盼她能爲餐旅業界訓練出更多的人才！

忠品國際教育訓練機構

執行長

賴惠麗

自序

「民以食為天」美麗意念在你我的世界中生生不息!

2005年9月,台北市政府舉辦了一場「牛肉麵嘉年華會」,勾起了我對童年的不少記憶!從小不曾斷過的牛肉麵香、父母親忙碌的身影及來往不絕顧客的歡樂聲,是伴隨著自己長大快樂的點滴。但是不願意回憶的部分是:清晨四、五點起床、永遠洗不完的碗、堆積如山未處理的青菜、待清洗髒的豬內臟、切到手抽筋的牛肉,以及許多從「澳洲」來的顧客!所以長大後最不願意接觸的就是餐飲業!

但是造化往往作弄人,沒有想到自己長大後的工作環境(亞都麗緻大飯店及欣葉連鎖餐廳)、目前所從事的顧問工作(餐旅業人資及教育訓練)及在各大專院校兼任的課程,多數以「餐旅專業」科目為主,所有周遭的種種都和餐廳有密不可分的關係。

與揚智出版社林新倫副總經理的合作關係密切及互動良好(本人拙著「餐旅業人力資源管理」及「旅館房務理論與實務」兩書也是委託揚智代為出版),所以二年前在林副總的鼓勵下再次提筆,此次以家中餐館的經營,多年來在大飯店、顧問公司及連鎖餐廳的工作經驗,作為本書的基本知識及實務專業的重要依據。

近幾年來台灣餐廳如雨後春筍般地蓬勃發展,國內許多大型連鎖餐廳不斷擴充版圖,旅館業也順應大環境的改變加入競爭的行列,更因為許多國際知名連鎖餐飲系統及中國大陸老店也陸陸續續前來探路,未來台灣餐飲業的經營及管理將會更具衝擊及挑戰。

而因應許多不確定的環境及政治因素,未來餐飲業的經營將更重視專業管理素養、品牌及消費者口碑的建立及服務品質提升等許多實務性的課題。雖然目前國內有關餐飲管理方面的書籍及專業性論文不勝枚舉,其內容及專業皆各具特色。但本書在繕寫過程中,以兼具理論及實務面專業技巧為主要說明及分析方式,更加上許多實務案例的探討及附上業界多數採

用的解決方案。期望在內容、編排及實際案例的探討上能為餐飲科系老師的教學、學生的學習及餐飲專業人士在進修上能有實質的協助。

因此本書以「餐飲概論」為名，內容共分十章，以循序漸進的方式介紹餐飲業的專業與特色，期望把教學中較困擾的實務問題，加入目前業界的實例及現狀，並寫入作者從事餐飲人資主管多年的經驗，觀察出餐飲專業人員的未來規劃與發展，以期讓學校的學習與職場的應用更加契合。

此書耗費近兩年的資料蒐集及撰寫，這期間同業及好友的關懷讓我深切地體會餐旅業的溫暖，自己因為身體及家庭未來生涯規劃，已經無法再重回職場，所以衷心希望能夠以本書的出版，作為自己心中無限感恩的回饋。

本著作雖因個人因素拖延多時，但能夠順利完成須特別感謝亞都麗緻大飯店嚴長壽總裁百忙中撥冗賜序，欣葉連鎖餐廳總經理李鴻鈞多年的指導，以及忠品國際教訓機構執行長賴惠麗的鼓勵。更感謝同業好友圓山大飯店訓練中心王耳碧主任、喜來登人資部楊麗婷總監、原燒餐廳曹原彰總經理、欣葉台事業部主管鍾雅玲副總及陳渭南行政主廚、調酒協會孫尚志老師等人專業知識的交流；另外，景文旅館科趙惠玉主任、王斐青老師、實踐大學通識中心鄭美華主任、中華大學學分班黃筠萱主任等人餐飲課程的安排，讓我能在教學中收穫良多，在此一併致上最懇切的感懷之心。

更要藉此機會表達我對父母親從小培育及教導的用心，外子建順的支持及付出，對於愛子們清揚、婉清及雅青致上作母親的最大愛意！

本書的寫作過程及各項資料蒐集雖力求正確及完整，但餐飲市場變化十分快速，恐錯誤疏漏在所難免，尚祈專家、學者不吝指正。

張麗英　謹識

目錄

Chapter 1

導　論

- 餐飲業的特性
- 中西餐飲業的起源與發展
- 台灣餐飲業的未來發展
- 問題與討論

照片提供：亞都麗緻大飯店巴黎廳。

　　台灣的政治近年來已邁入新的紀元，餐飲業則因國際化、加入WTO及國人飲食習慣大幅度改變等因素影響下，正式進入了不同以往的多元化競爭時代。又因國內產業大舉西進後，許多傳統行業逐漸轉型，餐飲業因進入門檻較低、資本的準備較其他行業少，所以最被投資大眾所青睞。同時也因國際觀光旅客來華人數逐年減少，原本較重視國際型顧客的旅館業者，轉向搶攻國內消費市場，讓原本已十分競爭的餐飲市場更是箭拔弩張。此外，隨著資訊及科技的進步，許多不外傳及公開的資訊也漸漸傳出，再加上近年來大專院校的廣設餐飲科系，餐飲人力市場注入許多優質的新秀，讓餐飲專業的知識及經營管理更具重要及挑戰性。

　　本章中將針對餐飲業的特性、中西餐飲的起源及未來的發展等議題作深入探討。

第一節　餐飲業的特性

　　餐飲業隸屬於高度使用人力的服務業，而其所提供的服務具有無形、難以保存等特性，與一般的製造或產業無法並提比較，所以要對餐飲業的經營與管理有興趣及研究者，首先需分析其行業之特性，才能深入了解餐飲的各項管理與服務的精髓。

　　餐飲業具有獨特的經營特質，可區分為餐飲產品特性、一般經營管理的特性等，分別敘述如下❶。

餐飲產品特性

一、選擇立地條件的關鍵性

　　餐飲業的經營最具決定性關鍵就是所謂的「立地環境」。簡單地說明就是，一般型態的餐廳交通的便利性（如捷運出入口附近商圈目前已是百家必爭之處）、停車是否方便、目標是否明顯都為都會型顧客首要考慮消

費的條件；休閒式的餐飲則以交通的便利性、當地具特色的產品及自然景觀來吸引客源；五星級旅館、都會型或商務型旅館就必須有便捷的交通環境、具有新穎豪華設備等條件來招徠都會的用餐顧客及具各種目的（如喜宴、商展、記者會等）的旅客或顧客；而休閒性旅館除了具有吸引觀光客的優美自然景觀，可口及具濃厚地方性特色的餐飲更是觀光客是否會再次上門的主要因素。

二、具備特色餐飲的必要性

(一)台灣本土美食的吸引力

不論何種目的旅遊的顧客，都對各國本地的美食有著好奇及欲嘗試的心情，最方便可以品味的地方就是下榻的旅館或具特色的地方性知名餐廳。所以餐廳與旅館在餐食的製作必須講究、多量採用地方性食材、具特色的烹調方法及別出心裁的各種菜餚設計，才有辦法吸引觀光旅遊的客人。

(二)多變及獨特的餐飲設計

台灣在許多餐飲學校的創立後，培育許多明日之星，這些六、七年級生不但膽識夠且創新能力非常強，對於傳統廚房人員造成極大的衝擊，但也因此刺激到整體餐飲市場一片創新的氣息，最大的受惠者不只是消費者更是廚藝的從業人員。更因目前台灣的餐飲市場變化急遽，唯有不斷的創新及變化，並保留自己獨特的特色，才可讓客人源源不斷。

(三)獨占市場及追求流行的餐飲風潮

台灣的餐飲市場以往是十年一迴轉，慢慢演變為五年一週期，現在的餐飲市場多變的速度讓餐飲管理人員必須隨時注意外在市場的變化，有辦法賺錢的企業往往是領先市場的睿智者，追在後頭的業者往往會淪為第二次蛋塔的犧牲者。

服務的特性

一、無形性

目前消費市場中大多數商品的特性均介於純「商品」與純「服務」之間，但餐飲服務業雖有「具體」可見的商品（如餐食、飲料等），但「無形」（intangibility）的產品（如服務的品質、餐廳的氣氛、整體呈現的格調等）則是具有絕對性「無形」的特質[2]。

二、不可分割性

1. 製造與服務的不可分割：餐食的提供對消費者而言，服務應該是隨之而來，而非額外付費的，所以餐飲的製造與服務是一體兩面，無法單獨提供或是可以切割。
2. 服務無法囤積：餐飲服務必須有顧客光臨時才隨餐食提供，無法預先做好等著顧客來隨時取用。
3. 消費者在購買時即已付出服務的消費代價。

三、異質性

異質性（heterogeneity）是指服務很難達成百分之百的標準化，隨著服務品質、作業流程或人員的素質等因素而變動，無法具體標準化。雖然有部分旅館業者採用ISO的認證標準，但因無法如製造業那樣容易導入，所以跟進的企業少之又少；而顧客的需求因人而異，無法以一套標準滿足所有顧客。

四、難以保存性

難以保存性（perish ability）是指服務無法事先保留或將其量化來庫存，也因服務無法以產量或產能來計算，所以只能以顧客心中的那一把尺的標準來衡量。

五、服務的特殊性

服務除了具有以上四項的特性外，最能保住「常客」的將是服務的特殊性（service specialty）。有人說「餐飲業賣的不只是有形的商品，更是無價的服務」，若商品具有絕對的競爭優勢，但服務無法滿足客人的話，客人是會以行動（不再光臨）來表達對餐飲業無言的抗議。服務的提供者「服務人員」，將是業者最重要的事業夥伴，但是往往為業者所忽視，所以餐飲業的經營管理者應該特別重視人性化管理及服務的落實。

一般經營管理特性

一、無歇性

餐廳雖然是有一定的營運時間，但工作時間較別的產業長，所以員工必須採取特別的上班時間，如兩頭班、輪班輪休制或混合式的上班制（請參閱本書第七章），而因應顧客需求與日俱增的多變性，多數餐廳皆為全年三百六十五天無歇，因此，對於此行業的無歇性，需充分掌握其特質，才有辦法作相關經營與管理的靈活運用。

二、產品不可儲存及高廢棄性

餐飲產品因為食材的難以長期保存，如果沒有有效的業績預估及控制，將容易導致高度的廢棄性。而其經營是一種提供勞務的事業，勞務的報酬以次數或時間計算，時間一過其原本可有的收益，因沒有人使用其提供勞務而不能實現。舉例來說餐廳一但開店營業，即會產生很少顧客上門或客滿的狀況，有時很忙或很清閒，所以需要制定正確的市場行銷釐出尖峰、離峰的管理，並進而有效地控制人力的相關成本。

三、綜合及合理性

餐飲業的功能包含了食、育、樂等，而餐廳不只提供餐食，更提供一

個社交的場所，人們透過「吃」拉近了彼此的距離。餐食的收費應與其提供給顧客產品相同等級，甚至應設法做到物超所值，使客人體驗到滿足與喜悅。

四、公用及安全性

依餐飲業的特性上看，餐廳是一個提供大眾集會、宴客、休閒娛樂的公共性場所。旅館及合法的餐廳是一個設備完善、大眾周知且經政府核准合法的建築物，其對公眾負有法律上的權利與義務，保障消費顧客的安全與財產，是極重要的使命。

五、地區及區域性

餐飲業營業的地理位置、場地的大小、交通的便利、停車的容量等因素，皆會影響其客源及市場的定位，如台灣台北以南的餐飲地區性，其停車的方便性往往決定其客源的多寡（如婚宴場地的大小、外賣車道的設定等）。

六、流行及健康性

餐飲業為一領導時尚的中心，也是許多政商名流所經常消費之處，所以經營者必須能製造及領導流行的風尚，更要知曉目前市場的趨勢。目前最新且為餐飲業者所重視的為素食、養生、防老、抗癌等的健康性飲食，如何為顧客設計具營養又不失美味的餐飲，是想要贏得先機的業者最重要的課題。

七、需求及服務的多變性

餐飲業服務的對象需求全然不同，無法像製造業的產品完全標準化，所以要如何針對不同的客源，提供不同的服務，是經營者必須努力的方向。同時餐飲業也是一重視禮節及服務品質呈現的行業，其中五星級觀光旅館的服務理念，也是當下許多服務業所爭相學習的對象。當客人在某家餐廳用餐後，會想要再度光臨的重要因素，往往是其受到熱誠的接待與滿

足的服務。

台灣餐飲業的戰國時代

二十年前，筆者剛進入職場的職位是當時台灣最熱門的行業「國際貿易業務祕書」，每日必須接待由歐、美來台的高階主管、採購人員，當時顧客經常下榻的五星級旅館中式餐飲以「四川菜」掛帥，日本料理則是高級的「懷石料理」最受顧客所歡迎，而西式則以「法國料理」最讓旅客心儀！當時台北街頭大街小巷的餐廳皆是重口味的天下，又鹹又辣的川菜是台灣中產階級的最愛；四面環海的台灣富產海鮮，各式的「海鮮料理餐廳」則是外食族經常光顧的地點；廣東菜在香帥楚留香的大流行帶動下風靡全省，多少四、五年級生經常聚會的地點少不了「港式飲茶」；上海及北平菜也未在餐飲版圖上缺席過，鼎泰豐的點心更是讓人聞香下車，蘇杭的點心帶給多少中老年人對故鄉的甜美回憶。但是歷經流行潮流的影響下，四川菜餚在風光多年的「榮星川菜」結束營運後也褪下亮麗的光環，取而代之的是口味輕淡的江、浙菜餚，甚至因應國人重視健康的概念帶領下，「素食」及「有機」等健康飲食慢慢占據了台灣的中式餐飲市場，成為外食人口的重心。

西式餐飲在1980、1990年間，因美式速食「麥當勞」及料理餐廳"T.G.I Friday's"等流行風潮帶動下，橫掃全台成為年輕人最愛的去處，帶動美式連鎖餐飲及速食業在台灣西式餐飲業的領先局勢，高檔的法式料理首當其衝逐漸蕭條黯然失色。在世界餐飲業吹起健康流行風潮下，美式料理太油、太多肉食，且少烹調變化等的缺點漸漸浮現檯面，由兼具健康及美味又擁有食材與調理方法多變化的義大利料理漸漸取代，成為年輕人的新寵。

日本料理則自成一股特殊勢力，而從未在台灣餐飲市場中失寵

過，只是菜餚的特色由二十年前的「高級懷石料理」，慢慢轉化成一般消費大眾可消費得起的平價菜餚，如近五、六年大行其道的「日式料理自助餐」、「拉麵」、帶動火鍋市場的「日式呷哺鍋」、「鐵板燒」等，到最近的「日式咖哩」連鎖店的盛行，再再證明了日式料理的市場魅力。

　　由上可得知，台灣餐飲市場一直詭譎多變，唯有睿智的經營者能嗅出下一波的流行走向，才能維持企業立於不敗之地。

 ## 第二節　中西餐飲業的起源與發展

　　了解餐飲業的起源與發展經過，有助於充分掌握未來趨勢，是所有餐飲經營者最基本的入門課題。

中國餐飲業的起源與發展

　　中國古代版圖廣闊而人煙稀少，自秦漢以來為便利當時擔任官差的朝臣長途跋涉傳送文件，便有所謂的「驛站」設置，除了提供官差們解除旅途的勞累，更設置住宿與餐食，這就是中國餐旅業的雛型。

　　在秦朝統一通用貨幣後，民間開始了有以「貨幣」交易的現象，市集因應而生，民以食為天的人民本性，在餐飲交易市場中流露無疑。而其交易的性質由最原始的「以物易物」轉化為較進步的「以幣易物」，餐食販賣由此而生。由以上的發展看來，餐飲業由最原始的交易、買賣到目前的蓬勃發展，已有四千多年了。

　　餐飲業真正普遍流行約在隋、唐時代，在歷經三國的戰亂後進入歷史上的太平盛世，也帶動交通的順暢及迅速發展，大街小巷到處都可看到肉店、酒店、旅食店等，民間的烹調技藝較秦漢時期更講究。大唐時代國力發展至鄰近諸國，懾於中國國力，常有外邦使節進貢，為展現泱泱大國風

範及建立權威，宴會每餐都必須具有特色，宮宴迅速發展，民間烹調技術無法與之相提並論。宮宴菜色每樣都是御廚們潛心研究的，具有多不外傳的祕方稱之為「宮廷菜」，為中國餐飲發展中最為獨特處。目前流傳下來的只有「滿漢全席」具有其少數精髓，可見其深不可測的專業。

　　之後經歷數代戰亂，許多外族入侵，中國餐食因多種族融合轉趨複雜，成為多彩多姿的飲食文化，這些民族飲食的特點與習性豐富了中國各地區的餐飲內容，深深影響民間烹調方式。

　　民國初年維持兩千多年的君主政體一夕間被推翻，中國門戶大開下，八國聯軍入侵割地自據及管理，在此同時卻帶來了不同的飲食特色。為了滿足洋人的民生需求，北京餐飲業出現迎合外國人口味的西餐廳，同時，中國各地傳統菜餚也感受到與本土其他地區菜餚的商業競爭氣息和西方飲食文化引進的影響，紛紛在烹調與口味上樹立招牌，獨立門戶自成「本色」，發展出中國非常有名的六大菜系——北平菜、江浙菜、上海菜、四川菜、廣東菜、湖南菜❸。

專欄 1-2　中國菜系介紹及美輪美奐的故事

中國六大菜系

一、北平菜

　　北平是中國幾百年來的首都，人文薈萃，成為全國的文化精華區，自然也是美食藝術之都，因此「北方菜系」又以「北平菜」為代表。北平菜融合了漢、滿、蒙、回等多種類的不同烹調技術，也吸取了山東等風味地方特色，因地利之便繼承清朝宮廷菜的精華，融合而成其菜系的特色。較其他菜系而言，菜色變化眾多，調味精美，烹調的技巧則以爆、烤、溜、炒等做法最為專長。又因受地緣氣候影響，菜色內容以肉類為多，蔬果、海鮮較少，肉類以牛、羊、豬為主，再

加上北方氣候乾冷，所以北平菜的口味比較重。

代表性的菜餚有北平烤鴨、醬汁牛肉、醬肉、京醬肉絲、松鼠黃魚、合菜戴帽、醬燒蟹、干貝繡球、酸菜白肉火鍋等佳餚。

二、江浙菜

江南人文繁盛，對於飲食自然非常講求美味，烹調技術也就自古聞名。江浙菜由淮陽、金陵、蘇錫、徐海風味為主體構成，因處於中國南方取材較北方菜系要廣，菜系特色以選料精細，工藝精湛，造型精美，富含著許多文化精髓。因靠近海及河域，所以用料多以新鮮的水產為主。

代表性的菜餚有東坡肉、宋嫂魚羹、西湖醋魚、醉雞、龍井蝦仁、叫化雞、爆鱔背、片兒川等佳餚。

三、上海菜

上海因民國初年由八國成立的「上海租借地」，以當地菜為基礎，融合了各地如杭州、湖南、北京、廣東、無錫及安徽等地的菜餚精要，以及西餐等特色風味，博收各地優點並作適當變化，形成了今日的海派風格。烹飪技術則以滑炒、紅燒、清蒸見長，口味注重菜色的原味。

代表性的菜餚有上海排翅、上海湯包、栗子燒雞、白菜年糕、無錫排骨、莧菜黃魚羹、棗泥鍋餅、酒釀紫米湯圓等佳餚。

四、四川菜

四川菜不僅色香俱全，還特別著重調味配製，光是調味的方法就有二十幾種，這些口味辛辣的調味料，就常常被四川人廣泛運用到各式各樣的菜餚裡，所以川菜就成為聞名全國的「西辣美食」。在烹調技法上有炒、煎、烘、炸、泡、燉、燜、燴、爆等幾十種。川菜近年來不斷創新發展，在歐美等地的中國菜館也占有一席之地，台灣二十多年前也曾經是四川菜的天下。

代表性的菜餚有宮保雞丁、螞蟻上樹、紅油抄手、蒜泥白肉、回鍋肉、魚香肉絲、豆瓣魚、鍋巴蝦仁、麻婆豆腐等佳餚。

五、廣東菜

廣東菜以獨特的風味和濃厚的地方特色明揚海內外，爲嶺南飲食文化的代表。

廣東菜由廣州菜、潮州菜、東江菜等三種風味菜組成，其用料奇特、廣博，選料精細，造型講究，口味特殊。烹調技藝多變，尤以炒、泡、蒸、煲、滾等爲擅長，口味講究鮮、爽、嫩且十分注重養生補身的功效。在廣東菜豐富的飲食中，不但以精緻味美的大菜取勝，即使是茶樓裡的小點、路邊的小吃，各種五花八門的食品都是有其特殊的風味，其中如飲茶、粥品、燒烤、蛇羹、補品等，都是廣東最具代表性的飲食。

代表性的菜餚有咕咾肉、炒鴿鬆、豆豉排骨、蠔油芥蘭牛肉、糖醋魚、各式燒烤、蠔油鮑魚、各式港式小點（叉燒酥、燒賣、腸粉）等佳餚。

六、湖南菜

「湖南菜」簡稱「湘菜」，湖南各地的飲食文化廣博多變化，不過仍然有一個共通之處就是喜歡吃辣。因爲湖南省地近雲貴山區，有瘴礪之氣，當地居民爲了要去瘴保健，就在食物中多加濃烈的調味品，而最普遍的就是辣椒，因此，「湖南菜」向來便以辛辣著稱。在烹調技法上有炒、煎、烟、燴、爆等最爲專長。

代表性的菜餚有貴妃牛肉、左宗棠雞、竹節鴿盅、蜜汁火腿、油淋乳鴿、蒜苗臘肉、生菜蝦鬆、湯泡魚生等佳餚。

美輪美奐的中國菜故事

一、佛跳牆

清朝時期，福州官錢局宴請布政使周蓮，宴席間一道菜爲錢局之妻的私房菜，是用多種海產品及雞、鴨、鴿蛋等煨製而成，色香味俱全極爲可口。周蓮食後不能忘情其滋味，回家後就命令其家廚鄭春發（廚藝精湛，曾在北京、江南和廣東拜師之名廚）烹調，他向官太太請

教了佛跳牆之後，自己又在材料和烹調上加以改造多用海鮮，使此菜越加鮮美。後來鄭春發自行開設聚春園菜館，最初命名爲「福壽全」。後來一位秀才吃了，大爲讚賞並當場作詩：「壇啓葷菜飄四鄰，佛聞棄禪跳牆來」，後來也正式定名叫「佛跳牆」了。

佛跳牆原料有十八種，包括雞肉、鴨肉、鮑魚、鴨掌、魚翅、海參、干貝、魚肚、甲魚肉、蝦肉、枸杞、桂圓、香菇、筍尖等。調味料則有十二種，包括蠔油、鹽、冰糖、加飯酒、薑、蔥、老抽、生抽、上湯等，跟十八種山珍海味分別加工調製後，分層裝進紹興酒的酒罈中，用紹興酒調和，先以荷葉封口，再蓋蓋子，以質純無煙炭火，煮滾，再用文火煨五至六個小時，才可上桌。

二、叫化雞

江蘇常熟名菜又稱黃泥煨雞。相傳光緒年間隱居在虞山的大學士錢牧齋，於常熟虞山下發現一乞丐將雞包裹黃泥後放入火堆中燒烤，待泥烤乾敲去泥殼，香氣四溢。其回家後令家人學習並再加入數種調味品及包上荷葉，成爲風味獨特的叫化雞。

叫化雞的做法爲先把雞洗淨後，放入祕方調製的醬料中醃漬，然後將配料塞入雞肚內，包上荷葉，裹上泥巴送入烤爐。在經過大火及小火交互燒烤，美味就完成了。叫化雞能如此美味的原因，聽說是因選用常熟虞山下的特殊黃泥土。

而教化雞的滋味大概只有金庸筆下的洪七公最爲清楚，黃蓉的這道「荷香飄溢叫化雞」讓他不能自己地多傳授了幾招給郭靖。

三、宋嫂魚羹

浙江傳統名菜，從南宋流傳至今。將主料的鱖魚蒸熟，別皮骨，加上火腿絲、香菇、竹筍末及雞湯等佐料烹製而成的羹菜。因其形味均似燴蟹羹菜，又稱賽蟹羹。特點是色澤黃亮、鮮嫩滑潤、味似蟹羹。

據南宋《武林舊事》卷七記載，西元1179年春，宋高宗乘船游西湖，特命過去在東京（今河南開封）賣魚羹的宋五嫂上船侍候。宋五

嫂用鱖魚給皇帝燴了一碗魚羹，大受讚賞，以後消息傳開，人們爭相要求品嘗。宋五嫂於是在錢塘門外設店供應，每日均供不應求，宋五嫂成為當時杭城的「名家馳譽者」。從此這種就地取材，運用北方烹調技法燴製的魚羹，以其南料北烹特色流傳下來。

四、左宗棠雞

湘菜中的名菜「左宗棠雞」，色澤金紅、香辣可口，是清末名將左宗棠最愛的菜餚，因此又稱為「左將軍雞」、「左公雞」。左宗棠是一位清末的名將，在戰事中頻頻立功的他最愛吃的就是湘菜中一道香辣的雞丁料理。據說有一回左宗棠打了勝仗，回家後他的夫人以油炸、熱炒的方式，烹煮了一道雞丁料理，左將軍一吃就愛上了，並且請夫人做了大份量的雞丁料理，與一起打仗的將士官兵共嚐，以此慰勞大夥的辛勞；從此之後，每回打勝仗，左將軍必以此佳餚犒賞將士官兵，因此這道菜便以他的名字命名，稱為「左宗棠雞」，也有人叫做「左將軍雞」或「左公雞」。

「左宗棠雞」這道菜的傳統作法十分繁複，必須將雞肉切成小塊，以鹽、醬油、蛋白抓拌，炸過之後將雞肉的油瀝乾，再與去籽辣椒等調味料拌炒，最後才勾芡上桌。

五、東坡肉

宋朝的大文豪蘇東坡被皇帝貶到杭州當官時，修築長堤改善了當地百姓的生活，老百姓聽說他喜歡吃紅燒肉，到了春節都不約而同的送豬肉給他以表敬意。蘇東坡收到這麼多豬肉覺得應該同數萬疏濬的民工共享，就叫家人把肉切成正方形，用他的烹調方法製作連同酒一起送給民工。但是他的家人聽成連酒一起燒製，結果味道卻出奇地好，所以後來的人就稱其為「東坡肉」。

「東坡肉」的烹調特色為以酒加上醬油、香蔥、薑、糖作佐料，原汁不動，再放密封砂鍋中以小火燜製一至二小時，其滋味鮮嫩如豆腐不膩口❹。

歐美餐飲業的起源與發展

翻開西方的歷史，在第五世紀之前，客棧、旅店等名詞皆未在書籍中出現，一直到古羅馬帝國時，經常性地舉辦競技活動及大型的宗教慶典，開始出現了小酒館及客棧，但僅限於居無定所的流浪漢、古羅馬鬥士及一些盜匪等中下階層的顧客，當時上等社會的遊客及貴族們，都是住宿在親友的家中。

在1467年西方飲食界分爲兩個系統：一個是燒烤肉商，另一個則是鍋煮肉商❺。但是眞正具有系統且規模的經營，則要到十六、七世紀以後，進入城市的外地商人、政治人物、農人及朝聖者日漸增多，商家開始講究烹調的精緻化，大量使用較好的餐具藉此來吸引顧客，這可溯源到英國於1650年在牛津出現的咖啡屋。客棧及供餐場所最初與私人住宅並無差別，但隨著社會發展的進步，餐館招牌成了醒目的區分標誌❻。

西方第一家餐廳則約誕生於1765年，麵包商人在普利街（今日的羅浮街）開設名爲「鳥園」的店面，成爲第一家餐廳。這家店面接待吃晚宴的客人，供應旅客湯類食品，並將湯取名爲"restaurant"，它的另一個含意爲美味的食物，從此以後提供美味食物的場所就被稱爲餐廳。

到了十八世紀末期，因爲英國工業革命的影響，整個歐洲交通運輸事業發達，火車、輪船等公共運輸工具更是發展快速，也因此帶動旅遊風潮。餐飲業與旅館業更是如火如荼地快速發展，餐飲業爲迎合當時貴族及新興的中產階級顧客不同的需求，在品質上開始講究，而餐食的服務技巧上也慢慢演化爲精緻型的服務，大大提升歐美飲食文化的層次。

在美國的餐飲業發展上，由於是英國人民早期移民過來的，最初的發展傳承了不少歐洲飲食文化色彩。歷經南北分裂及大戰，成立美利堅共和國後，才慢慢擁有本土化的飲食文化。西部拓荒時期的荒野

簡餐以及牛仔酒吧，就是美國餐食最主要的特色之一。在現代化的潮流催生下，國際連鎖經營型態已經成為美國餐飲業的代名詞，而麥當勞可說最具代表性的美式餐食文化，而後起直追的星巴克更是全世界年輕消費族群的最愛。

 # 第三節　台灣餐飲業的未來發展

　　台灣近年來整體社會經濟發展的趨勢已由工業轉型至工商業及服務業，人們生活習慣大幅度改變，社會、工作價值觀也隨之調整，服務業如雨後春筍般興起，加上國際化的趨勢加強，國內的企業不但要相互競爭，更要與國際性的連鎖企業爭食有限的市場。目前整體對外經濟並不是十分理想，加上國內製造業產業外移現象嚴重，失業率節節攀升，台灣有句俗語：「時機再差也要吃飯」，所以不管小吃、休閒或主題餐廳、再加上國外連鎖餐廳的加入，使得餐飲業未來的發展也日趨複雜且層面相當廣闊。同時在最新的經濟發展趨勢上，因全球的不景氣，消費者的消費傾向產生了重大的轉變，餐飲業在這一波又一波的競爭趨勢影響下，不得不隨之調整整體經營策略。以下依據整體發展的導向，說明其相關因應之道。

餐廳主題及客源設定的趨勢

一、主題鮮明化

　　目前餐飲市場中出現的韓國料理風、日式自助或燒烤、健康有機餐、咖啡或茶屋、義大利料理、清粥小菜等均受到十分的歡迎及肯定，這證明了產品主題明確，不但可以建立自己的特色，更為消費者在選擇時很重要的考慮依據。另外一些標明複合式的餐飲，常常因為失去自己的主題特色，無法在競爭的環境下突顯特色，不少餐廳難敵淘汰的命運。

二、健康的新潮流

　　台灣近年來因餐飲太過豐富及營養，導致許多文明病如癌症、心臟疾病、痛風等，故許多人的飲食習慣已慢慢調整為清淡、有機或是素食等，許多餐廳及飯店將有機、素菜及花草等加入主要菜單中，為的就是要符合當今的流行風潮。例如長榮桂冠酒店成立第一個五星級飯店的素食館「素之鄉」餐廳，是看好素菜在台灣占有極大的潛力市場。設定時特別在菜餚上重視口味的創新，用材方面則獨特地採用了無花果、鮮百合及各種時令的水果，口味強調清淡且重視材料原味的呈現，不過度使用油及調味料是新世代健康的概念，也是飯店餐飲健康新潮流的實證❼。

三、精緻及便利兩極化的發展

　　因經濟發展無預期理想且加上國內失業率的高升，方便及價格便宜有特色的餐廳大受歡迎，更因應消費者的需求提供了外賣及外送等的服務，此快速方便且經濟實惠的特色，極受消費者的肯定。舉例來說在SARS的衝擊下，2004年的喜宴（2005為孤鸞年）及春節是各家爭取業績的最後衝刺，以往不開爐的業者，不但在春節期間照常營業，在過年前還會忙翻天，以滿足源源不斷的年菜訂單，保守估計2004年光是年菜外賣的市場就超過新台幣十億元。因為越來越多婦女投入職場，外食人口也不斷增加，美食傳播業的日益發達，更多餐飲業者提供多元又美味的服務，願意下廚烹調的人相對減少。以此看來未來採取外食的趨勢將更明顯，餐飲市場的競爭也將更激烈。另外目前發展迅速的便利超商已朝向一個多功能的便利站，特別是7-11在2004年大手筆聘用五星級名廚為其冷藏食品作背書，便利商店已正式邁向小型的食品供應站。對餐飲業者而言，便利商店因為價格便宜及便利性，已成為一個強勁的競爭者。

餐廳內部管理的趨勢

一、組織扁平化

餐飲市場爲因應不斷的競爭及日漸增加的營運成本，許多公司及連鎖餐廳已漸漸將內部組織扁平化，主管級的人員增加職責，中級幹部則視情況減少，節省人力成本。另外，兼職人員成爲主要人力資源，廚房的廚工、洗碗人員及助手等也慢慢轉爲合約制或兼職。近來餐旅業專業人力派遣觀念在SARS期間，國際觀光飯店將其運用到最高境界，在窮則變、變則通的人力操作原則下，興起服務「輸出」熱潮。不只便當、糕點外賣，還推出專人居家清潔、主廚到府掌廚等服務。此一打著五星級服務的人力輸出政策，雖然屬於SARS期間暫時性的人力外派，對於人力成本的節省卻不無小補。另外，也因此觀念的影響下，許多業者也思考未來將部分基層人力如服務員、餐務人員等委外派遣，對於餐飲業的人力費用將有大幅度降低的效益。因爲勞、健保、退休準備金與其他費用相加後，業者每聘雇一名員工實際支出的成本，約爲員工薪資的一·五倍。委外發包後，此一部分全由人力派遣公司自行消化吸收，公司自然節省下一筆不小的人力成本。

二、員工及管理模式的轉變

現代六、七年級生的新式想法，除更重視薪資、福利及自我發展的機會外，穩定收入（不一定要高薪）及理想的實現，已慢慢取代了傳統對工作的態度，所以如何有效地管理員工已成爲新時代的主管應學習的課程。另外，傳統餐飲的權威式管理已不符合時代的潮流，員工充分的參與、適時的授權及客訴處理的機制已成未來管理的趨勢。

三、服務文化的重要性

目前企業管理重視文化的養成，包括企業的文化及人的文化，餐飲服

務業員工對公司的認同、政策的由心服從都必須依靠這個層面的成功。在對人的文化方面，針對多數的六、七年級生不再是物質及金錢上的滿足，而是提高到自我實現的程度。目前許多大型的旅館針對企業經營理念，都有縝密的規劃，如亞都麗緻大飯店的四大服務理念：「每個員工都是主人、設想在客人前面、尊重每個客人的獨特性、絕不輕易說不」等服務文化，為商務型的旅客帶來了第二個家（home away from home）的溫馨感受，員工更因顧客的由心回饋肯定了自我存在的價值。

專欄 1-3　獨樹一格的餐飲服務文化

　　在競爭十分強烈的餐飲環境下，如何在百家爭鳴的環境下脫穎而出，是考驗每一位經營管理者的能力，目前各知名的餐飲業都各自有精心研發出的企業文化，而此文化更可呈現出各家的服務特色，以下作個案的分析。

各家知名餐飲業者的名言錄

1. 星巴克咖啡：第三個好去處。
2. 凱悅飯店的六大企業文化：
   (1) 創新開拓（We are innovative.）
   (2) 彼此關懷（We care for each other.）
   (3) 鼓勵個人（Encourage personal growth.）
   (4) 群策群力（We work through team.）
   (5) 文化繽紛（We are multi-culture.）
   (6) 以客為尊（We are customer focused.）
3. 欣葉連鎖餐廳：由「鮮、味、美、雅」到「有情、用心、真知味」。
4. 古典玫瑰園：不斷追求產品創新獨特，及對品質提升的堅持。

5. 台中永豐棧酒店：體貼入心，更甚於家。

6. 王品台塑牛排：誠實、群力、創新、滿意。

7. 國賓飯店：笑神好嘴、賓至如歸、從心求新。

8. KOHIKAN咖啡館：一杯咖啡，滿懷誠懇。

9. 福華飯店：積極進取、正直誠信、團隊合作、創新求變。

10. 麥當勞：品質、服務、衛生及價值；100%顧客滿意。

11. 西華飯店的兩大服務理念：

  (1) 以服務紳士、淑女為榮；期許自己也可成為紳士、淑女。

  (2) CARE

    C：courtesy（細緻的）。

    A：attentive（懇勤的）。

    R：respectful（有禮貌的）。

    E：efficient（有效率的）。

12. 鼎泰豐：關心產品的風味，遠勝餘利潤的大小。

13. 力霸飯店：服務至上，效率第一，管理建全、標準化，追求發展。

14. 摩斯漢堡：我們的店是為顧客而開，由內心珍視每一位客人，透由真正的美味提供最真誠的服務，客人的高興和滿足，是我們最大的心意。

15. 歐華酒店：工作勤實待人誠正、提供一流服務品質、重視人力資源發展、行事專注力求完善、檢討現狀不時創新、追求酒店永續經營。

資料來源：1. 各家觀光旅館人力資源部及欣葉餐廳提供。

　　　　　2. 星巴克、古典玫瑰園、王品台塑牛排、咖啡館、麥當勞、摩斯漢堡等：參考各家網站。

　　　　　3. 鼎泰豐：王梅著，《鼎泰豐傳奇》（台北：天下文化，2000年）。

餐廳營運重點的變化

一、重視對外形象及產品的研發

　　餐飲業面對外部激烈的競爭，必須跟的上顧客的需求，更要求新求變，針對本身產品的研究及新產品的開發，成立研發部門已漸成風潮。另外在餐廳的整體對外有形產品的包裝上，也越形重要，例如餐廳整體設計、員工的制服、菜單的設計、菜餚的呈現方式、對外公關媒體及網站的設立、服務要點的突顯及顧客滿意度的提高等皆為研發的重心。例如欣葉連鎖餐廳成立所謂「滿意學院」，就是針對以上重點作獨立研發[8]。

二、引進各種最新科技

　　餐飲業雖屬於較傳統的企業體，但許多營運數字及市場方向的決策事宜，須靠現代化的科技協助，引進國外電腦資訊系統或使用國內自行研發軟體成為餐飲業最新趨勢。目前許多業者使用電腦化的點菜系統，而多家先進的餐廳早已使用網路預約及訂購的系統，現場POS（point of sales）系統（收銀機系統）的使用也是餐廳最基本的電腦設備。2004年國外的餐飲業者委由IBM開發可以在現場由顧客自行點菜的電腦系統，對於未來餐飲業的影響將不容忽略。

三、多元行銷的趨勢

　　以往的餐飲業者較重視內部管理及菜餚的研發，但目前資訊日新月異，要如何將最新或最好的產品推銷給消費者，行銷的通路、多種類媒體的運用及各種促銷的運用等，已成為餐飲業者最具挑戰性的工作。例如近來最熱門的就是網路行銷，針對新世代消費型態的改變，許多業者已經自行設立網站，網站的功能包括公司簡介、產品內容（包括菜單名稱、簡介、令人食指大動的精美相片、價格、特色等）、訂位及最新訊息等，許多公司並會設計互動式網站供消費者作諮詢或意見交流的功能。另外也有

部分大型餐飲業者選擇與銀行或百貨公司等企業，進行異業的策略聯盟行銷方式。例如東森集團郵購目錄內有許多餐廳及飯店的產品販賣；另外許多家知名的銀行，卡友特惠商品及紅利點數兌換的商品中，不乏有餐飲業所提供的特餐或下午茶等精選。

四、多樣化經營及增加營業據點或外賣區

最新餐廳經營的重點必須在營業及服務項目上不斷推出新產品及構思，才有辦法吸引消費者的注意力，刺激消費市場。另外為提升知名度及業績並獲取相當的利潤，許多餐飲業不斷增加其營業（外賣）據點，如百貨公司設櫃，或有獨立餐廳的經營及增設外賣櫃等多樣化的發展。

整體大環境的最新發展趨勢

一、消費者意識抬頭

國內消費者的教育水準提升，世界資訊的發達喚醒消費者的意識，飲食不再只求溫飽，更要求衛生、營養、服務良好及用餐環境等，所以顧客的抱怨也相對的增加，如何充分掌握客人的喜好及動態，對餐飲業者而言將是成功的第一步。

二、綠色世界環保主義的趨勢

2003年為台灣環保的新紀元，對餐飲業造成少許衝擊的政策為「禁用塑膠袋」，業者必須提供紙袋或環保的用品。另外，廚餘相關處理雖尚未上路，但以國外的趨勢而言，餐飲業者必須提早因應以免措手不及；其他如禁煙、廚房排煙等規定，為避免引發消費者的抵制，餐飲業者也必須符合此環保主義的趨勢為宜。

三、未來人力市場發展（提升企業人力資源培訓及發展的能力）

「高薪挖角」已無法順應當今的潮流，唯靠企業內部的專業人力培訓

制度，才可爲企業發展贏得先機，更可爲永續性的經營奠定更好的基礎。而人力資源部在此階段占著舉足輕重的地位，優秀且善於計畫的主管可爲公司妥善規劃並節省許多無謂的人力費用，是以此部門的重要性也漸漸地提升。

餐飲業自古發展至今，從未被經濟不景氣的風暴所打垮，國人的飲食哲學是「再窮也不能沒有吃的」，所以餐飲業在消費市場中依然是一枝獨秀。未來餐飲業仍是一條難走的路，外部須與國際型或連鎖型的餐廳競爭，內部則是人員的管理日趨困難及複雜，只有不時充實自我對餐飲發展及管理趨勢的專業知識，以及秉持對美食料理的熱愛，持續地開發新產品及品質提升，才有辦法不被大環境所淘汰！

 ## 第四節　問題與討論

台灣餐飲業未來發展趨勢中，內部各項管理制度的健全，關係到餐廳本身的競爭力，而其中影響服務素質最重要的基本因素，就是正確企業理念或文化的制定。以下個案分析及說明制定方向的正確性。

如何制定符合餐飲業的企業理念或文化

一、文案❾

KOHIKAN（咖啡館）

KOHIKAN咖啡館是以日式風格為主的連鎖咖啡館，本著「一杯咖啡　滿懷誠懇」的理念來推廣咖啡道的精神及文化。

橢圓形的標誌是COFFEE的 "C" 之圓形化；橢圓形的弧線是咖啡杯注入牛奶時的形狀，象徵著咖啡館和顧客間交流的濃郁情誼，採用綠色的色澤是以感受大地恩惠的心情為出發點，以推廣

綠色的咖啡樹海為理念，期許能成為咖啡館的代名詞，強調出自
然、清潔、明亮及優雅。

——KOHIKAN創始人／真鍋國雄社長

二、個案分析

此案例中的珈琲館是日本最大的咖啡店連鎖企業之一，1997年已超過
數百家的連鎖店。創辦人真鍋國雄先生自1970年開始研究咖啡的正確飲用
方法，秉持著日本民族對飲食的堅持，從咖啡豆屬性、栽培、選擇、烘
焙、研磨、萃取、搭配到沖泡技術、杯具選擇至品味方法，都經過無數的
經驗累積與試驗焠煉，才創造出獨特的「咖啡道」精神。

台灣自1992年從日本引進已有三十年歷史的KOHIKAN咖啡連鎖加盟
系統，從北到南全省設立了八十餘家加盟店，已成為台灣咖啡界領導品牌
之一。其日式經營的企業精神，在上文的文案中作了極佳的詮釋！

文案分析如下：

(一)中心思考的方向

餐飲業講求的是一份由「心」而生的服務精神，如何徹底、自然而然
衍生而成一股獨特的企業文化及服務文化，並進而塑造出公司服務的理
念，是規劃者在建構此思考的重要方向。因此在文中清楚地表達出經營者
希望帶給消費者一種由心而生的「誠懇」服務態度，來推廣其獨特的咖啡
道精神及文化。

(二)業別

不同產業各有其精髓所在，所以應將其重要的涵義加入其中，並清楚
地告知消費者。因此文中開宗明義地說明，是以日式風格為主的「連鎖咖
啡館」，讓消費者清楚得知正確訊息。

(三)營業方針

在理念中可將公司營業方針融入其中，以期許管理人員能任重道遠地
將其傳遞給每一位服務人員。因此文中企業的自我期許為成為咖啡館的
「代名詞」，說明了業者強而有力的目標，並希望在未來能提升整個咖啡的
內涵與文化氣息，慢慢地形成一股優雅品味咖啡的風潮。

(四)服務的呈現

服務的呈現也就是公司欲以何種文化及精神呈現在客人面前。KOHIKAN咖啡館的作法是：第一、文中橢圓形的標誌是coffee的"c"之圓形化，橢圓形的弧線是咖啡杯注入牛奶時的形狀，象徵著咖啡館和顧客間交流的濃郁情誼，以達到水乳交融的最高境界。業者在文中以其企業的識別系統代表了服務的精髓，不但在logo上下了功夫，更帶入了服務的呈現，是非常高明的表現法。第二、強調出自然、清潔、明亮及優雅的店舖品質。

咖啡館亦強調三大品質保證：

1. 員工品質：完善的員工訓練，以利其提供顧客優質的服務。
2. 風味品質：提供高品質的咖啡，以提升整體的附加價值。
3. 店舖品質：以綠色爲主題，讓客人享有自然、清潔、明亮及優雅的超級感受，解除一天的疲倦。

(五)企業傳承

企業的經營是否爲永續經營或是短期獲利即結束，將影響整體人力資源管理的設定及方向。

第一、文中採用「綠色」的色澤，是以感受大地恩惠的心情爲出發點，代表了業者以綠色作爲永續經營的象徵，並表達了感恩回饋的心情。

第二、文中的以推廣綠色的咖啡樹海爲理念，期許能成爲咖啡館的代名詞，詮釋了業者推廣咖啡樹海爲己志的期許，並希望企業能成爲咖啡業的龍頭及代名詞，充分說明了其宏觀的經營氣度及傳承。

問題與討論

以上案例的文案具有十分創新的構思，是餐飲業界較難見的完整企業文化及理念呈現者。如果可以就以下幾點再加以詮釋，相信在「執行」時會更見其成效。

一、如何落實於平日的教育訓練

除了上述的店舖保障提及對員工的要求，建議可以再深入此主題。

二、工作過程中如何傳遞給客人

傳遞客人咖啡道的精神外，業者是否對員工仍有其他的期許或要求，可再列上。

三、團隊精神的凝聚及建立

team work為餐飲管理的重要課程，如何運用理念帶給員工正確的觀念，對企業的現場管理有決定性的關鍵。本文中的推廣咖啡樹海的文句中略帶此精神。

四、授權的機制

現場人員的授權往往影響到客訴處理的速度，服務業的授權機制是每一位現場主管心中最關切的。本文中未呈現，可再思索如何在文中蘊涵授權的意義。

五、顧客抱怨方面

是否明確地指出公司對客訴的關切，及對顧客的重視程度。本文中未呈現，可再文中清楚說明公司對處理顧客抱怨技巧的正面態度。例如亞都麗緻大飯店秉持著「絕不輕易說不」的待客及客訴處理的基本態度，就是一種很明確的宣示，也讓員工及主管在面對此方面時保有正確的心態。

註　釋

❶張麗英，《旅館暨餐飲業人力資源管理》（台北：揚智文化，2003年），11-13頁。

❷S. Balachandran 原著，蔡佩真、李茂興譯，《服務管理》(Customer-Driven Services Management)（台北：弘智文化，2001年），39-49頁。

❸高秋英，《餐飲服務》（台北：揚智文化，1994年），7-9頁。

❹《杭州菜的故事》，亞都麗緻大飯店。

❺Paulette Girodin 原著，曾明譯，《法國餐飲》（台北：城邦文化，2002年），20、23、26頁。

❻Gunther Hirschfelder 原著，張志成譯，《歐洲餐飲文化》（台北縣新店市：左岸文化，2004年），163頁。

❼林玥秀，《邁向二十一世紀的餐飲業》（國立高雄餐旅學院網站，2003年）。

❽蘇國垚，《旅館業之前瞻性及發展方向──旅館業經理人員研習講義》（台北市政府交通局印，1992年）。

❾《咖啡館的理念──對外文宣》，客喜康咖啡館。

Chapter 2

餐飲業的定義、分類與組織

☕ 餐廳的定義與分類

🍴 組織架構介紹

🍸 各部門職掌說明

🍴 問題與討論

照片提供：欣葉連鎖餐廳（台菜忠孝店）。

針對餐飲業的內部管理及相關作業的了解，首先必須詮釋目前最新的餐飲業定義，以及國內業界對餐飲的分類為何，才有辦法依照其特性作適當的規劃、管理及相關的標準作業。

　　另外，餐飲經營管理者為求維護品質、提高員工的工作效率及各種內部控制及稽核，依照組織企業文化、業種特色、管理功能及服務動線等因素，將每個職務配屬及劃分成不同部門，除清楚地表達各單位的管理指揮及權限系統外，更讓所屬員工明瞭其定位各司其職。

　　本章將針對餐飲業的定義、分類及組織架構加以介紹，另外將深入說明各相關部門在整體經營團隊中所扮演的角色及應有的功能。

第一節　餐廳的定義與分類

　　因應餐飲業日漸複雜的發展趨勢，本節中將針對餐廳的定義及分類作詳細的說明，另外加上政府現行法規及業者實務狀況作補充。

餐廳的定義

　　餐廳的名詞是源自英文的restaurant，而這個字又來自法文的restaurer，它最早的用法是在西元1765年，法國巴黎的布朗傑（Boulanger）製作一種當時稱其為「恢復之神」的餐食（Le Restaurant Divin）而遠近馳名，引起當時不少人的效法，後來的人將這一種類型的經營場所稱呼為restaurant，成為餐廳的代名詞。

　　另外，縱觀餐廳管理經營的特性、國內外針對餐飲業的詮釋以及各項法規的限制，餐廳的定義應有以下幾個最基本的條件❶：

1. 需要有政府核准的立地條件（符合都市計畫使用管理相關法令、相關建築法及消防法等）。
2. 對一般大眾公開的營業場所。
3. 提供餐食、飲料等服務、娛樂與相關設備。

4.需有符合政府要求領有合法證照的相關從業人員。

5.是一個求取合理利潤的營利事業體。

餐廳的分類

一、國內經營型態分類

目前在國內的分類法多依照以下幾種特質來分類：

(一)政府管理法規及評鑑

1.旅館

我國的旅館可區分為兩大類，分別為觀光旅館及一般旅館。觀光旅館可分為國際觀光旅館（屬四、五朵梅花等級）及觀光旅館（屬二、三朵梅花等級）。必須先申請後籌設，亦須先經觀光主管機關核准後才能籌設。在2004年間觀光局積極推動「星級」評鑑制度，日後全國觀光旅館的類別將會有不同的詮釋。

一般旅館名稱有旅館、旅社、飯店、賓館、客棧等。不須事先申請籌建，但須通過相關的法令規範。

觀光旅館因立地條件佳、裝潢精緻典雅、所有設備高級（如餐具、備品、食材等）、服務人員素質佳具國際觀，再加上本身不遺餘力地訓練培養管理人才等經營因素影響下，其所提供的餐飲一向為國際旅客及本地顧客所肯定。所以觀光旅館的餐飲經營一向為餐飲業所推崇及模仿的對象，如果說其為台灣餐飲業的領導指標一點也不為過。

近年來為因應來華旅客的減少及許多國內外連鎖餐廳的衝擊，觀光旅館的餐飲管理不斷地推陳出新，也積極地對外發展，如在百貨公司或大型商場設立獨立餐廳或美食館已經是擴點的第一選擇；另如承包政府或相關機關的地點作經營，如亞都麗緻大飯店在美術館的台北故事茶館、福華大飯店的國家劇院咖啡廳等，都是旅館業開擴版圖的最佳實證。

觀光旅館內的餐廳依照其餐飲性質可分類為以下❷：

(1)提供旅館國際旅客的主餐廳（main restaurant）：這個主餐廳往往

是觀光旅館餐飲品質呈現最高指標,如圓山大飯店的金龍廳(廣東菜)、亞都麗緻大飯店的巴黎廳(法國菜)等。但是也有部分觀光旅館設定較特殊的餐飲特色,如晶華酒店的義大利餐廳近年來大受消費者的歡迎,除了健康因素外,現場烹煮的開放式廚房(open kitchen)也提供消費者在吃之外的藝術欣賞。日本料理餐廳則是許多以日本顧客為主的觀光旅館的主要餐廳,如喜來登大飯店的桃山餐廳、福華大飯店的海山廳等。

(2)專門提供本國旅客或顧客的中式餐廳(chinese restaurant):各家旅館依據客源種類、餐飲定位及商圈特色等經營因素,規劃適合的中式餐廳菜系,許多旅館近年來因應本國顧客增加,便設定多種菜系來吸引不同的客源,如君悅大飯店的漂亮餐廳(中式海鮮)及滬悅庭(上海菜)、台北遠東國際大飯店的上海醉月樓(上海菜)及香宮(廣東菜)、台北國賓飯店的川菜館及粵菜館等。

(3)提供各式宴會或會議的宴會廳(banquet):對觀光旅館業者而言,各種類的宴會及會議已經成為餐飲最重要收入來源之一,宴會的內容可區分為喜宴(訂婚、結婚、彌月、各種紀念日及壽誕等)、公司行號的聚會(尾牙、春酒等)、各種產品說明會、記者會等;會議則包括小型的公司訓練到大型的國際會議等,因為消費人數眾多收入可觀,服務需快速及專業,所以如何加強宴會及會議的功能、各項設備及人力儲存培訓,也成為爭取客源的重要因素。如晶華酒店2004年12月於信義區新光三越百貨內增設一專門宴會區(Bando.8──閩南語諧音即為辦桌ㄟ),為的就是搶攻宴會及會議的這塊大餅。所以宴會管理(banquet management)已經成為各大專旅館餐飲科系必上的課程,也說明了它在觀光旅館餐飲舉足輕重的地位。

(4)客房內的餐飲服務(room service):客房餐飲一向在商務型觀光旅館中廣為散客(F.I.T.,即flight individual tourist)所歡迎,不僅是因為它的隱密性,更是它提供了商務客層二十四小時的便利性。客房餐飲的服務內容多數分為早餐(美式、歐式、中式及日式等)、

中餐（以簡式餐飲為主）、晚餐則提供較正式的餐點。但近年來因商務客源的減少、國內消費者對健康觀念的重視（少吃宵夜的習慣），許多觀光旅館在成本與收入不再平衡的壓力下，已經逐漸縮短其營業時段或以其他營業時段較晚的餐廳來取代原有的人員編制，以節省人力成本。

(5) 大廳酒廊及各式酒吧（lobby bar or pub）：針對外國旅客的飲酒習慣，一般觀光旅館皆會在一樓大廳附近設計酒廊、茶苑等，更有業者利用旅館特色以現場鋼琴演奏或是國樂伴奏來吸引顧客的青睞，如圓山大飯店的樂廊便是將中國的建築及中國音樂結合的最佳案例。另外針對旅客提供一個夜晚歡飲的安全地點，許多旅館都會有酒吧的設計，除了提供舒適迷人的現場音樂與各式酒品，例如君悅大飯店的Ziga Zaga 餐廳，便是結合了餐廳、酒吧及俱樂部的功能。

(6) 提供需要較快速的餐飲——咖啡廳（coffee shop）或是提供客人自助式取餐（cafeteria）或吃到飽（buffet）的餐飲：一般而言，觀光旅館的咖啡廳都會設計在與大廳相近之處，也有部分的業者將咖啡廳及大廳酒吧的功能結合，最主要的用意是讓旅客就近使用。咖啡廳的餐點多半以簡單的餐飲為主，服務也較快速，許多旅館為節省客房餐飲的人力，已經將其與咖啡廳合併，一來因為它營業時間由早上六點到晚上十二點，幾乎可以涵蓋客房餐飲的服務時段；二來因為提供的早、午、晚餐的供餐內容相類似，人員可以交叉運用，可為旅館節省不少人力支出。另外，許多觀光旅館的咖啡廳因菜餚精美、價格中等、服務親切，成為國人社交及消費的好地方。近年來，許多業者設計符合國內消費者口味的「歐式自助餐」，讓消費者在名師設計打造的舒適空間中，享用精緻且吃到飽的美食，一時間成為台北最熱門的去處。另外，許多旅館為因應下午茶的盛行，設定了現場鋼琴演奏，琳琅羅列的多種師傅精心設計的甜點，再加上多種選擇的飲品，如近年來流行的花草茶、各種單品或花式咖啡及飲料，已經是走在流行尖端台北人的最愛。

(7) 專門提供至旅館外的餐飲服務（outside catering）：為因應許多政

府機關或公司行號不願或不方便到外用餐的商機,許多業者早有外燴的機制,雖然它所需的設備及人員運用都較耗費成本,但是為爭取業績及較高的利潤,旅館也會主動開發及爭取潛在客源。目前許多學校為觀摩較高等級的服務技巧,也會商請旅館業者到校做活動外燴,除了可以達到較高的滿意程度外,同時也可以作為學生在教學外的實務體會。

(8)自動化的機器設備來銷售食物及飲料(vending machine):此項目多數以渡假型旅館居多,目前除了販賣食物及飲料,更有業者販賣客房內的消耗品及渡假消費用品等。

2.餐廳

具合法經營資格並提供消費者有一定水準的餐飲服務者稱之。在目前台灣的餐飲市場中,並無一定的分類方式,但如以市場的「占有率」而言,可區分為:

(1)中餐廳:目前外食人口中第一的選擇依然是中式餐飲,除了中國的六大菜系外(請參閱第一章專欄1-2的介紹),台灣料理及各式小吃更是國人的最愛。台灣料理中的「欣葉餐廳」規模最大、「青葉餐廳」則是歷史最久。廣東菜的「新同樂」以高檔的魚翅、鮑魚及燕窩的特殊菜餚最受美食家所讚賞,另外西華飯店的「怡園餐廳」、遠東飯店的「香宮」、國賓飯店的「粵菜廳」等也常是上班族經常光顧之處;江浙菜以亞都麗緻大飯店的「天香樓」最為消費者所肯定;上海菜的「秀蘭小館」歷史悠久,菜餚道地食材新鮮,獲得不少政要的青睞;湖南菜的「彭園」有二十多年的歷史,是台灣湘菜系的始祖,目前台灣常見的湘菜多為彭老先生的創意。北平菜以「北平都一處」歷史最悠久(五十年),提供十分道地的北平佳餚,六福皇宮的「頤園」則是以高檔及精緻的北平菜最被肯定;四川菜的市場則有極大的變化,Kiki挾著演藝人員的知名度讓川菜又重回主力上;另外在大陸已有數百家分店的「成都譚魚頭」,2003年正式在台灣成立第一家分店,以「健康、營養、零負擔」的新健康飲食觀念,衝擊台灣的火鍋餐飲業,也是大陸餐飲業搶攻台灣市場成

功的第一例。

(2) 西餐廳：西餐廳在政府於1949年來台後，便將上海當時所造就的西餐風潮帶來台灣，當時因西餐廳較少且師傅不多，所以消費十分昂貴，不是一般大眾可以消費的起。隨著經濟的起飛及對外貿易的興起，許多國際觀光旅館為因應外國旅客的需求，設立了西式餐廳（以法式最為正統），也帶動了西餐廳的設立。當時大多以牛排為主，餐點也較少變化，但是後來在美式西餐的魅力帶動下，西餐廳也越來越多元化，目前除了法式、美式及近年來最受歡迎的義大利餐廳外，許多異國料理餐廳紛紛興起，打著不同國口味的菜餚特色來吸引消費者的眼光。

(3) 日本料理餐廳：台灣因曾被日本統治過，老一代的飲食習慣十分日化，也因此許多日本料理餐廳的客源十分穩定。而本土化的日本料理深深抓住消費者的味蕾，除了將台灣人愛吃的海鮮大量加入菜餚中，更以日本料理的烹調特色將本地食材發揮淋漓盡致。其菜餚的口味也抓的住目前年輕族群喜新厭舊的特性，並在日系風流行地帶動下，牢牢地深植於消費者的心。許多菜系因年輕消費者不再鍾愛默默退出餐飲市場，日本料理仍能一枝獨秀地發展，讓人對業者在推動日式飲食文化上的用心敬佩不已。

(4) 各種複合式餐廳、主題餐廳：台灣餐飲近來流行複合式餐廳及主題餐廳，所謂複合式餐廳即是餐廳的菜系不再像以前一樣區隔地十分清楚。例如「馥園」餐廳標榜所謂中菜西吃及以人計價的套餐（set menu）形式，菜系則不再限定於蘇杭佳餚，以「中式創意」料理為主要特色，甚至以法式料理中的頂級鵝肝入菜。也因為此風盛行，造就了許多有創意的主廚，對中西式菜餚的融合興起了研究的風潮，對於消費者而言選擇性更加豐富。另一類的趨勢就是主題餐廳的流行，而這裡的所謂「主題」不再是狹義的菜色定位，裝潢的特點也是業者所重視的部分，如以電影為主題的好萊塢餐廳，或是以監獄為裝潢特點來吸引客人的惡魔島餐廳等，皆是以此類特色在市場上一炮而紅。

各形各色的名人餐廳

　　名人與餐廳的結合，近年來已成為餐飲業的特色，除了名人因經常性地品味世界各地美食、開餐廳所需的專業門檻較低、餐廳的知名度因名人而相得益彰、餐廳可以為名人較私密的宴會場所等因素的推波助瀾下，台灣餐飲業已成為許多名人的第二事業！

星球好萊塢（綜合了電影及電視的主題餐廳）

　　為因應影迷對好萊塢大牌明星的熱潮，1991年10月在紐約盛大開幕，到2003年，全世界已經有十七家連鎖餐廳。而台灣的「星球好萊塢餐廳」是亞洲的第九家，地點座落於台北信義區的華納影城二樓。「好萊塢星球餐廳」是一家電影主題餐廳，它提供了十足的「電影」用餐的氣氛及經驗，除了店內佈滿與電影有關的道具和裝飾品，好萊塢名人的劇照與聞名世界的場景更是掛滿了牆壁，成為最大的特色。經常性放映經典名片、新片預告及拍片花絮及以電影原聲為背景音樂更是加深了整體影視的氣氛。菜餚的特色當然是設定在好萊塢的所在地「加州菜」，再加上各式各樣的美式點心及飲料，份量及服務等與幾年前橫行西式餐飲的星期五餐廳頗為類似。另外更提供了許多周邊的紀念性商品如飾針、T恤、運動衫、帽子、外套、皮夾克及手錶等等全部繡有星球好萊塢的標誌，美式行銷風格十足，更成為年輕消費者最新的熱門去處。

Kiki老媽餐廳

　　由知名藝人藍心湄基於「讓自己和爸媽有個可以固定吃飯的場合」，投資開了Kiki老媽餐廳，由於該餐廳的川菜十分道地及美味，餐廳業績蒸蒸日上，加上經常可見偶像在此餐廳用餐，也讓許多fans蜂擁

而至，終於在餐飲業占一席之地。而新式的地中海南歐風格的裝潢，充滿了最新潮流中式餐廳的不同格調。菜餚則以四川創意菜為主，以蒼蠅頭、老皮嫩肉、水煮牛肉、青椒皮蛋為推薦菜。

惡魔島餐廳（滿足了人們被監禁欲望的主題餐廳）

知名電視主持人吳宗憲投資的一家餐廳，是以監獄為裝潢的主軸餐廳，餐廳裡面的色調是以黑色和白色為主要色系，而在餐桌椅的花紋上面，更是以監獄特有的黑白條紋為主。進入餐廳時服務人員會以手銬將客人的手銬起來、囚犯服裝、囚犯拍照存檔等噱頭吸引顧客的注意力。進入餐廳內部，服務人員會打開一扇厚重的監獄大門，才可以進入。到了餐廳裡面除了開放式的座位外，另規劃了一間一間的牢房，與一般餐廳的VIP房真是大異其趣。

魚翅撈飯餐廳

因為主持美食節目及本身在演藝界知名度的陳美鳳，於2002年底與知名製作人合資開設「魚翅撈飯」餐廳。主要是以廣式魚翅、鮑魚料理為主，而招牌菜就是「魚翅撈飯」，其材料為高級魚翅、鮑魚，連米飯都是精選台東池上米，口感獨具。

名人餐廳因本身的知名度讓餐廳在短時間內生意興隆，但是後續的經營則須靠菜餚的品質、服務的好口碑及專業化的經營，才有辦法在餐飲這個競爭激烈的市場中生存。

(5)素食餐廳：針對國人健康危險指數逐年增高（2003年年底統計每九分鐘增加一名癌症病人），台灣餐飲最新的風潮是「素食風」，茹素的原因不外乎宗教的信仰、健康與營養、全世界的生態環境、未來飢荒的防止以及許多名人帶領的風潮等因素，近來不但素食館大街小巷林立，更流行吃到飽的素食自助型餐廳，讓人有更多的選擇。

3.速食餐飲業

包含各種中西式速食類別，如漢堡、炸雞、披薩及近幾年大行其道的中式早餐店等。

4.自助餐飲業

包含大街小巷的自助餐廳，以快速、價格低廉、菜色眾多、人力成本節省的特色，給予多數的外食人口最大選擇。近來，更有許多連鎖的自助餐飲業一改昔日陽春式的自助餐廳形象，裝潢及菜色上十分用心，讓消費者有物超所值的整體感受。如晴美自助餐近年來在台北自助餐廳市場上就占了極大比率，尤其在商業區中午用餐時段經常座無虛席。

5.餐盒業

近年來，法令對於餐盒業的管理越來越嚴格，因為集體中毒的事件不斷傳出，再加上消費者意識提高，許多國外先進的技術傳入，讓原本以傳統家庭式供餐的餐盒業逐漸被淘汰，取代的是更進步的衛生管理及設備。

依據食品良好衛生規範第二十九條（第一款）規定凡以中式餐飲經營且具供應盤菜性質之觀光旅館之餐廳、承攬學校餐飲之餐飲業、供應學校餐盒之餐盒業、承攬筵席之餐廳、外燴飲食業、中央廚房式之餐飲業、伙食包作業、自助餐飲業等，其雇用之烹調從業人員，應具有中餐烹調技術士證的比例如下：

(1)觀光旅館之餐廳：80%。

(2)承攬學校餐飲之餐飲業：70%。

(3)供應學校餐盒之餐盒業：70%。

(4)承攬筵席之餐廳：70%。

(5)外燴飲食業：70%。

(6)中央廚房式之餐飲業：60%。

(7)伙食包作業60%。

(8)自助餐飲業：50%。

(二)餐廳的經營型態

餐廳的經營型態依照目前市場的占有率來分析，比率最多的是獨立經營餐廳，其形成的原因有：進入餐飲業的門檻較低、資金的籌措容易、加

上近年來國內產業結構的快速變化，導致許多人才由傳統製造業轉出等等因素的推波助瀾下形成一片榮景。

另外，許多小型的加盟系統因擁有高知名度、專業技術及物料的強力支援，讓許多餐飲的門外漢少了摸索及無謂浪費的誘因，在餐飲界搶攻了不少市場占有率。

連鎖餐飲經營的盛行，說明了該餐廳的成功及經營者的企圖心，但相對的許多管理技巧也必須再提升，否則很容易連累到母公司好不容易建立的市場口碑。最後必須提及五星級旅館對外擴點經營及對整體餐飲市場的領導風格及影響力！

1.獨立經營餐廳

基於國人喜歡自行創業的特性，大街小巷總是充滿著各種不同特性的餐廳，尤其近年來SOHO族的盛行、許多餐飲專業學校的設立、不再只迷信學歷的新式想法、國際及國內各種餐飲專業管理書籍及技術的交流盛行、媒體對各種餐廳的大肆報導等因素帶動下，讓許多上班族及具有專業的年輕人嚮往餐飲業，進而開立屬於自己風格的店面。

依據獨立經營的特點分析，獨立餐廳（independent operation restaurant）具有以下經營的優勢：

(1)投資資金較低、負擔輕：對於一個剛入社會或對行業不熟悉的投資者而言，動輒數百或數千萬的投資，不但資金籌措不易，經營的風險也太高，讓許多人裹足不前。但以一家個性咖啡館的開創為例，投資金額在兩百至兩百五十萬之間（三十坪左右的店面），因咖啡的毛利較高，在扣除一些物料支出、員工薪資、各項營運成本外，利潤約在20%至25%，只要內部控制得宜，二至三年大多可以回收投資成本❸。

(2)資金回收快、投資者獲利高：如同上例所分析，獨立餐廳的經營投資成本較低，回收也較迅速，讓投資者在短期獲利上覺得安心，比在私人企業上班有成就感，這也是許多獨立經營事業最吸引人之處。但相對的也需注意：如何利用餐飲質感及價格的優勢來吸引人氣，先行穩定營業額。通常開業後的六個月往往是關鍵期，若生意

量一直無法成長時，必須重新評估所有的設定是否符合顧客需求及市場趨勢，經營策略是否需調整，最後才檢討是否需繼續撐下去。若營業額呈現穩定成長也需提防後續經營的專注，因為許多資金籌措方式為合資，成功後股東間的意見整合或分歧，往往是獨立餐廳是否能延續經營的決定性關鍵。

(3)個人風格呈現度佳：對於一家店面整體氣氛、格調的塑造，常可依據投資者個人的喜好及店面所在商圈客層特點等主客觀因素來決定，對於經營者而言，有另一精神層面的滿足。

(4)菜單特色的研發性強：一個獨立餐廳最重要的特色就是菜單的研發，依據對市場及產品的了解、消費者習性的調查、同業競爭狀況的分析等重點，研擬菜單並打造獨立的特色，才是個性餐廳最具號召力之處，也是獨立經營者最大挑戰。

(5)溫馨的家庭式服務：許多個人化商店最讓消費者讚許，也是許多大型連鎖企業無法模仿的，就是老闆親切且溫馨的家人服務感受。如何將每一位上門的客人服務地賓至如歸，必須建立一套「個人風格化」的標準作業流程及由心而發的經營理念，這也考驗開業投資者的智慧。

2.連鎖經營餐廳

連鎖經營餐廳（chain operation restaurant）在國內餐飲業的連鎖方式不盡相同，可依據其經營型態區分如下：

(1)同一公司的拓點經營（same-ownership chain operation restaurant）：以國內多數的本土連鎖餐廳及旅館的外點經營而言，多屬於開拓新地點，增加營業額及提升知名度為目的。當獨立餐廳的經營規模無法滿足現有顧客需求，投資者往往會再另覓一適合的地點，將原有餐廳的風貌、菜餚、服務等特色，在另一家店內重現或做部分修改，以迎合市場所需及增加餐廳的規模。如鼎泰豐、欣葉、新天地、海霸王、Gino、Kiki、上閣屋餐飲集團等餐廳即是屬於本類的連鎖性質。

(2)加盟經營（franchise chain restaurant）

A.國際連鎖系統（international franchise）：許多國際知名的連鎖餐飲業多為此類經營，其理念為由提供技術的總公司（franchiser）授權給簽約的分公司（franchisee），作為其開拓海外的市場前站。由該地區的分公司支付總公司加盟費用及權利金。多數的國際知名餐飲集團多採用以下幾種方式：

　　a.授權台灣企業經營（authorized by distinct area，即區域授權）：例如星巴克咖啡是由美國星巴克咖啡授權台灣統一企業經營；又如時時樂（Sizzler）是一家美式連鎖餐廳，台灣地區的經營權是由卜蜂集團取得。

　　b.成立海外子公司：包含肯德基、必勝客及TACO BELL等皆是屬於全球最大的餐飲集團「百事集團」，在台灣市場則由台灣百勝肯德基股份有限公司經營。

　　c.與台灣知名企業合資直營（joint venture as a leaguer）：東元電機與日本Royal株式會社合資直營的樂雅樂食品（股）公司。

B.本土連鎖系統（local franchise）：國內近年來因許多餐飲事業蓬勃發展，再加上服務業市場流行加盟系統，故許多營運不錯的連鎖餐廳除了具有直營店外，也開放加盟部分的經營，自行成立了加盟總公司。目前在台灣加盟的方式大約可分為以下幾種：

　　a.特許加盟：所謂的特許經營是指加盟者擁有該店面的所有權，而總公司將其所擁有的商標、公司名稱、產品、專業技術、各種作業流程、經營模式及後續的商品研發等，依照公開簽約的形式授予加盟者使用。而被特許加盟者必須按照合約的各項規定的業務模式下從事經營活動，並且支付總公司加盟金及權利金等的費用。而這也是目前餐飲業最多的加盟方式，如古典玫瑰園、真鍋咖啡館、丹堤咖啡等皆是採取此種方式。

　　b.委託加盟：所謂的「委託加盟」是總公司將現有的直營店委託給合適的加盟者來經營，加盟者則必須繳交加盟金及保證金給予總公司，但是加盟者並不需準備店面或負擔租金，另外店鋪

的裝潢、器具設備購置等開辦費用均由總公司負責。加盟者的利潤來自於營業管理的績效所產生的毛利額，但因有總公司的技術指導及各項物料的支援等，所以營運的風險最低。但此種作法較多在超商的經營，知名的連鎖餐廳較少有這種結盟的方式。

c.自願加盟：所謂的自願加盟是指全部的費用由加盟者自行支付，餐廳也是加盟者自行擁有，人員的雇用與管理由加盟者自行管理，不需支付總公司任何費用，相對的總公司也不提供任何專業訓練、技術等的支援。雙方並未建立強而有力的關係，總公司也僅只提供物料採購及店面的裝潢施工等技術性指導，經營風險較高，多為知名度較低的飲食店及早餐店等所流行的加盟系統，一般中大型餐廳較少採用此種加盟方式。

二、國外分類

目前在國內的專業書籍中記載國外分類法最多的分類為[4]：

(一)商業型餐飲

商業型餐飲（commercial food & beverage）包括：

1.一般型態的餐廳及酒吧

(1)正式餐廳（fine dining restaurant or gourmet restaurant）：包含各種主題或美食餐廳，提供正式或傳統的美食，整體裝潢及食物的品質皆是商業型餐飲中較高級的，服務及作業也較正統，當然售價也不低，是中產階級以上最常光顧的地點。

(2)家庭餐廳（family restaurant）：提供一般經常外食的家庭型餐廳，裝潢較重視家庭型的功能（如年長及孩童的座位區），沒有豪華高檔的菜餚，菜色設計的重點在年齡層的廣布及食物的安全性，服務及作業較偏重於「溫馨家庭」的感受。

(3)酒吧：酒吧目前為歐美地區年輕人的最愛，其分類有走年輕路線的disco pub，專門提供酒精性飲料、熱門歌曲及舞台，但也是治安較差的營業場所，國外的酒吧有嚴格控管飲酒的年齡，最主要是為防

止年輕人因喝酒而產生爭端，更因近年來毒品氾濫，吸毒人口年輕
化的趨勢。另一類的酒吧則是商務型的酒吧，多附屬於高級餐廳或
旅館中，提供旅客休閒及交誼的安全場所。

2.旅館附屬各類型餐廳

因台灣旅館業的走向及許多世界聞名連鎖經營的影響下，其分類及特
色部分請參閱本節國內旅館分類部分。

3.運輸業餐飲

運輸業餐飲（transport catering）即指在旅遊過程中，設立於各種交通
運輸工具上的餐飲，依照其規模及型態可區分為：

(1)航空公司的空中餐飲（airline catering）：目前為因應地球村的風
　　潮，飛機已經成為出國的第一選擇，而航空業的競爭甚至比餐飲業
　　還要激烈，為了吸引消費者的青睞，不但要比票價、座艙的舒適
　　度、服務的品質，而重視吃的消費者更是講究餐飲的美味及品質。
　　空廚的大廚為各航空公司設計不同特色的菜單，例如華膳空廚在
　　2003年年底與欣葉台菜合作，在台日航線的餐飲菜單上專門針對台
　　灣旅客的口味，設計一系列的台式料理，讓台灣旅客在出國時仍可
　　享有家鄉口味的料理。空中餐飲提供飲料（包含酒精性及非酒精飲
　　料）、美味的餐點（以該航空公司所飛行的地點來設定餐飲的內
　　容）、特殊需預先預定的特別餐點〔如兒童餐、素食餐、特殊宗教
　　餐（如猶太教只吃牛羊）、低糖或低鈉餐等〕，及各式點心等。

(2)觀光郵輪餐飲（cruise catering）：幾年前「鐵達尼號」的電影風迷
　　全球，帶動了觀光郵輪的潮流，人們在旅遊時又多了另一種選擇。
　　觀光郵輪的大小與設備不同，規模大者其客房、餐飲及各項休閒設
　　備不輸五星級觀光旅館。一般咖啡廳是最基本的設備，有的業者提
　　供西式、中式及酒吧等的正式餐廳，客房餐飲也是不可或缺的設
　　施，經營模式與旅館類似不再介紹。

(3)鐵路餐飲（railroad catering）：長途性鐵路運輸的列車一般皆會設
　　計加掛餐車，國外有名的小說「東方快車謀殺案」，書中因案情需
　　要說明了各種旅客的活動場所，就有清楚的描寫餐車的功能與設

計，餐飲的設定可區分為高級或快餐類。在國內的鐵路局除了幾段重點觀光區域自強號上有加掛餐車外，多提供餐盒給消費者使用。在2002年時，統一超商甚至還為懷舊的消費者設計了幾款當年十分流行的「鐵路便當」，可看出其特殊性。鄰國日本特色的地方性餐盒，更是搭乘快車或鐵路消費者的最愛。

(4) 公路餐飲（highway catering）：在國外最重要的國內運輸交通為高速公路，尤其幅員廣闊的美國，其公路餐飲很早就已經蓬勃發展，供餐的型態以快速、便利為主的簡易餐廳，服務及餐飲的定位皆是以美式為主，提供了趕時間旅客的最佳選擇。但在較大的據點或有商場處，也會有家庭式或較高級餐廳的設置，提供旅客不同的消費選擇。台灣早年高速公路休息站的餐飲以餐盒及販賣當地特產為主，隨著人們對於餐飲的講究，也慢慢有較精緻的餐飲業者進駐，讓旅客除了便利商店的微波包裝食物外，更可享用當地的美食。

4.俱樂部

從中古世紀的歐洲，就有貴族們經常聚會的私人俱樂部（club），其會員皆為上階層的王公貴族，平民無法進入。而此風延續至今，仍有部分高級俱樂部對會員的選擇十分嚴格，以維護其歷史的格調及品質。但目前歐美以同一「目的」為主的俱樂部居多，如馬場俱樂部、高爾夫俱樂部、政商名流俱樂部，甚至名校俱樂部（如牛津校友俱樂部、長春藤名校俱樂部）等。也因其顧客對象皆為高消費族群，所以一般提供正式的餐飲，也有俱樂部會因應會員需要，另行規劃許多設施如三溫暖、游泳池、健身房、SPA及各項娛樂設施，來提供會員更多消費的項目，以增加俱樂部的收入。反觀國內此風也慢慢盛行，但以旅館或休閒式的居多，如圓山大飯店的會員俱樂部，早年如不是政商名流，儘管再有錢也進不去。而五星級旅館附設的俱樂部更是城市高消費的名紳仕女們的最愛，乾淨、安全、隱密性夠、供餐品質高、服務水準佳等，都是其吸引客戶的因素。

5.速食及外送

(1) 速食（fast food）：在十九世紀中，拜工業革命所賜，在英國出現了第一道速食套餐「炸魚排配炸薯條」，這份套餐說明了船運擴張

及工業化的結合，也為日後速食帶來啟發的作用❺。而將這種速食發揮到最高點的是美國速食業的鉅子「麥當勞」，由1948年到2004年的發展過程中，目前在二十一個國家中已經擁有三萬一千個店面，更創下全球營業額一〇四‧九億美元的佳績。但近來因全球吹起健康自然風，漢堡、炸雞及薯條已經被證實是許多心血管疾病、癌症及肥胖的主因，更因許多地區有狂牛症、禽流感等動物性疾病，讓消費者對速食的消費習慣逐漸修正。

許多速食業為因應消費者習性的改變，漸漸修正其經營特性如下：

A. 不再只講求快速：在速食業剛興起的時期，講求的是「快速」，所以在製作及生產的過程中，大量地使用半成品及全自動化的設備。但目前的發展卻慢慢調整為「現點現做」，讓顧客可以感受得到新鮮、熱騰騰的餐點，一掃過去消費者認為速食無美食的觀念。近年來在台灣市場發展最快的日本「摩斯漢堡」標榜每一道料理都是顧客上門後才調製的，為的就是要突顯其新鮮及美味的賣點。

B. 多樣化的口味及產品：過去速食餐點多採用制式化的菜單，但為配合消費者日益多變的口味，包括速食業的巨人「麥當勞」在日本推出的和式漢堡、台灣的中式餐點等，都顯示了其經營策略的變動。就連肯達雞炸雞在2004年也修改菜單大量使用沙拉配上炸雞，企圖扭轉消費者對速食不健康的觀念。

C. 重視服務品質及品管：速食業一改過去只講求「快速」的管理理念，逐漸發展出一套員工訓練的模式，其中麥當勞更為其企業訓練，設置專門企業大學以提升服務人員的素質，為速食業管理寫下一頁優良紀錄及帶動速食業的獨特服務文化。另外，其標準化的生產流程及良好的工作站設計，更為其餐食的品管及服務立下不敗的基礎。過去的麥當勞在美國國內因太過講求速度，而忽略了顧客的滿意度感受及對產品正確性的執行，經常為顧客所抱怨。目前速食業者對顧客的需求及滿意度重視甚於速度，可以由現場的服務流程增加「送餐」的趨勢可見其涵義。

D.合理的定價：速食業最初的價格策略是為消費者設計「合理」的售價，但因其在台灣市場的獨占性及發展過快，反而忽略速食業在市場應有的定位。近年在簡便餐飲及超商微波食品的強力競爭下，終於再回歸原點以合理及競爭的價格重新出發，企圖挽回消費者的青睞。

E.社區及商圈的經營策略：講求品牌的餐飲業，重視其商圈的繁榮及社區回饋，由幾大國際餐飲業者（如麥當勞、星巴克等），對當地政策的配合及積極地僱用殘障人士等公益行為，不難發現對品牌經營的用心程度。

(2)外送（delivery service）：外送的餐飲一直都是西式速食的天下，如披薩、炸雞等，經營及服務的特性為便利高過美味。但是近年來許多餐廳也積極搶攻外送的市場，尤其在2003年SARS感染陰影下，五星級旅館及高級餐廳在客人害怕到公共場所用餐的情況下，外送、外燴及便當雖是業者暫時性的因應之道，但除了造成一股外送的風潮，更讓業者重視此塊消費市場的潛在商機。外賣的趨勢近年來在餐飲業慢慢盛行，目前幾乎所有的餐廳皆可外賣，而只做外賣的餐飲因在速食、餐廳、超商及百貨公司的多層夾殺下，沒有多大的發展空間，僅剩攤販、餐車式及目前較多的披薩店。另外，多數速食業者因消費者趕時間的因素下，設有外帶式的快速窗口（drive through），算是另一類的外賣。

(二)非商業型餐飲

非商業型餐飲（non-commercial food & beverage）包括：

1.機關團體膳食

所謂機關團體膳食（quantity food）指的是特定單位為其專屬人員專門準備的餐食，如目前小學的營養午餐，軍隊、監獄、政府辦理的養老院、各級醫院等的餐點，雖不是以營利為主要訴求，但因其餐食皆有不同的需求特色，需要專門的營養師來設計及專門的團膳公司來經營。

2.企業的員工膳食

許多大型製造工廠因員工人數眾多及位處偏遠地帶等因素，多設有員

工餐廳，提供員工膳食（staff cafeteria），而大型旅館及餐廳多提供員工用餐的地方及相關設備，其運作的方式採外包爲主，以減少公司聘僱及管理等的困擾。

非商業型餐飲因未以營利爲目的，所以在菜單的設計上無法如營業型餐廳那樣多的變化，多數採取「週期性」的團膳菜單爲主。例如筆者曾服務的旅館員工餐廳提供每週一天的麵食、水餃或其他同於飯食類，讓每日以自助餐爲主的員工，多了一點不同的期待！

三、服務方式分類

部分專業書籍中以餐飲特有的「服勤方式」來分類，其特性爲依照餐廳提供上門顧客的作業流程之不同來界定，但因每一家餐廳皆有其特有或綜合式的服務方式，分類不易較少被餐飲業者所使用。茲分別說明如下：

(一)餐桌服務型

提供這類餐飲服務的餐廳多屬等級較高者，其服務的品質良劣也經由餐桌服務（table service）來呈現。在顧客上門後，有一套完整的接待、帶位、接受點菜，再經由服務人員以餐廳的服務方式（如法式服務、美式服務、中式服務等）將菜餚及各式飲料等，送至顧客桌上的作業方式稱爲「餐桌服務型」餐廳。其中的精髓爲講求服務技巧與提供顧客的用餐整體感受，故此種方式爲多數五星級旅館及中高級餐廳所使用。

(二)自助服務型

自助服務型（self service）最早爲自助餐廳所採用的方式，讓顧客自行由餐廳所提供的餐台上取用喜愛的菜餚，最後再到出納處結帳的作業方式稱爲自助服務型餐廳，而此種做法最早源於美國，英文稱此類餐飲爲cafeteria。近年來五星級旅館及大型連鎖餐廳也吹起自助餐風潮，以一定金額的付費方式，顧客可以取用所有餐台上的食物、飲料及甜點，稱之爲「定額吃到飽」。

(三)半自助服務型

半自助服務型（semi self service）採用了自助型的優點（顧客自主性高、取菜迅速及業者供餐便利）及餐桌服務的優雅及舒適。由餐廳服務人

員將餐前飲料、湯、主食或餐後飲料（視各家餐廳的設定）送至顧客桌上，其餘如沙拉、甜點等由客人自行取用的半套服務方式稱之。

(四) 櫃台服務型

目前所有的速食業、小吃店、連鎖型的咖啡店幾乎採用櫃台服務型（counter service）的服務方式。由櫃台人員接受客人的點菜單後，遞送或經由電腦點菜系統至廚房處，由廚房將菜餚傳送到櫃台，客人取餐的位置則全部在櫃台處，顧客用餐後則自行將用完的餐具及托盤送到回收區，此種服務方式以迅速及方便為主要的訴求。

第二節　組織架構介紹

各旅館的餐飲部及餐廳因應其公司的大小及經營特色等因素，在組織的分類上略有不同，但基本功能皆相雷同。整合各型餐飲業的現況，主要的作業部門可略分為營運部分及後勤部分，營運部分為因業務需要與客人直接接觸的所有部門；後勤部分則為不直接與客人接觸且為營運作後援的部門。

餐飲業在規劃組織系統架構時，必須依據其實際管理需要設計獨特的組織圖表，但為使其正常運作，制定時須考慮具備以下的功能：

1. 說明組織包含哪些部門。
2. 明確化的指揮系統線。
3. 各部門在組織中的地位。
4. 部門與部門間的相互關係。
5. 部門中各單位的相互及從屬關係。

目前常為餐飲業界使用的組織架構系統圖，可區分為以下四種：

簡單型組織系統圖

一般而言，此種簡單的組織系統圖（simple organization chart）為

「創業」型態，一家小型或獨立餐廳多採用簡單型的結構，其特色為經營者兼任數種職務，一來節省人力成本，再者指揮線短意見整合容易、顧客意見及客訴處理皆可迅速回應，是小型組織體的優勢；但相對的缺點為公司政策及決定往往操控在少數人手上，對組織的各項管理及未來發展不夠客觀（見圖2-1）。

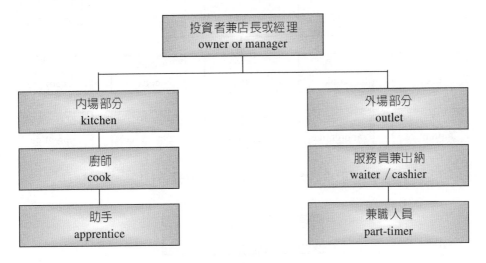

圖2-1　小型餐廳組織系統圖

產品化組織系統圖

　　產品化的組織系統圖（productized organization chart）通常運用於製作餐飲產品的生產線——廚房，其特色為依據廚師的製作專業性來區分（見圖2-2、圖2-3及圖2-4）。過去餐飲業內場人員的設置皆為「一個蘿蔔一個坑」，也因其專業性不容外人質疑，所以管理者皆會尊重主廚的想法。但是就如本書對餐飲業未來趨勢的人力分析，各部門都在進行扁平化，廚房也因近來廚師專業人才的增加、廚師專業度提升及感受到工作的危機意識等因素影響下，漸漸走入除了專才外另外再學習其他的專業，所以目前以產品化的組織型態來劃分廚房各單位的旅館及餐廳也越來越少了。

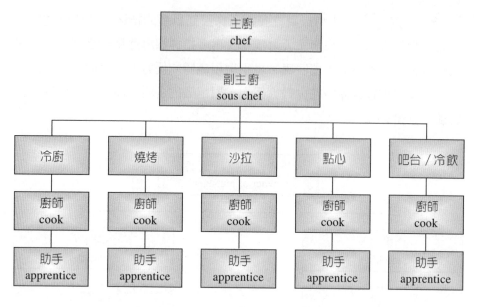

圖2-2　大型西式餐廳廚房組織系統圖

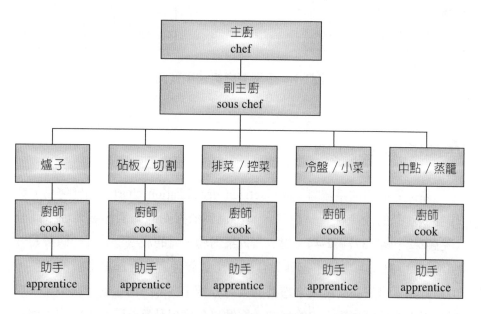

圖2-3　大型中式餐廳廚房組織系統圖

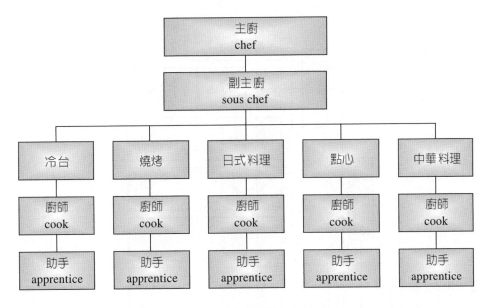

圖2-4　大型日式餐廳廚房組織系統圖

部門化組織系統圖

　　部門化組織系統圖（departmentalized organization chart）具有公司整體指揮系統、各部門的名稱及其下的各基層單位。由此圖可清楚看出該旅館或餐廳各部門的相互及從屬關係（見圖2-5）。一個組織由小發展到具有規模時，就必須要有由上授權、專業管理、責任分工等區分的階段，否則管理者很難掌控企業體的實際經營狀況，而失去商機及市場競爭力。

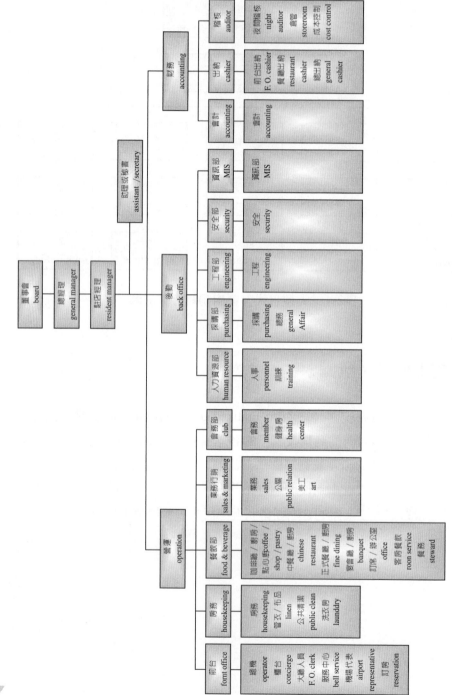

圖2-5 觀光旅館部門化組織系統圖

專欄 2-2　**如何制定餐廳組織系統表**

　　餐飲業組織有一定的部門及相關單位，但為何如此規劃，是否有一定的法則可遵循，制定時又該注意哪一些細節，以下舉例說明。

第一、需確定餐廳的組織圖以何種型態較適合：

1. 每個企業者對公司的企圖心、管理機制及未來發展為主軸，確定以簡單或部門別等不同的型態規劃。

2. 規劃相關人員的作業流程後，再確立實際運作所需的員工數。

第二、確定組織圖的各項功能：

1. 顯示每個部門在組織中所占的位置及功能。

2. 說明從屬關係及負責事項。

3. 顯示部門中涵蓋了哪些單位。

4. 劃分各領導及授權的指揮線。

5. 告知每位員工他們工作的單位及職稱等。

6. 透露組織的升遷管道及生涯發展的依據。

第三、制定組織圖應注意事項：

1. 因應管理的功能，切忌因人制事，否則將有部分部門不足但又有閒置單位等弊病產生。

2. 功能性未明確時，部分單位歸屬不清，將導致內部績效不彰。

3. 餐飲業營運與管理部分為公司最重要的二個環節，應多考慮此二者的均衡發展。

4. 人力分配宜作生產力等的數字分析，而非以管理者的立場來思考，因為易產生主管過度膨脹需求而多編人數，造成人力成本的浪費。

單位化組織系統圖

　　每一個部門依其業務功能，可細分單位組織圖。單位組織圖包含各職級名稱、人數及各單位的相互及從屬關係（見圖2-6）。

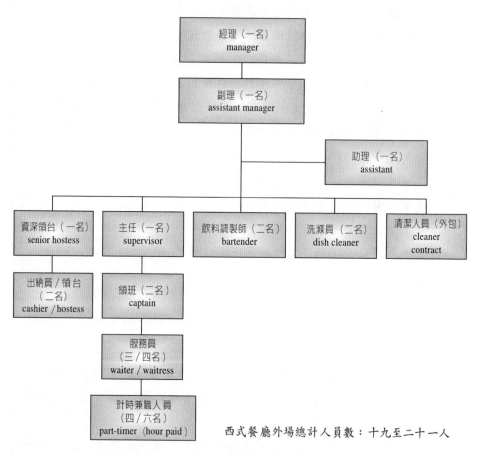

西式餐廳外場總計人員數：十九至二十一人

圖2-6　大型西餐廳外場單位組織圖

備註及說明：

1. 圖2-6的人力配置是依據大型餐廳（一百五十個座位數）所訂立。
2. 圖2-6餐務部洗滌員部分業者歸屬於廚房；另清潔維護工作，有部分餐廳是外包。

第三節　各部門職掌說明

　　餐飲業的經營不但需要管理上的專業，一個緊密團結的專業團隊，才有辦法將服務提升到最高的境界。而要如何擁有一支超強的隊伍，除了靠最高經營者的智慧外，更要有一套紮實的制度來管理，因此各部門的職掌是否確實執行將會有決定性的關鍵。

　　餐飲業的工作十分繁瑣，業者多將其分類以提供服務及菜餚製作的兩大部門，除了旅館及大型餐廳有後勤支援部門外，許多獨立餐廳會將後勤的工作如採購、驗收、財務、人資、業務等單位分別併入不同主管的工作執掌中。

　　此節中將餐飲業中最重要三大部分（服務、廚務及後勤）的職掌列出，除可清楚說明各部門負責的內容外，更可得知每個從業人員的工作特色。

營業部門職掌

一、餐廳服務部分

(一)旅館餐飲部主管、大型餐廳總經理

　　旅館餐飲部門的主管及大型餐廳總經理（food & beverage department manager／general manager of chain restaurant），需要的餐飲經驗是屬於全方位。除了熟悉所有餐廳內外場的管理及管控各項產品品質外，必須兼具管理、業務行銷、財務及成本控制，了解整體餐飲市場的脈動及未來發展趨勢，更需善於餐廳人員管理、作業流程設定及所屬人才的培訓及調度等專業。旅館餐飲部門的主管及大型餐廳總經理的任用條件及職掌說明如下：

1.任用條件

(1) 工作時間／休假：八小時／天／責任制，依勞基法規範。

(2) 對誰負責：總經理或董事會。

(3) 相關經驗：五年以上旅館餐飲部主管或連鎖餐廳總經理管理經驗。

(4) 年齡限制：三十至五十歲。

(5) 工作能力與專長：擅長對中西用餐客人的服務，餐席、會議、婚壽喜慶場所的安排及各項餐飲專業知識的指導。了解中西菜點名稱材料內容、酒類名稱、菜單成本分析及烹飪過程，餐飲的經營推廣，中西餐廳及廚房人員的管理，英、日語流利。

(6) 工作職責：督導所屬處理各項餐飲作業，服務顧客，管理本部門及人員。

(7) 儀表要求：主動積極，整潔有禮，親切熱忱，口齒清晰。

(8) 教育程度：大學以上餐旅管理、觀光等相關科系畢業。

(9) 工作性質：餐飲部計畫及行政工作，與所屬各部門／各分店協調連繫及督導。

(10) 體位要求：需要充沛的體力，體健耐勞，無傳染病。

2.職掌說明

(1) 依據本公司營業及管理政策，承總經理／董事會的命令，負責督導管理所屬各餐廳、酒吧、分店等營業場所及各廚房、餐務等作業場所，維持正常運作，並依據公司制定的作業標準服務顧客。

(2) 直接對旅館總經理／董事會負責，對全體人員管理、設備器材等的維護，控制各項收入／支出等財務，現場服務作業等各種管理事宜，負成敗得失的責任。

(3) 依據當年度經濟預測分析、顧客需要、訂席情形等因素，評估年度營業額，負責督導各餐廳／各店分別及彙總擬訂年度營業收入預算，並逐月檢討改進及修正。

(4) 依據本公司營業政策及營業收入預算，負責以成本及利潤立場，督導所屬訂定年度工作計畫。

(5)依據營業收入預算，負責擬定年度人事費用預算、餐廳廚房等場所修護保養預算、消耗品費用等預算，並依計畫控制各項成本。

(6)依據年度工作計畫，配合行銷業務單位，分不同季節訂定有關餐飲活動推廣計畫，並如期確實實施。

(7)負責擬定所屬作業程序及人員遵守規則、注意事項等，依實施需要情形適時適宜改善及修正。

(8)會同行銷業務部或自行獨立對各項餐飲營業市場的調查研究與分析、評估市場情形，及各項因應措施及改進方針。

(9)負責督促所屬主管訂定各項檢查表單，並按日實施；配合公司每週／月檢查，必要時予以抽查。

(10)督促各餐廳、酒吧施行各項餐飲方面服務，中西方式用餐、酒會、會議、外燴等的出菜，收拾及更換餐具、台布，調酒供應飲料等安排，並確實依照標準作業程序服務顧客。

(11)針對營業場所內各項物品設備、裝潢色調氣氛，菜單酒單型式、鮮花、裝飾、照明及場地環境等保持清潔、堪用、美化、高雅、舒適。

(12)督導餐務部及各廚房，對各項設施物品及場所環境的整齊清潔衛生，保持完整堪用，減少遺失破損率。

(13)督導各餐廳主管及主廚，擬定各項菜單的材料、質量標準、成分內容、成本分析等事宜，依營業政策訂定菜單內容份量及價格。

(14)督導主廚及各餐廳經理或有關人員，訂定各項食品飲料的品質、損耗率、淨品標準，確實作切肉、切菜、烹飪、調酒等試驗，維持質量、技藝、衛生的標準。

(15)會同主廚、各餐廳主管、採購主管，或成本分析控制人員，定期或不定期赴當地市場，了解食物的產季、品質及價格，以作營業及餐飲售價的參考。

(16)依據公司的用人政策，精算各單位的編制組織，將人力作合理而高效率運用，有效控制成本及減少不必要的人事費用。

(17) 遵照公司規定處理所屬人員的各種升調、任免、獎懲等人事作業、各項採購申請、動支預算及請領物品等行政作業。

(18) 依據公司制定的標準、員工服務作業及所屬人員的實際需要，利用淡季或有利的時間，領導所屬主管適時適宜擬定職工訓練計畫，會同訓練部／總公司督導確時實施。

(19) 督導所屬主管將負責保管使用的各項設備物品及器皿，建立財產登記制，配合財務單位定期盤點。

(20) 舉行定期或不定期的檢討會，檢討服務作業、工作方法程序、維護設備方面的優劣點，以加強服務能力及市場競爭力。

(21) 負責訂定競賽辦法，舉辦定期或不定期的工作競賽，以激勵士氣，提高服務水準。

(22) 布達公司各項政策、規定，並積極配合。

(23) 了解所屬主管及幹部人員的工作量與情緒及其私生活狀況。

(24) 處理顧客的函電及現場抱怨，不斷了解顧客對本公司服務是否滿意，並作適當的處理。

(25) 處理緊急或突發的任何事件。

(26) 每日將餐飲營業報告按時分送至總經理及有關主管，檢查業績是否與預測符合，並作相關的改進方案或計畫。

(27) 綜合月報及年終報告，檢討業績優缺點，提出改進意見，作為次一年年度計畫之參考。

(二) 餐廳經理

1. 任用條件

(1) 工作時間／休假：八小時／天／責任制，依勞基法規範。

(2) 對誰負責：餐飲部經理或餐廳總經理。

(3) 相關經驗：三年以上餐廳主管管理經驗。

(4) 年齡限制：二十八至五十歲。

(5) 工作能力與專長：擅長用餐客人的服務、席座，了解各種菜餚、飲料及酒類名稱材料內容成本分析、烹飪過程、餐廳經營、推銷及人員的指揮督導，隨時檢查部屬服務用餐客人，保持餐廳氣氛

高雅。英、日語流利者尤佳。

(6)工作職責：督導管理餐廳及服務客人用餐等事宜。

(7)儀表要求：主動積極，整潔有禮，親切熱忱，口齒清晰。

(8)教育程度：專科以上餐旅管理、觀光等相關科系畢業。

(9)工作性質：餐廳經營計畫及行政事務，與所屬各部門協調連繫及督導。

(10)體位要求：需要充沛的體力，體健耐勞，無傳染病。

2.職掌說明

旅館餐廳經理（outlet manager or restaurant manager）及大型餐廳店長或主管的主要職責可分三類：

(1)餐廳整體管理及各項計畫：

A.與主廚密切連絡有關餐廳銷售食物的陳設與份量，並依材料成分、成本分析，訂定菜單內容及銷售價格。

B.與主管及主廚協調一切私人宴會及會議等事項。

C.負責排定餐廳全體人員的「工作輪休表」（或稱排班表），並檢查輪休表及簽到簿有否確實施行並記錄。

D.餐廳人員出缺時依公司規定負責辦理新進人員的面試、甄選、僱用及訓練。

E.檢查客座區域隨時清潔無污，視情形需要提出修護處理或更新之申請，或列入年度預算計畫。

F.儘量使器具的破損率與遺失率維持在最低限度，凡損壞而不堪修復者，應依公司報廢程序處理。

G.確使餐廳所有工作人員對菜單上的每一項目，包括每日特餐、主廚特選等均有相當的了解。

H.盡力與客人建立良好的互動關係，並隨時了解客人對餐廳所提供的食物與服務是否感到滿意，建立客人習性資料。

I.維持作業的順暢，確使服務素質經常保持在最高水準。

J.提出員工升遷、調薪、解僱等建議。

K.確實了解所屬職工的工作量、能力是否稱職及其工作情緒、私

生活狀況是否欠正常。發現有異，予以合理疏導或報告上級。

L.舉行定期在職訓練以達到最高的效率與優良的服務品質。

M.審核並簽名所有餐廳內部的申請單。

N.負責管理各項餐廳內物品，器皿應建立登記帳表，隨時保持帳料相符，並配合財務部或餐務部清點。

O.密切注意預算計畫收入及各項成本的控制。

P.參加定期餐飲部／總公司的例行會議。

Q.隨時向上級提出認為需要改善的建議或方案。

R.參加公司定期或不定期的訓練及會議。

S.其他臨時或特殊交辦事項。

(2)營業前的準備事項：

A.訂定餐廳「營業前檢查表」，包括燈光、溫度、所有用品的陳設、桌椅擺設、餐具的設定及清潔度、客用洗手間等（作業流程請參閱本書第七章），每日會同領班級以上人員，在適當時間負責檢查所有服務用餐的準備工作，務必在每日營業前按時完成，且確使餐廳的準備工作均依要求按時完成。

B.確認出勤人數及分配工作區域。

C.向部屬每天作簡報：檢查服裝儀容、轉告公司最新規定、告知昨日的缺點、營業情形及今日如何改進、今日特餐、主廚特選菜餚及工作時應注意事項。

D.確認當日訂席、訂宴情況並與主廚確認各項菜餚及存貨等事宜。

E.抽查以確使餐廳內各工作站均保持清潔，且器具配備充足。

F.公告所有公司促銷的活動並通告所有員工該注意的事項。

(3)營業中的注意事項：

A.協助訂席或訂餐人員接受各種訂席、訂餐，並確認所有座位、貴賓室及宴會的情況。

B.協助接待人員招呼客人、領台及歡送客人。

C.視需要向客人推薦並接受其點菜。

D.隨時抽檢，確使桌上的調味瓶罐均已塡滿並清潔，且確使花飾
均保持爲新鮮程度，若發現有不良情形或未能按時更換，應立
即處理。

E.督導、指揮並協助各項餐桌服務。

F.負責現場各種顧客抱怨的處理並致力予以化解。

G.處理各種偶發狀況或意外，並隨時注意現場內部的安全狀況。

H.隨時注意掌控廚房出菜的速度及正確性，必要時須決定是否更
換菜餚或與主廚討論應變的方案。

(4)營業後的注意事項：

A.負責每天餐廳日誌簿（log book）的塡寫，以將每天活動有關
事項予以記錄並呈送上級核閱。

B.每日下班前依照「營業後檢查表」負責餐廳內的最後安全檢查
──包括現場的各項電器、櫃櫃上鎖、廚房的火源是否熄滅
等。

C.特別事項需交接者，需塡入日誌簿或交接本（視餐廳規定）。

D.檢視明日訂餐狀況與出勤員工人數是否吻合。

(三)餐廳領班

1.任用條件

(1)工作時間／休假：八小時／天／輪班制，依勞基法規範。

(2)對誰負責：餐廳經理或店長。

(3)相關經驗：二年以上餐廳領班管理經驗。

(4)年齡限制：二十二至四十歲。

(5)工作能力與專長：擅長用餐客人的服務，了解餐廳所有菜單、飲
料及酒類名稱、材料內容、各種烹飪特色及過程，現場指導及管
理服務員。

(6)工作職責：督導服務員服務用餐客人，保持責任區內整潔並保持
良好用餐氣氛等事宜。

(7)儀表要求：主動積極，微笑有禮，服務親切，口齒清晰。

(8)教育程度：高職以上餐旅管理、觀光、中西餐等相關科系畢業。

59

(9)工作性質：直接服務客人，整理餐廳及管理督導所屬的服務員。

(10)體位要求：需要充沛的體力，體健耐勞，無傳染病。

2.職掌說明

　　餐廳領班（captain）為餐廳的核心幹部，餐廳的主管（經理／副理）的主要責任為整體餐廳營運的機制管理，而負責實際現場的服務及作業流程運作的靈魂人物則是餐廳領班。有的餐廳會將營運現場分為不同區域，而該區域的管理、檢查、作業及服務則為領班的主要職責，也有部分旅館會將領班再區分為資深級領班或所謂的A、B領班，作業方式以大小區域的分別區分其責任。其主要的工作職掌為：

(1)檢查餐廳隨時清潔無污，並將任何需要修理或更新的地方立即向經理或副理報告。

(2)檢查所有的器具均清潔、良好無缺口。

(3)檢查各指派的工作站是否清潔，並且配備充足。

(4)負責上級交付保管的物品器皿，詳細登記數量並每日清點，儘量使器具的破損率及遺失率保持在最低限度。

(5)檢查調味品、燃燒液及一般用品數量是否充足。

(6)儘量使準備工作均依照規定的程序按時完成。

(7)參加每日經理、副理所作的簡報。

(8)負責分配責任區域的正常操作及人員調度。

(9)為客人點飯前飲料、呈閱菜單，推薦適切的餐食為其點菜，並隨時掌控常客的喜好，建立顧客檔案以利作業。

(10)呈閱酒單並同時點酒。

(11)服務餐食飲料上桌，並依餐廳的服務規定作「桌邊服務」或一般「持盤服務」。

(12)隨時詢問客人對於餐食的反應，有任何不滿意即時妥善處理。

(13)視情形需要協助其他區的同事。

(14)客人要付帳時，禮貌且清楚地幫客人結帳。

(15)視情形向要歸去的客人致謝並道別。

(16)盡力化解任何的抱怨或特別事件，並報告經理或副理處理。

(17)依據顧客的需要提供免費的停車證明。

(18)協助維持作業順暢,確使服務的素質經常保持在最高水準。

(19)負責下班前餐廳內物品及消防安全的檢查,並複檢區域內員工打烊前的整理工作是否均依規定的程序按時完成。

(20)確使餐廳的所有工作人員完全知悉公司所制定服務的作業標準及品質。

(21)保持個人及部屬儀容的最高水準。

(22)參加公司舉辦的定期在職訓練,並於平時將所學訓練所屬員工。

(23)確使餐廳的衛生經常保持在最高水準。

(24)遵守公司的規定,參加有關的訓練及會議。

(25)其他臨時或特殊交辦事項。

(四)餐廳接待人員

1.餐廳接待人員 (hostess) 任用條件

(1)工作時間/休假:八小時/天/輪班制,依勞基法規範。

(2)對誰負責:餐廳經理或店長。

(3)相關經驗:一年以上餐廳接待相關經驗。

(4)年齡限制:二十二至三十五歲。

(5)工作能力與專長:了解菜單及飲料、酒類名稱、餐席安排擅長認識記憶客人,英、日語流利者尤佳。

(6)工作職責:接受客人訂餐,迎接及導引用餐客人至適當安排的座位,了解客人用餐情形,歡送離席客人,隨時注意服務的細節。

(7)儀表要求:整潔敏健,微笑有禮,服務親切,口齒清晰。

(8)教育程度:專科以上餐旅管理、觀光、中西餐等相關科系畢業。

(9)工作性質:接引客人至座位,登記客人姓名。

(10)體位要求:需要充沛的體力,體健耐勞,無傳染病。

2.職掌說明

(1)迅速有禮地接聽餐廳電話。

(2)每日上班首先閱讀訂席簿,整理當日訂席客人資料及事先安排適

當桌位。

(3)傳達當日訂席客人資料予所屬區域的領班及服務人員，以便事先做好各種準備事項。

(4)隨時保持餐廳的各項菜單、酒單、點心單的完整及整潔。

(5)盡可能熟悉訂席客人資料，以利直接將客人領至其桌位上而不必再查詢訂席簿。

(6)熟記已來過的客人姓名面貌，並盡可能很有禮貌地以其職銜及名字向其招呼。

(7)於客人蒞臨時向其招呼並表示歡迎，並帶引其至座位，交予所屬區域領班及服務員。

(8)協助經理建立顧客名片檔案，輸入電腦顧客習性資料。

(9)熟悉菜單上的項目及每日特餐。

(10)隨時問候客人，對於用膳的反應給予關懷，以確使餐廳服務的素質經常保持在最高水準。

(11)參加經理、副理所作的簡報。

(12)隨時保持個人儀容整潔。

(13)將所認為需要的改善建議向經理提出。

(14)參加公司定期的各種在職訓練及會議。

(15)遵守公司的各項規定。

(16)其他臨時或特殊交辦事項。

(五)餐廳服務人員

1.餐廳服務人員（waiter / waitress）任用條件

(1)工作時間／休假：八小時／天／輪班制，依勞基法規範。

(2)對誰負責：餐廳領班。

(3)相關經驗：一年以上餐廳服務相關經驗。

(4)年齡限制：十八至二十五歲。

(5)工作能力與專長：熟悉用餐客人的服務，席坐安排的基本技巧，了解菜單及飲料、酒類名稱等，諳英、日語者尤佳。

(6)工作職責：服務責任區用餐客人，餐席的排列並負責整理。

(7)儀表要求：整潔敏健，微笑有禮，服務親切，口齒清晰。

(8)教育程度：高職以上畢業或在校生。

(9)工作性質：直接服務客人，整理清潔餐廳，排列席位。

(10)體位要求：需要充沛的體力，體健耐勞，無傳染病。

2.職掌說明

(1)協助維持整個餐廳，經常保持清潔無污，並將需要修理或更新之處即刻報告負責管理的主管。

(2)檢查所有的器具均清潔、良好無缺口。

(3)經常保持所指定工作站的清潔及配備充足。

(4)儘量使器具的破損率及遺失率維持在最低限度。

(5)依照公司規定的程序完成營業前的準備工作及營業後的整理工作。

(6)歡迎及扶助顧客入座。

(7)為顧客拉椅子並鋪放口布。

(8)依規定倒水、送麵包及奶油（西式）／倒茶、毛巾及小菜（中式）。

(9)協助為客人點飲料、餐食、酒並予以親切服務。

(10)隨時為客提供額外的服務，如點煙、加水、換煙灰缸等。

(11)清除用畢的餐盤、餐具及桌面雜物。

(12)隨時保持工作站與服務區域於用膳時間內的整潔。

(13)用餐時間內隨時補充工作站與服務區域的器具及用品，並確使各工作站的器具均維持安全庫存量。

(14)協助維持作業的順暢，並確使服務的素質經常保持在最高水準。

(15)視需要協助其他區域的同事。

(16)換新台布並準備重新排放餐具。

(17)認識菜單上的每一項目，包括每日特餐及主廚特選。

(18)保持個人儀容的最高整潔。

(19)參加經理或副理每天所作的簡報。

(20)確使衛生經常保持在最高水準,並遵照公司制定的各項服務觀念及標準。

(21)依規定參加定期或不定期的在職訓練及會議。

(22)其他臨時或特殊交辦事項。

(六)餐廳兼職服務人員

1.餐廳兼職服務人員 (restaurant part-timer) 任用條件

(1)工作時間/休假:依據餐廳實際需要安排上班時段。

(2)對誰負責:餐廳領班。

(3)相關經驗:半年以上餐廳服務相關經驗。

(4)年齡限制:十八至二十五歲。

(5)工作能力與專長:從事用餐客人的服務及基本餐廳的清潔工作,了解菜單及飲料、酒類名稱等知識者尤佳。

(6)工作職責:協助服務責任區用餐客人並負責整潔。

(7)儀表要求:主動積極、服務熱忱、口齒清晰。

(8)教育程度:高職以上畢業或在校生。

(9)工作性質:直接服務客人,整理清潔餐廳,排列席位。

(10)體位要求:需要充沛的體力,體健耐勞,無傳染病。

2.職掌說明

(1)協助維持整個餐廳經常清潔無污,並將需要修理之處立即向服務區負責人報告。

(2)檢查所有的器具均清潔、良好無缺口。

(3)經常保持所指定工作站的清潔及配備充足。

(4)儘量使器具的破損率及遺失率維持在最低限度。

(5)依照公司規定的程序完成營業前的準備工作及營業後的整理工作。

(6)隨時保持桌上調味瓶的填滿及清潔。

(7)至廚房端菜。

(8)協助清除用畢的餐盤、餐具及桌面雜物。

(9)將工作站油污的盤子、杯子、刀叉等依照適當的程序送至清洗區

域。

(10)協助維持作業的順暢，並確使服務的素質經常保持在最高水
準。

(11)用餐時間內隨時補充工作站與服務區域的器具及用品，並確使
各工作站的器具均維持安全庫存量。

(12)協助維持作業的順暢，並確使服務的素質經常保持在最高水
準。

(13)視需要協助其他區域的同事。

(14)離開前，檢查所指定的服務區域是否整齊，確使所有的器具皆
清潔收好並上鎖。

(15)確使衛生經常保持在最高水準，並遵照公司制定的各項服務觀
念及標準。

(16)保持個人儀容的最高整潔。

(17)其他臨時或特殊交辦事項。

(七)餐飲部助理或祕書／餐廳行政助理

1.**餐飲部助理或祕書／餐廳行政助理**（food & beverage department assistant
／ secretary） **任用條件**

(1)工作時間／休假：八小時／天／輪班制，依勞基法規範。

(2)對誰負責：餐廳經理或店長。

(3)相關經驗：一年以上餐廳行政相關經驗。

(4)年齡限制：二十二至三十五歲。

(5)工作能力與專長：熟悉電腦操作、檔案管理、餐廳各種行政工
作，熟悉英、日語者尤佳。

(6)工作職責：負責本部門／本店文件收發繕打，檔案管理及一般行
政工作。

(7)儀表要求：微笑有禮，服務親切，口齒清晰。

(8)教育程度：高職以上餐旅管理、觀光、中西餐等相關科系畢業。

(9)工作性質：辦公室文書工作，溝通協調工作，並善於人際溝通。

(10)體位要求：需要充沛的體力，體健耐勞，無傳染病。

2.職掌說明

(1)負責本部門／本店文件信函的收發登記保管及稽催建立檔案，保持檔案箱櫃的整潔，並隨時於有效期內公布公司各項通知及規定。

(2)負責有關一般行政庶務事宜及辦公室整潔管理等事項。

(3)負責繕打經核定的本部門／本店工作有關文件並分發。

(4)記錄上級或客戶的電話書面交辦事項及其他部門／分店來洽事項轉告主管。

(5)協助主管與職工在書面或口頭上語言的溝通。

(6)熟悉本部門各員工職掌及公司各項規定以便連絡及被諮詢。

(7)當訂席人員忙錄時協助處理訂席有關工作。

(8)擔任本部門／本店會議的記錄、會前的安排及相關單位的聯繫、會後的工作追蹤連絡、會議紀錄分發。

(9)遵守公司的各項規定及參加定期或不定期的各種在職訓練。

(10)其他臨時或特殊交辦事項。

(八)訂席員

1.訂席員（food & beverage reservation clerk）任用條件

(1)工作時間／休假：八小時／天／輪班制，依勞基法規範。

(2)對誰負責：餐廳經理或店長。

(3)相關經驗：一年以上餐廳訂席相關經驗。

(4)年齡限制：二十二至三十五歲。

(5)工作能力與專長：中西餐飲之經營推廣，了解中西菜餚名稱、材料內容，熟悉英、日語者尤佳。諳中西餐廳外場及廚房作業。

(6)工作職責：負責訂席作業、建立客戶資料及完整檔案，作推廣聯繫活動。

(7)儀表要求：微笑有禮，服務親切，口齒清晰。

(8)教育程度：專科以上餐旅管理、觀光、中西餐等相關科系畢業。

(9)工作性質：接受客戶訂席，接洽連絡及推廣。

(10)體位要求：需要充沛的體力，體健耐勞，無傳染病。

2.職掌說明

(1)依據本公司餐飲營業政策、設備及服務情形，負責中西餐飲方面的筵席、酒會、會議、外燴等方面的訂席作業。

(2)接受及答覆各種顧客的來函、傳真、電話或面洽有關訂席方面的詢問等事項。

(3)負責將顧客訂席所定的條件及項目詳細記錄於登記簿內，並最好能當面複誦後確定。

(4)凡接受之訂席最遲於用席日的一週至十天前開出訂席通知單（event order），分發至各相關單位以利後續作業的進行。

(5)訂席如有變更日期或內容，應確實協調各相關單位，無問題後才能答應顧客，並立即重新發訂席通知單。

(6)外燴的訂席必須依當時情形與顧客約定，提供服務方式及價格。

(7)顧客用席中及用席後，均應分別前往面詢顧客的意見，了解本公司／本店的優缺點，並在事後提出書面報告供上級參考。

(8)負責建立客戶名冊資料，定期或不定期以信函、電話或親自訪問連絡客戶，保持良好而密切的關係。

(9)負責建立訂席作業程序，建立完整良好的檔案資料，以備上級隨時查詢。

(10)每月底及年終提出檢討報告，對業績及作業予以檢討並提出相關改進計畫。

(11)遵守公司的各項規定及參加定期或不定期的各種在職訓練。

(12)其他臨時或特殊交辦事項。

(九)調酒員

1.調酒員（bartender）任用條件

(1)工作時間／休假：八小時／天／輪班制，依勞基法規範。

(2)對誰負責：餐廳領班。

(3)相關經驗：一年以上餐廳酒吧相關經驗。

(4)年齡限制：二十二至四十歲。

(5)工作能力與專長：了解中西飲料名稱、成分等專業並具備調酒技

能，領有調酒證照，諳英、日語者尤佳。

(6)工作職責：服務用酒客人，為客調酒並隨時保持工作區內整潔。

(7)儀表要求：微笑有禮，服務親切，口齒清晰。

(8)教育程度：高職以上畢業。

(9)工作性質：直接調酒服務客人，整理酒櫥及吧廳，管理酒類。

2.職掌說明

(1)檢查所指定的酒吧工作區域，經常保持清潔無污，並將任何需要修理或更新的地方報告領班。

(2)確使所有器具均清潔良好，堪用無缺口，並儘量使器具之破損率及遺失率維持在最低限度。

(3)遵守公司雞尾酒的調製方法及酒吧作業程序。

(4)確實使用公司規定調酒使用的酒牌及程序，未有上級授權前不得任意更改。

(5)嚴格執行調酒時所規定酒的份量、品質及調製方法，若有客人獨特需要，也必須經上級准許後才能為顧客調製。

(6)經常保持所工作酒吧器具充足，並確實執行盤點存貨，以便盤存結果正確無誤。

(7)參加公司舉辦的各項會議及訓練。

(8)隨時保持個人儀態的整潔。

(9)負責營業時間後確使酒吧陳列架上所有酒均已上鎖。

(10)維持作業的順暢並確使服務素質維持公司規定的水準。

(11)處理酒吧顧客抱怨或向領班、經理報告。

(12)維護工作時的衛生、安全的管理及各項檢查。

(13)遵守公司的各項規定及參加定期或不定期的各種在職訓練。

(14)其他臨時或特殊交辦事項。

連鎖餐廳店長的職責

　　目前台灣的餐飲業最為盛行的是各種型態的連鎖店，包括大型中／西式餐廳、知名的各家咖啡連鎖店（如星巴克、怡客、咖啡館、古典玫瑰園等等），除了總公司的遠端管理及各項制度建立外，一家分店的成功與否，店長可說是其中的最重要因素。店長在一家分店裡不僅是管理者、督導者及訓練者，更是店內的靈魂人物、員工與顧客間的溝通橋梁。一般而言各種分店雖有型態及大小的差異，但總括而言餐飲連鎖店長的職責主要有下列幾項：

店內各級人員的管理

　　餐飲業除了提供美味的餐食與飲料外，顧客最在意的就是服務，而提供優質或惡劣的服務，往往在基層員工身上！所以店長的最重要職責就是對各級幹部及人員（包括廚房）正確的管理，而其不二法門是「以身作則」。在人員管理上，店長要負責面試及進用正確的人員、訓練店內幹部（或訓練屬下等）各種工作技巧、考核員工績效、負責督導店內員工輪班排定表、確認工作分配的正確、處理員工各種問題及激勵員工士氣等。

維護良好的顧客關係

　　餐廳的營業額與顧客對公司各項品質（Q. S. C.，即quality、service、cleanliness）的肯定成正比外，如何維持與顧客間的良好互動更是每一位店長必修的課程。除了消極的迎接及服務每日上門的客人，更要有計畫性地做好各種行銷及宣傳工作、妥善處理客訴、建立融洽的人際關係與社區互動，如此才能為公司建立良好形象，提升品牌的知名度使來客增多。

確實執行各種店內管理制度

　　許多公司及加盟體系雖有各項管理辦法，但執行的重要關鍵在於店長是否完全清楚了解公司的政策／管理辦法及其過程中的執行力。店長對於公司的理念及經營方針要有徹底的理解，並依據各店的需求制定工作計畫，交給店內各級幹部及員工去執行。在交待公司給予的任務時，店長必須訂出各項工作的標準作業流程，並請相關幹部完成各種作業程序，於工作時隨時檢視其正確性，並於工作完成後作各項的工作會報及討論會，以確實了解工作過程中的困難及收穫，給予員工有效的激勵及回饋。

用品及設備的管理與維護

　　餐廳的各項用品十分繁瑣，店長必須隨時檢視其安全存量才不會捉襟見肘。而清潔安全的設備更是維護店內正常運作的重要關鍵，為提供給顧客良好的服務，及節省因維護不當所需的修理費用，店長必須在平日注意店內資產設備的保養與維修。

熟悉各種行銷手法

　　在如此競爭的餐飲業市場上，除了餐飲的商品吸引力外，各種有效的行銷法更可以達到吸引人潮的方法。除了要做到知己知彼外，更要有效且適時地進行各種促銷方案。從一元吃到飽到三人同行一人免費等噱頭外，集點及送小菜等溫馨的回饋顧客方案等，皆是店長需具備的能力。從蒐集顧客、商圈、競爭者等各種情報，反應顧客意見的各種方案，提供改善建議等雙向溝通，也是另一類行銷的方式。

成本控制及各項營收管理

　　成本的控制與各項營收的管理是分店績效的最重要指標，POS（point of sales）及各種收銀機、刷卡機、發票系統、報表、店內各項

小額採買及貨品的驗收、各種簽收單據、現金及保險櫃的管理等等，店長均須嚴格執行。並隨時控制店內的成本如員工薪資、物料採買價格的折扣爭取、水電費的節約等等。

執行各項店內例行檢視

店內清潔與衛生是餐廳最重要也是最基本的要素，除了讓顧客有消費的慾望外，另需要配合各種法規的規範，徹底執行衛生應注意事項，更要建立一套每日／週／月／年等的店務清潔／衛生檢視表，並責成各單位配合，因為一次的安全或衛生事件發生，對於公司整體形象的影響十分長遠，不可不慎！

熟悉公司各項管理報表

總公司及加盟總部為了要求各店確實對公司的政策及各項標準的達成，都會規劃一系列的管理報表。店長需先行確實了解其所代表的意義為何，並於每日例行工作中正確填寫各種公司管理報表，清楚地反映實際的營運狀況。這些報表最重要的意義是為讓公司／總部了解各門市實際經營情形，做為檢討各種策略的重要依據。

參與公司各種訓練及自我生涯的規劃

目前餐飲業面臨管理人才不足的情況，各家公司除了招募外，更應該自行培養適合公司理念的人才。並在薪資結構、教育訓練、分紅制度及未來生涯規劃上多下工夫，才有辦法留住優秀的店長人才。

餐廳的管理工作十分瑣碎繁雜，卻也可由其中獲得極大的成就感，尤其是「店長」一職，不但是管理者、教育者、督導者，又是領導者、溝通者與協調者；且同時要面對店主、顧客、員工三者，並實際從事餐飲銷售、人員的管理、各種報表製作、費用控管等實務經營管理工作，對於一位有志從事餐飲工作的人員是最大的挑戰！

二、餐廳廚務部分

(一)執行主廚／主廚

　　餐飲部門的經營除了須靠外場服務的各項品質管理外，更需廚務部門的全力配合及支援。旅館餐飲部門的行政主廚及大型餐廳主廚（executive chef／chef）的任用條件及職掌說明如下：

1.任用條件

　　(1)工作時間／休假：八小時／天／責任制，依勞基法規範。

　　(2)對誰負責：總經理或董事會。

　　(3)相關經驗：十年以上餐廳主廚實務經驗。

　　(4)年齡限制：三十至五十歲。

　　(5)工作能力與專長：擅長烹飪中／西式菜及筵席、擬定菜單內容及作各種新式菜餚的試驗及分析，有衛生、廚房行政及對廚務人員管理的相關經驗，諳英、日語者尤佳。

　　(6)工作職責：負責擬訂餐廳菜單並製作相關的菜單食譜，並依據餐廳實際需要及人員訓練製作樣品菜，確保營運中廚房依公司需要準時出菜，並依據公司規範及廚房程序作業管理廚房及人員。

　　(7)儀表要求：主動積極，整潔有禮，親切熱忱，口齒清晰。

　　(8)教育程度：高職以上中／西廚等相關科系畢業。

　　(9)工作性質：在中／西廚房主持烹飪事宜及管理工作。

　　(10)體位要求：需要充沛的體力，體健耐勞，無傳染病。

2.職掌說明

　　(1)負責管理廚房的一切作業流程，督導指揮所屬達成公司所有交付的任務。

　　(2)依公司營業政策、上級指示或有關通知，照標準食譜卡所定（如品質、數量、配方及盤飾等）要求出菜。

　　(3)負責督促所屬幹部製作樣品菜、訂定食譜卡及其營養、衛生藝術的內容標準並製成檔案。

　　(4)規劃廚房內部所有設備、物品、器皿的列設及放置，並制定相關

管理及使用程序辦法；隨時注意清潔及保養，發現任何損壞之處，需依程序填請修單送修。

(5)確保廚房、所屬地區及設備物的整潔，每日督促全體員工清洗整理。

(6)會同餐廳主管、採購主管，或成本分析控制人員，定期或不定期赴當地市場，了解食物的產季、品質及價格，以作營業及餐飲售價的參考。

(7)負責每日的叫貨並親自派員會同驗收，以確保每一項進入廚房的物品皆符合採購規格。

(8)凡在廚房進入或轉出的物品應確實檢查申請單後簽字。

(9)負責所屬每月出勤輪值的排定，按日檢查出勤並確定人力的適當安排。

(10)會同餐廳經理建立點菜、出菜作業程序及各項宴會標準作業流程，並根據每日宴會通知，分派人員備妥各項器皿、工具及各項各類魚肉、蔬果等，適時清洗、切割，作烹飪前準備。

(11)負責廚房人員的管理及新人面試、在職訓練等，並保持自己及廚房全體人員的儀容符合公司要求的標準。

(12)定期與餐廳主管、採購及成本控制人員作各種食物品嚐及測試。

(13)參加公司定期或臨時有關會議，並定期檢討作業及人力管理等問題。

(14)其他臨時或特殊交辦事項。

(二)廚師

　　廚房的出菜速度、品質及各項控管，除了要有主廚的專業管控外，更需倚靠各廚師的（cook）配合及敬業的付出。雖然廚師的領域各有專精，但基本的任用條件及職掌說明仍有共通之處，茲說明如下：

1.任用條件

(1)工作時間／休假：八小時／天／輪班制，依勞基法規範。

(2)對誰負責：餐廳主廚。

73

(3)相關經驗：三年以上中／西廚房實務經驗。

(4)年齡限制：二十五至四十五歲。

(5)工作能力與專長：擅長中／西式菜餚及筵席烹飪、各式新菜試驗、能製作菜單及食譜，具衛生及廚房廚務工作經驗，並領有國家乙／丙級廚師證照者。

(6)工作職責：依公司所定菜單內容負責烹飪所指定之菜餚，並確保按時及準確出菜。

(7)儀表要求：主動積極，整潔有禮。

(8)教育程度：高職以上中／西廚等相關科系畢業。

(9)工作性質：在中／西廚內負責烹飪工作。

(10)體位要求：需要充沛的體力，體健耐勞，無傳染病。

2.職掌說明

(1)負責營業時間內的點菜或宴會時所需的菜餚，按時出菜。

(2)協助主廚訂定食譜卡內容標準及協助作烹飪試驗。

(3)負責所出的菜餚其品質份量、色香味、排列及盤飾，均按食譜卡所定標準製作。

(4)確保自己負責的所有食品適當儲存，均符合衛生管理的規定。

(5)每日檢查冷凍庫及其他地區確保衛生及清潔標準，並符合公司所規定的程序；另工作範圍內設備物品發現損壞或消耗，應立即報告主廚。

(6)保持各種烹飪材料的適當存量，填寫各種自倉庫／總公司領取的乾貨申請單，另所需要的新鮮食物則將需求整理出由主廚統一填入採購申請單內。

(7)隨時注意出菜量及浪費的控制，維持食品成本、質量、衛生營養所要求的水準。

(8)配合外場的菜餚需要及出菜時間。

(9)依據公司規定於每日下班前清洗整理負責的空間廚房及設備器具。

(10)遵守公司一切規定，隨時保持高度整潔，並參與有關訓練會議

及團體活動。

(11)於下班時依指定區域執行安全、衛生等有關事項的檢查。

(12)遵守公司的各項規定及參加定期或不定期的各種在職訓練。

(13)其他臨時或特殊交辦事項。

(三)助手／練習生

1.助手／練習生（apprentice）任用條件

(1)工作時間／休假：八小時／天／輪班制，依勞基法規範。

(2)對誰負責：主廚及所屬廚師。

(3)相關經驗：半年以上中／西廚房實務經驗。

(4)年齡限制：十八至二十五歲。

(5)工作能力與專長：略具廚房清洗及前置作業工作經驗。

(6)工作職責：負責中／西廚房內清洗及各種前置作業等助手工作。

(7)儀表要求：主動積極，整潔有禮。

(8)教育程度：高職以上畢業。

(9)工作性質：在中／西廚內負責協助廚師清洗及烹飪前置作業工作。

(10)體位要求：需要充沛的體力，體健耐勞，無傳染病。

2.職掌說明

(1)準備廚師所需的各種用具和材料。

(2)清潔及整理各種食物材料。

(3)清潔廚房所使用的器具和設備。

(4)維持工作區域的清潔。

(5)依主管指示到驗收處或倉庫驗貨、領料。

(6)將未用完的材料正確儲存。

(7)遵守公司一切規定，隨時保持高度整潔，並參與有關訓練會議及團體活動。

(8)其他臨時或特殊交辦事項。

(四) 洗滌員

1.洗滌員 (dish cleaner) 任用條件

　　(1)工作時間／休假：八小時／天／輪班制，依勞基法規範。

　　(2)對誰負責：主廚及所屬廚師或餐廳主管（依據各餐廳編制）。

　　(3)相關經驗：擅長餐具器皿之洗滌、儲放及維護保養，保管使用洗滌機及對清潔劑功效有認識。

　　(4)年齡限制：三十五至五十歲。

　　(5)工作能力與專長：略具廚房清洗及前置作業工作經驗。

　　(6)工作職責：依照規定洗滌客用餐具，減少破損率，保管及維護餐具清潔，保持工作區機具整潔。

　　(7)儀表要求：整潔有禮，勤勞節儉。

　　(8)教育程度：國中以上畢業。

　　(9)工作性質：操作機器洗滌餐具器皿，地點在廚房附近。

　　(10)體位要求：需要充沛的體力，體健耐勞，無傳染病。

2.職掌說明

　　(1)洗滌所有使用過的餐具、器皿，並注意每個生財器具的乾淨與否。

　　(2)擦亮所有銀質或銅質餐具器皿。

　　(3)儘量保持破損於最低點，破損時必須將其蒐集作安全處理，並隨時向主管報告。

　　(4)洗滌完畢將餐具器皿存放於公司指定的地方。

　　(5)保持洗滌地點四周、地板、牆壁、走道清潔與乾爽。

　　(6)負責洗碗機，定期更換水槽洗滌液，以及每次機器用完後的裡外清潔等基本保養事項，若有故障應立即向主管報告。

　　(7)依據餐廳的需要準備宴會及大型活動所需的餐具及相關的器皿等。

　　(8)遵守公司一切規定，隨時保持高度整潔，並參與有關訓練會議及團體活動。

　　(9)其他臨時或特殊交辦事項。

三、餐廳後勤部分

(一)業務部

1. 依據公司餐飲及其他附屬等營業設施、調查研究結果、客源變動狀況及國內外整體餐飲市場情況及發展趨勢，訂定年度中程或遠程的業務推廣及市場行銷計畫。

2. 依據前項所擬定的相關計畫，考慮公司的設備、服務等級、消費市場現況，會同相關部門擬訂餐飲價格。

3. 利用各種媒體及機會，適時會同各相關部門派員在國內外舉行各種業務推廣活動。

4. 依據餐飲部門或各店的客源調查結果，與已洽妥的公司行號、貿易中心、銀行、政府機關等，簽定宴會用餐或會場的合約或會員／常客優惠事宜。

5. 建立各店／各餐廳客戶資料名冊或資料卡檔案，並依實際變動狀況新增，保持正確完整的客戶資料。

6. 定期作市場調查、研究及分析，並將所分析的結果供餐飲部及各店作為市場定位的依據：

   (1)既有市場分析：顧客狀況的變動、常客的消長分析、季節性變動、特殊因素或其他原因變動所受影響為何。

   (2)競爭對手分析：目前所供應的餐飲類型、營業活動情形、市場占有率的消長情況分析、對公司的影響如何。

   (3)最新對手分析：最新餐飲的走向、服務的品質檢討、營業設施型態、顧客類型與公司顧客是否重複，可能的影響層面為何。

7. 處理及答覆顧客的各項抱怨，負責免付費電話及各項來函或網站抱怨的後續處理，並將有關意見反映給上級主管。

8. 負責整合餐飲部門或各店各項行銷預算，並統籌辦理各種行銷及促銷的活動，設計及印製有關行銷的宣傳品及用品。

9. 其他與業務行銷相關事宜。

(二)財務部

1.建立公司所有財務制度、內部稽核制度,以確定所有報表適時而準確記錄。並隨時注意政府相關法令,以確保正當經營及避免觸犯法令規章。

2.督導驗收或稽核單位依據公司規定抽驗各種進貨的品質。

3.負責公司整體年度預算擬訂編審及每月營運報表的提供、分析及建議。

4.所有應收帳款政策的擬定及督導、催收等事宜。

5.員工薪資計算與發放審核。

6.製作各種財務檢討分析報表,並辦理餐廳各項財產帳務的登記與相關的處理。

7.所有稅捐的計算、申報與繳稅,營利事業所得稅的結算申報事宜。

8.定期盤點餐廳存貨及固定資產。

9.督促及教導餐廳出納填寫或印製報表並予審核,清點及管理每日營收現金,依公司規定存放妥善。

10.建立付款相關流程,督促廠商依規定請款及執行各種付款事宜。

11.研擬內部成本控制制度並確實執行。

12.其他財務管理相關事宜。

(三)採購部

1.辦理餐廳各部門因經營、服務、管理、工作等方面所需要物品、設備等一切採購、訂貨、交貨及品質、價格控制等事項。

2.公司所有供應商選擇,依各家實信程度建立供應商名冊資料,並負責對其信實程度的徵信調查等事項。

3.進行市場價格波動的調查事項,研究了解貨物產地、產季及其品質價格,保持最新完整資料表,並隨時確定廠商後續貨源供應能力。

4.負責提供餐飲部或各店營業場所鮮花、盆景、樹木訂購或更換事項。

5.對外承租房屋、器材、設備等接洽或簽約等事項。

6.公司各店或餐廳的修繕、保養、消毒廠商的比價、發包、訂約及會

同驗收等事項。

7.辦理供貨廠商的退貨及索賠等事項。

8.其他採購管理相關事宜。

(四)工程部

1.負責各營業點內部各項設施（如餐廳、廚房等）各項水電及機器設備的維修與保養。

2.建立各項設備定期檢查表，並定期實際檢視以確保其皆在正常運作。

3.控制餐飲部及各店營業內部水、電、油、瓦斯等使用狀況，及提出相關節省方案供營業部門參考。

4.參加專業技術訓練及取得相關政府單位規定所需的水、電、鍋爐、勞安等技術人員證照。

5.負責店內防災、消防設備等器材的定期檢查，並派所屬參與各種的消防及安全訓練及演習。

6.參與公司各項外包工程的招標、監標、比價、設計、監督施工、收工驗收。

7.依政府相關法規執行廢、污水及各種公共安全等相關事宜處理。

8.其他工程管理相關事宜。

(五)人力資源部

1.人事管理方面

(1)依據政府法令規定，經營管理上的需要，擬定餐廳組織制度、員額編制、職責職掌、人力運用等人事政策。

(2)管理制度執行及修正並確定全體員工遵行。

(3)員工晉用面談、甄選測驗、缺員補充及配合員工個人發展潛力，擬訂調訓、儲訓、輪調、升遷等人事計畫工作。

(4)進行同業薪資調查，並依此調整員工薪資基準點。另擬定旅館調薪、加薪辦法及加班費、各項獎金辦法等。

(5)管理員工出勤、考勤、考績、獎懲、各種休假事宜。

(6)辦理員工任職、到職、在職、離職應辦之手續程序及證明事項，

以及人事通報發布，建立正確人事資料檔案。

(7)負責員工更衣室、辦公室、更衣櫃、伙食管理。

(8)執行員工保險事宜及醫藥衛生等有關工作。

(9)員工輿情的了解，抱怨處理及勞資雙方之諮詢。

(10)負責報聘公司僱用外籍人員及本國員工簽證等有關工作。

(11)代表公司出席各項政府法規的宣導會議並反應相關的意見。

2.員工訓練方面

(1)依餐廳的實際需求，編定年度訓練預算，並依實際狀況安排固定及機動性訓練。

(2)依所規劃的訓練課程安排相關（講師、地點、對象等）事宜。

(3)制定相關訓練辦法，記錄員工訓練資料，以利為員工晉升、調職、生涯規劃等的依據。

(4)員工職涯規劃及各項職能的培育。

(5)其他人力資源管理相關事宜。

(六) 資訊部

1.負責公司所有硬體和軟體的維護、問題的排除，使電腦系統得以正常運作。

2.維持電腦中心的正常溫度、濕度及整潔，及確實做好門禁管理，並防止電腦軟硬體遭到破壞。

3.使用電腦處理資料，提供各種管理所需相關報表。

4.評估各種電腦應用軟體及硬體，供應商的督導、溝通及協調。

5.管理公司及各營業點，電腦開機、關機，資料的複製及備檔等相關事宜。

6.公司電腦系統的維護與設計開發。

7.各部門電腦使用人員的訓練，並製作相關作業手冊。

8.負責編列資訊部年度預算及擬訂年度工作計畫。

9.配合餐廳所需，提供軟、硬體的評估報告，以利採購部門後續作業。

10.其他資訊管理相關事宜。

第四節　問題與討論

餐飲業是一個「人」的服務業，所以各種人才的培養及訓練，往往決定了整體餐飲的品質，而其中最難的部分就是廚師的養成。下列的經驗分享，說明了實務上所面臨的各種歷程。

個案經驗分享（廚師傳奇菜的一生）

一位主廚的養成需要多久的時間？中間的過程又是如何艱苦？成為居於領導地位的五星級主廚則需要什麼樣的專業素養呢？

若要講起一位廚師的養成，一定要先講起「傳奇菜的一生」，這樣讀者不但可以體會主廚的養成不易，更可由其中的歷程得知廚房的管理概況。另外，本個案文章中將會有不同主廚的養成經驗分析。

何謂廚師「傳奇菜的一生」，可敘述如下：

一、學徒階段：「洗菜／撿菜」的淒涼日子

剛進入廚房學藝沒有實際工作經驗，最早所接觸的一定是廚房前處理工作——洗菜及處理各種食材。在四、五十年前的廚房，還要幫大師傅洗鍋子，雖然目前洗鍋子已經有洗鍋員負責，但仍有許多老師傅堅持學徒要由洗鍋子入門，這樣的努力至少要半年到一年，視廚房的人力狀況不同。如果這種淒涼的日子過不下去的話，離主廚的路可以說是遙不可及！

二、助手階段：「切菜」的流淚歲月

好不容易蹲了一年半載，職稱上已經榮升為廚房助手，離開了污穢的洗菜、料理台，更進一步到達切菜階段。這段時間對於一位師傅的養成非常重要，因為是打底功夫的時機，所有的刀功、對於食材的整理，都必須在此時期慢慢琢磨出來。雖然現在的科技如此發達，已經有許多代步的工

具如切薑絲機器，但是師傅們仍堅持要助手一刀一刀的切，並非不將人當人看，而是要磨練小師傅們的切菜技巧。雖然常被食材的辛辣給薰得流淚，卻也由中慢慢地累積自己的廚藝基礎功夫。

三、半廚師階段：「排菜」的辛酸史

洗功、刀功的養成時期，有時也會上爐煮一些員工飯菜的半廚師，這個階段必須熟悉餐廳各種菜餚的配料，同時也要非常清楚地了解廚房作業流程，因為此時期最重要的任務就是「排菜」。所謂的「排菜」就是要將大廚師要烹煮菜餚的所有配菜全部備全，缺一不可，另外有些廚房排菜人員也必須安排菜單的流程，哪一道菜要先煮及份量如何合併、哪一桌顧客的菜要先走等等。若無對料理的熟悉及精明的頭腦，可能廚房的作業會大亂，也有可能隨時都要被大師傅海罵一頓，箇中的辛酸也只有真正經歷者才有深切的體會。

四、廚師階段：「炒菜」的關鍵期

經過前段辛苦的歷程，四至五年後是否可以進階為廚師也必須靠個人的努力及資質，每一位進入廚房的廚務人員最終目的就是要成為一位「全方位的廚師」，除了之前的努力學習外，此一階段更是決定一位廚師是否能再精益求精。有許多人因成為廚師而滿足，慢慢養成老大的心態，對於後進不調教以免被人學去才藝，更有部分廚務人員沉迷於不良嗜好（如抽煙、嚼檳榔、賭博等），無法突破現狀而停滯。但是卻有許多師傅好學不倦，除了積極參加各種比賽、外訓及觀摩，更突破傳統學習不同領域菜餚的特色（如亞都天香樓主廚曾秀保原為湘菜師傅，後來學習杭州菜，近來更進入法國料理廚房學習西式料理，為了就是成為全方位的廚藝人員）。所以此階段是廚師成為「廚匠」或是「廚藝人員」的關鍵時期。

五、主廚階段：「創菜」的藝術歷程

正如亞都麗緻大飯店嚴長壽總裁在《總裁獅子心》一書[6]中清楚地寫出，「要求廚房老大（主廚）走出他們的勢力範圍（廚房），迎向客人

（外場）。如此一來不但可以了解自己菜餚是否為客人所接受及傾聽客人的需要，也可以體會外場服務員的心聲，不再為難他們。」無獨有偶地由台灣法國料理界的名廚張振民（Jimmy）經營的「法樂琪」餐廳，也有一條不成文的規定，那就是廚師必須先在外場服務半年之後，才可以進到廚房做菜。張振民所堅持的理由是：經由外場服務面對客人的經驗後，更能實際去了解顧客的真正需求，進到廚房製作料理時才能將顧客的口味掌握得更精準，同時也可以將服務方式考慮在內，讓菜餚作最完美的整體呈現。

　　所以到達主廚的階段，必須手腦並用，才有辦法做出令人驚豔的作品，也才有辦法讓自己更上一層樓！也因為以上人物與眾不同的自我經營理念，「亞都」與「法樂琪」才有亮麗的業績及相當的服務口碑。

　　對於養成不易的國寶級主廚們，職場不但以高薪、高社會地位來回饋，開店、創業、成為媒體寵兒也是他們在「傳奇菜的一生」努力後最大的收穫！

問題與討論

　　王小明是一位二專廚藝科二年級的學生，在北部某觀光旅館廚房實習的經驗並不是十分愉快，但並未因此對餐飲業失去興趣。第二次實習是在北部一家大型連鎖餐廳，這次的機會非常棒，不但經歷了不同菜系的廚房，更得到許多同學都沒有的機會——至採購及驗收單位觀摩，雖然未在廚房學到許多技術，但對餐飲業的管理更有深切的認識，王小明告訴自己未來開設餐廳的路好像越來越近了。隨著畢業在即，他覺得自己選擇了一條適合自己的路，也對餐飲的未來越來越篤定，請問由以上案例的啟示，你會如何規劃自己在餐飲業未來發展之路呢？

註　釋

❶蕭玉倩，《餐飲概論》(台北：揚智文化，1999年)，3頁。

❷詹益政，《旅館餐飲經營實務》(台北：揚智文化，2002年)，14頁。

❸林育正、楊海詮，《開家賺錢的咖啡館》(台北：邦聯文化，2003年)，14頁。

❹高秋英，《餐飲服務》(台北：揚智文化，1994年)，16-25頁。

❺Gunther Hirschfelder 原著，張志成譯，《歐洲餐飲文化》(台北縣新店市：左岸文化，2004年)，209頁。

❻嚴長壽，《總裁獅子心》(台北：平安文化，1997年)，186-189頁。

Chapter 3

餐廳的設定與規劃

- 餐廳的市場定位與規劃
- 餐廳外場的規劃與設計
- 餐廳廚房的規劃與設計
- 問題與討論

照片提供：圓山大飯店圓苑。

　　每一位餐廳的開創者，在草創之初總有著許多的理想與抱負，但哪一些可行、應該如何規劃與設定，總是困擾著投資者或是整體經營團隊。在百家爭鳴的競爭市場中脫穎而出，打出知名度，或是得到消費者的青睞，是要經過許多努力的歷程才有辦法得到的。也因此，餐廳開創前的各項準備及前置作業，關係著餐廳的成敗及經營的績效，不得不謹慎評估而爲之。

　　本章首先將具體說明如何設定餐廳的市場定位、餐廳外場及廚房規劃時應注意事項，同時探討許多業者在執行時所遇到的困難及盲點，最後再就各項法規層面，研究規劃時應特別重視的後續管理內容。

第一節　餐廳的市場定位與規劃

　　一家餐廳由無到有、由理想到現實、由抽象到具體等的過程中，有幾件重要事項是開業者及經營團隊必須事先詳加思考及規劃的：

自我評估

一、自我能力、財力及耐力

1. 整個經營團隊的現狀及自我的能力爲何：內、外場人員的能力及自己能力所在的探討與分析，此點常常爲經營者所忽略，因爲總覺得只要餐廳開幕一定可以招募到適當的人才，或自己一定可以負責所有事項。但事實上許多人是開了餐廳以後，才發現自己能力不足或是市場人才難尋。所以不能過於樂觀，謹慎評估才可以爲餐廳經營與管理奠定重要的基礎。

2. 將來所要開創的餐廳是否是以上人員可以控制的？若無，是否須外聘顧問公司？其介入的程度爲何？相關規劃的費用及進度控制的問題等。

二、餐廳的經營型態

1. 餐廳的經營型態為「獨立經營」、「股東合夥」、「加入國內外連鎖」或是在「百貨公司」中設櫃經營等。
2. 獨立經營時自己的資金調度情況為何、是否須向銀行貸款、餐廳的投資報酬率是否可支付利息等分析。
3. 朋友及家人投資時，投資者的權利及義務須在入股時說明清楚，各項股本及資金的動用也必須明確。
4. 加盟時，權利金、加盟費用及每月的抽成為何？加盟總部的績效、各項經營管理技術、設備及各項生財器具的規劃、原物料的供應、行銷計畫等能力的評估。
5. 百貨公司的進駐，對於知名度較低者有否條件得標？另須評估百貨業者所開出的條件，是否有利於餐廳的進駐。
   (1) 營業額抽成的條件優劣：百貨業者因講求「坪效」的經營，所以各專櫃的設櫃標準將依坪數的大小、品牌的知名度、業種的特性及對百貨業者的重要性等條件，規劃各種不同抽成的標準，而多採用所謂的「包底抽成制」。例如某餐廳與百貨公司的營業額抽成條件為一百萬（包括最低的營業額）抽20%，所以每月最低要付該百貨公司的費用為$1,000,000 \times 20\% = 200,000$，如果該月未達成業績者百貨公司仍收二十萬的抽成。部分百貨業者針對達成業績者，會給達成業績獎金或是退5%至7%的條件獎勵業者。上述的案例如果該餐廳當月份達成業績目標兩百五十萬，當月份應給百貨公司（20-5）$\% \times 2,500,000 = 375,000$的租金。
   (2) 進駐的期限：百貨業追求時尚及流行，所以設櫃的期限一般不欲與業者簽署過久的合約，而餐廳因裝潢及設備的關係，如果設櫃期限過短，投資成本會太高，應謹慎評估。
   (3) 其他費用的支出：前項的營業額抽成是否包含水電費、樓管、行政等其他費用，應於進駐時一併考慮。
   (4) 行銷的配合條件：百貨業一年多季的行銷手法與餐飲業不盡相

同，須考量其他分店的一致性；另是否須配合百貨業者整體裝修及擺設，也應在簽約時評估。

(5)折扣的提供：部分餐廳並未有如百貨業對會員或貴賓的優惠制度，但進駐百貨公司是否須強制配合，或是可由業者自行提供將會影響整體收支，宜多爭取。

(6)結帳作業：許多百貨公司為稽核所有專櫃收入的確實，對於大型專櫃會派一名出納處理收銀作業，如何與其結帳配合須事先規劃一套作業標準。

三、餐廳的主題性

通常餐飲業者在開幕籌劃新店，針對餐廳的主題性規劃不外乎下列幾項標準：

(一)餐廳特色主題的選擇

餐廳的菜系及主題為中／西餐廳、日本料理或是咖啡廳等的設定基準為何？一般而言，選擇菜系通常以自己或股東所熟悉較無風險，而近來市面上充斥著所謂的「個性型餐廳」，並無明顯的菜系分別，只是業者強調自己格調的店面，也有許多自創的飲料及餐食，頗符合目前年輕人所追求的獨特感。

(二)複合式餐飲

結合許多不同的產業共同經營的餐飲，如溫泉加上野菜餐廳、書店搭配咖啡館、網路咖啡，或是所謂多國性的餐飲結合等。

(三)本業擴充

本業連鎖經營或是加入國內外連鎖企業的加盟。

(四)未來看好的主題性發展

針對餐飲市場或是消費者消費型態的趨勢規劃新的商機，如有機休閒農場加上有機餐廳是台灣休閒產業當紅的炸子雞。

四、開店的規模

依據自己、股東的股本或公司開店的預算，先行評估初步開店的規

模，如坪數、座位數及是否包含其他設備如宴會廳、會議中心及附屬的育樂設施等。

五、市場的發展願景

餐廳的未來市場發展潛力為何、是否為「夕陽菜系」、為何要規劃這種產品、有否任何備用方案、投資報酬率為何、市場看好的年限為何等等問題的探討。

經過第一階段的自我評估後，自己或整體經營團隊認為此案可行性極高，便可邁入第二步驟的現有市場調查階段。

現有市場調查與分析

一、依據前項餐廳主題性的設定選擇適當的地點

許多業者往往忽略此兩項的先後次序，認為有好的店點是最重要的成功因素，有的業者甚至認為，有好地點的店要做什麼餐廳都可以成功，所以衝動的租了店面後才發現自己的專長餐飲早已滿街都是，最後也只能陷入與其他業者做價格肉搏戰，跌入進也不是退也無路的深淵！

所以，應該先行掌握餐廳的主題性，再選擇適當的點，才是正確的作法。

二、同一商圈相同類型餐廳的市場調查

針對選擇點的商圈所有相同類型的餐廳，作一份詳細的市場調查，作為未來餐廳規劃的重要依據。其內容必須非常詳細，下列分別舉例說明：

(一)地點所在處的周遭環境、商圈特色等概述

如本點位於中山區新商圈，接近新光三越南西店、衣蝶本館及二館；附近有知名的飯店環繞，中小型銀行及公司行號遍布等。

(二)交通狀況

如本點附近為捷運中山站出口，停車並不方便但公車站牌林立，四通

八達，可往三重、新莊等台北縣區，也可至南京、台北車站商圈，十分便利。

(三)消費客層特性分析

　　如1.本點商圈多為上班族，中午易客滿但晚上的商機較差，家庭消費狀況多為三至四人的小家庭。2.消費者要求品質較高，低價位的商店及攤販林立不利於餐廳競爭。3.筵席因附近商圈停車不易，且不易尋覓適當大樓停車場，必須考量宴會規模的設定不宜過大。4.百貨公司的地下街餐食種類繁多，且目標明顯，附近上班族多數前往消費。5.附近餐廳多數為咖啡館或複合式餐飲等。

(四)餐飲主要競爭者分析表

　　針對未來餐廳內部的許多規劃細節，做成表列式，將附近主要競爭者（越多越好）的現況列出，以利後續各項內部營運定位的設立。如表3-1、3-2、3-3、3-5、3-5所示：

表3-1　餐飲主要競爭者市場區隔分析表範例

店名（name）	XX咖啡（南京分店）	XX咖啡（南京分店）
觀察時間 （visit time）	2003年10月24日 中午12：30-14：30	2003年10月30日 中午12：30-14：30
服務方式 （service style）	半自助型	自助型
營業時間 （business hour）	週一至五7：00am-12：00pm 週六7：00am-01：00am 週日10：00am-12：00pm	週一至五7：10am-11：30pm 週六至日7：10am-12：00pm
座位數 （capacity）	60-70位 4位吧台位 6位戶外座位區	45位（1F） 60位（2F） 7位吧台位 5位戶外座位區
來客量 （occupancy %）	100%	70%
平均消費額 （ave. check）	$110	$100-120

（續）表3-1　餐飲主要競爭者市場區隔分析表範例

店名（name）	XX咖啡（南京分店）	XX咖啡（南京分店）
餐廳氣氛 (atmosphere)	燈光優雅、座位舒適。但因常客滿，且現場音樂為較熱鬧的爵士樂，所以整體氣氛感受較忙碌及吵雜。	訪視該餐廳時因客人數不多，加上餐廳設定高挑的座位區及西式輕鬆音樂的塑造下，充滿了優雅的感受。
裝潢主題 (theme deco)	現代簡單美式裝潢特色，木製傢俱，黑色新潮開放式天花板。顏色：深綠。	挑高式建築，木製傢俱。顏色：棕色加上紅色。

備註及說明：

1. 必須明確列出訪視時間，因為會關係到未來餐廳的設定。表3-1僅列出範例供讀者參考，實際上應該就餐廳本身所有營業時段分次觀察，所得的結果會較為準確。

2. 服務方式：可區分為自助式、半自助式、持盤式等較常被使用的方式，最主要的目的是為以後餐廳的服務呈現方式做適切地定位。

3. 營業時段：此項調查可透露出該商圈消費者的消費習慣，如果該商圈的營業時段從很早就開始，表示早餐的商機不錯；相對的，如果結束的營業時段都很早表示晚餐的生意量不佳。如此一來便可正確地設定餐廳的營業時段，以減少營業初期的摸索浪費成本。

4. 座位數：餐廳的規模與預算及業者的構思有極大的關係，但亦可由現有市場的規模探知自己的設定是否過於悲觀或樂觀；另外，若商圈餐廳的生意量皆未達成百分之百時，所謂的翻桌（台）率是可以不預估。

5. 來客量：在訪視的時段中，實際來店消費顧客的數量。另外，餐廳是否有外賣或外送的情況也必須一併調查。

6. 翻桌（台）率：一般而言，高消費額者停留餐廳的時間較長，所以餐廳的價位若較高者「座位週轉率」通常較低，因此部分生意量較大的業者，會將該營業時段區分為二或是以折扣的方式鼓勵顧客提早離開，以增加翻桌（台）率。

7. 平均消費額：所謂餐廳平均消費額通常指的是每位客人消費的平均單價，而一般的計算方式為餐廳的營業收入除以用餐的總人數。但在訪視的過程中，主要競爭對手是不可能將此營業機密提供給別人的，需要訪視的專業人員以實際觀摩的消費平均值的方式來計算出概數。

8. 餐廳的氣氛與裝潢主題：每一家餐廳各具不同風格的主要因素為以上兩項，除了連鎖店的制式格調外，每一個餐廳的擁有者都希望將個人想法帶入餐廳的氣氛中，所以此兩項調查也僅提供業者再設計及裝潢時的參考。

表3-2　餐飲主要競爭者主要客源類別分析表範例

店名 （name）	XX咖啡（南京分店）	XX咖啡（南京分店）
性別 （sex）	男性 30%　女性 70%	男性 20%　女性 80%
年齡 （age）	18歲以下（2%） 19-30歲（60%） 31歲以上（38%）	18歲以下（2%） 19-30歲（60%） 31歲以上（38%）
行業 （status）	學生（2%） 上班族（68%） 其他（30%）	學生（12%） 上班族（68%） 其他（20%）
來店目的 （purpose）	商務（50%）、等候（20%） 休閒（25%）、其他（5%）	商務（60%）、等候（10%） 休閒（25%）、其他（5%）

表3-3　餐飲主要競爭者菜單及飲料單分析表範例

店名 （name）	XX咖啡（南京分店）	XX咖啡（南京分店）
菜單型式 （menu style）	1.早、午、晚餐採套餐，餐類以麵包、三明治為主。 2.下午茶則為單點。	1.早、午、晚餐採單點及套餐並用，餐食除麵包、三明治外，提供微波真空包食品。 2.下午茶則為套餐，內容為現烤鬆餅及蛋糕類為主。
飲料單 （drink list）	1.咖啡 小杯60-85元、大杯70-105元。 2.花茶120-150元。 3.茶品100-120元。	1.咖啡小杯50-75元、大杯60-95元。 2.花茶100-140元。 3.茶品90-100元。

表3-4　餐飲主要競爭者現場管理分析表範例

店名 （name）	XX咖啡（南京分店）	XX咖啡（南京分店）
人員結構 （organization）	1.主管人員：店長一名。 2.一般員工：櫃台1人、吧台1人、廚房1人。	1.主管人員：無。 2.一般員工：櫃台1人、吧台1人、廚房1人、收餐1人。
作業模式 （operation procedure）	1.由顧客自行於櫃台購買餐點。 2.餐點由廚房或吧台送至櫃台。 3.顧客由餐台上取飲料後，自行覓妥位置使用，但用餐者餐食則由服務人員送至顧客餐桌上。	1.由顧客自行於櫃台購買餐點。 2.餐點由廚房製作後送至櫃台。 3.顧客由餐台上取餐點後，自行覓妥位置用餐。

（續）表3-4　餐飲主要競爭者現場管理分析表範例

店名（name）	XX咖啡（南京分店）	XX咖啡（南京分店）
作業模式 （operation procedure）	4.用完餐點後由顧客自行收餐 　至餐廳回收區。 5.吧台人員負責清洗餐具。	4.用完餐點後由顧客自行收餐 　至餐廳回收區。 5.吧台人員負責清洗餐具。
制服型式 （uniform）	1.黑色運動衫。 2.綠色圍裙。 3.黑色帽。	1.白色運動衫。 2.藍色圍裙。 3.藍色帽。

表3-5　餐飲主要競爭者設備明細分析表範例

店名（name）	XX咖啡（南京分店）	XX咖啡（南京分店）
櫃台 （counter）	1.半自動義式咖啡機（雙槽）。 2.自動磨豆機／咖啡渣容器。 3.蛋糕／點心展示櫃。 4.餐飲專用觸碰式收銀機台 　（micros）。 5.刷卡機。 6.商品展示櫃。 7.咖啡杯盤架。	1.半自動義式咖啡機（單 　槽）。 2.自動磨豆機／咖啡渣容器。 3.蛋糕／點心展示櫃。 4.普通式收銀機台。 5.商品展示櫃。 6.咖啡杯盤架。
廚房 （kitchen）	1.飲料機。 2.冰沙機。 3.製冰機。 4.雙水槽／水龍頭／過濾器。 5.微波爐／小烤箱／鬆餅機。 6.臥式冷藏櫃。	1.飲料機。 2.冰沙機。 3.製冰機。 4.單水槽／水龍頭／過濾器。 5.微波爐／小烤箱。 6.臥式冷藏櫃。
自助區 （self counter）	1.開水區／紙杯／紙巾。 2.吸管／塑膠製刀及叉／咖啡攪 　棒。 3.糖罐。 4.香草粉／巧克力粉。 5.奶精罐／牛奶罐（全脂／ 　脫脂）。 6.外帶式紙袋。	1.開水區／紙杯／紙巾。 2.吸管／咖啡攪棒。 3.糖罐。 4.奶精罐。

專欄 3-1　各具特色的主題餐廳

　　在競爭激烈的餐飲市場中，除了以美味的餐食吸引顧客的光臨外，更因台灣消費者國際化的腳步非常快，對於整體用餐環境的質感及氣氛極爲講究。近來市場流行的趨勢是打出「顧客不用出國也可以透過餐廳菜餚及氣氛的整體搭配，感受到本土、中式、和風及歐美等不同格調的饗宴」的主題風口號！以下舉出具有不同特色的主題餐廳爲案例：

中國庭院的建築❶

　　在台灣獨立餐廳中很難找到第二家對於建築如此講究的，不管是外觀（蘇州園林建築特色）、內裝及各種中國式陳設都充滿了令人驚豔之處。馥園餐廳由三棟建築所構成：八角樓、四方閣，以及連通兩棟主建築的藝品樓。四方閣地下四層、地上五層，以金、木、水、火、土五行，分別作爲一至五樓的內裝主題；而連通兩棟主建築的藝品樓，則以琴、棋、書、畫作爲四個樓層的內裝主題。藝品樓的地上空間完全開放展示古董、藝品等。

現代化中國風

　　晶華酒店的「蘭亭餐廳」是一家以上海菜餚爲主的餐廳，它的獨立設計風格是許多設計師及顧客所推崇的！它主要設計理念引用的是宋朝王羲之的「蘭亭集序」，以古今交錯的感受發揮主題，餐廳走道兩旁以玻璃雕刻的書法打造牆面，另外以現代化手法設計出的走廊，配合各種形式的燈光所營造的謐靜氣氛，讓人對於這位外國人——日本設計師橋本夕紀夫（Hashimoto Yukio）的設計功力留下深刻的印象。

現代和風

　　「晶華酒店」最新的日本料理餐廳位於兵家必爭之信義區，以新的品牌WASABI進駐台北新時尚區，設計師是知名的日籍設計師橋本夕紀夫，這一次他以日式庭園的意境融入整體用餐的空間，再用高挑的帷幕及光柱的燈光設計，塑造出現代化的和式料理風格，不但讓顧客有私密空間的感受，更可享有獨特的東方感。

異國風味的法式高級料理餐廳❷

　　在台灣的法國料理界最有名及法式風格最頂級的，一定要提到亞都麗緻大飯店的巴黎廳。1930命名之由來在於三〇年代是法國「裝飾藝術」（art deco）的顛峰時期，裝飾藝術所著重的是於線條表現中所傳達的優美與典雅。藉由這個理念，巴黎廳1930自期能將法國美食的菁華與細緻在歐式皇家般的優雅環境中呈現給顧客，讓享受美食就如同品味藝術般，深刻動人。

設定餐廳各種內部定位及特色

一、管理理念

　　將公司固有的管理及傳統精神列入管理理念中（management concept）（請參閱本書第一章第三節）。

二、經營的特色及重點

　　與管理階層或股東討論餐廳的管理重點及經營特色（operational concept），並將其文字化以利後續的管理及經營，例如價格平實、服務貼心、出菜迅速、用材實在、童叟無欺、永續經營等。

三、服務理念

服務理念（service concept）包括塑造個性化的餐廳，讓客人感受到獨特的對待。例如親切有禮、主動積極，以溫暖如家的服務方式來滿足每一位來店的顧客。

四、外場服勤的方式

依據前項市場調查的結果，可以參閱其他同業的方式，設定餐廳想要呈現的整體服務，另外也須考量人力市場的結構及預算的控管等因素，設計真正適合餐廳呈現的服勤方式。例如：

(一)連鎖咖啡廳

可考慮採用：

1.自助式服務

將所有菜餚由內場廚房準備妥當後放置於餐盤內，再由外場服務人員放置於櫃台由顧客自行取用。

2.半自助式服務

將所有菜餚由內場廚房準備妥當後放置於餐盤內，再由外場服務人員放置於櫃台由顧客自行取用。但飲料或甜點則由服務人員送至顧客的桌上。

(二)美式餐廳或一般型中餐廳

可採用所謂的持盤式服務（plate service），將所有菜餚由內場廚房準備妥當後放置於餐盤內，再由外場服務人員端到客人的桌上服務。

(三)高級餐廳

可採用桌邊服務，由內場廚房準備妥當後放置於餐盤內，再由外場服務人員端給客人過目後，於服務桌／服務車中為顧客分配菜餚的服務。

五、裝潢特色

將餐廳的特色藉由裝潢作整體的呈現，例如一家知名的西式餐廳對其新擴展的店點，設定裝潢的重點為：

1.呈現優雅、明亮及舒適的用餐空間。

2.座位動線寬敞、舒適及安全。

3.現代感十足的燈光及裝飾品。

4.設備新穎、完善。

5.衛生安全的開放式廚房，兼具味覺及視覺感官的滿足。

6.合理及有效率的各種工作動線。

六、重點客層的設定

　　將餐廳的重點客層藉由市場調查表的結果分析出，再加上餐廳本身的主要客源設定後，整合出重點客層的設定（customer classification），例如一家連鎖的中式餐廳對其新擴展的店點，設定主要的重點客層為：

1.餐廳商圈附近的上班族，中等收入族群。

2.附近百貨公司的逛街人潮及該大樓的洽商人員。

3.該商圈的小家庭成員。

七、營業時間

　　藉由市場調查表的結果及餐廳本身料理的特性，規劃出有利基點的營業時段（open hour），例如一家連鎖的咖啡簡餐廳對其新擴展的店點，設定主要的營業時段為：

1.早餐：7：00-11：00（因為該店點為捷運轉運點及百貨公司商圈，有許多上班族的消費人口，另規劃到11：00為方便百貨公司人員於上班前的早餐消費）。

2.午餐：11：00-14：30。

3.下午茶：14：30-16：30。

4.晚餐：17：30-22：00。

八、座位數

　　由餐廳取得的店面面積及市場調查表的結果等市場因素，再加上餐廳本身對整體服務及管理的呈現及營運的績效，規劃出不同的座位區，例如

一家中等價位的中式餐廳對其新擴展的店點，設定座位數為：

(一)小吃區

小吃區（a la cart area）的座位設定為：

1.兩人座位：（靠窗區）共五桌。

2.四人座位：共十桌。

3.八至十人座位：共六桌。

(二)貴賓廳

貴賓廳（VIP room）的座位設定為：

1.八至十人座位：共兩間。

2.十二至十六人座位：共一間。

九、預估翻台率

由公司對本餐廳營業額的比率分配及市場調查表的結果等因素，預估出不同時段的翻台率（turnover），例如一家中等價位的中式餐廳對其新擴展的店點，設定的預估翻台率為：

(一)平日（週一至週五）

1.午餐：○‧七次（回轉）。

2.晚餐：○‧八次（回轉）。

(二)假日（週六至週日）

1.午餐：一‧二次（回轉）。

2.晚餐：一‧五次（回轉）。

十、菜單及飲料單的設定

由餐廳市場調查表的結果、餐廳本身菜餚特色及顧客的喜好及接受度等因素，規劃出適宜的菜單及飲料單，例如一家連鎖的西餐廳對其新擴展的店點，設定主要的菜單為：

(一)菜單形式

1.單點

(1)早餐：三明治類。

　(2)下午茶：鬆餅、三明治、蛋糕、沙拉等。

　(3)晚餐：無。

2.套餐

　(1)早餐：共有三套。

　(2)午餐：每週變換菜單。

　(3)晚餐：每週變換菜單。

(二)飲料單形式

1.無酒精

　(1)早餐：咖啡、茶類及果汁。

　(2)下午茶：咖啡、茶類、果汁及冰沙等。

　(3)晚餐：咖啡、茶類及果汁。

2.有酒精

　(1)早餐：無。

　(2)下午茶：無。

　(3)晚餐：雞尾酒類、啤酒及烈酒類。

(三)菜單種類

1.早餐

　(1)美式早餐（American breakfast）：煎蛋附火腿、香腸或培根；吐司或麵包附果醬、奶油；咖啡或茶或果汁。

　(2)歐式早餐（Continental breakfast）：吐司或麵包附果醬、奶油；咖啡或茶或果汁。

　(3)義式早餐（Italian breakfast）：煎蛋附義式香腸、沙拉；吐司或麵包附果醬、奶油；義式咖啡或茶或果汁。

2.午餐（每週變化菜單）

　(1)亞洲特選套餐：附每日濃湯、小菜及飯後咖啡、茶或果汁。

　(2)和風特選套餐：附每日濃湯、小菜及飯後咖啡、茶或果汁。

　(3)義式特選套餐：附每日濃湯、小菜及飯後咖啡、茶或果汁。

3.晚餐（每週變化菜單）

　(1)中式特選套餐：附餐前酒、每日濃湯、小菜及飯後咖啡、茶或果

汁。

(2)西式特選套餐：附餐前酒、每日濃湯、小菜及飯後咖啡、茶或果
汁。

(3)義大利麵食特選套餐：附餐前酒、每日濃湯、小菜及飯後咖啡、茶
或果汁。

(四)菜單設計

1.早餐／午餐／晚餐

採封套式菜單，即塑膠封套、多頁活動式、套餐採可插頁式。

2.午茶

桌墊式菜單，使用後即丟棄型。

(五)飲料單設計

採封套式菜單，即塑膠封套、多頁活動式、特價及促銷飲料採可插頁
式。

十一、餐桌擺置的設定

由餐廳本身的菜系、定位、服務的標準及顧客的期望等因素，設定出
具特色的各項餐桌擺設（table setting policy）。例如：

(一)西式餐廳

1.早餐

刀、叉、湯匙、麵包碟、麵包刀、口布或桌巾、餐墊紙或餐墊、咖啡
杯盤及咖啡匙、奶盅及糖罐、煙灰缸、花瓶、帳單筒、胡椒鹽罐及牙籤罐
等。

2.午餐

刀、叉、湯匙、麵包碟、麵包刀、口布或桌巾、餐墊紙或餐墊、水杯
及酒杯、奶盅及糖罐、煙灰缸、花瓶、帳單筒、胡椒鹽罐及牙籤罐等。

3.晚餐

刀、叉、湯匙、麵包碟、麵包刀、口布或桌巾、餐墊紙或餐墊、水
杯、紅白酒杯、奶盅及糖罐、煙灰缸、花瓶、帳單筒、胡椒鹽罐及牙籤罐
等。

(二)中式餐廳

1.早餐

筷子及筷架、湯匙、水杯、口布或桌巾、餐墊紙或餐墊、煙灰缸、花瓶、帳單筒、胡椒鹽罐及牙籤罐等。

2.午餐

筷子及筷架、磁湯匙、水杯、口布或桌巾、餐墊紙或餐墊、煙灰缸、花瓶、帳單筒、胡椒鹽罐及牙籤罐等。

3.晚餐

筷子及筷架、湯匙、水杯、口布或桌巾、餐墊紙或餐墊、煙灰缸、花瓶、帳單筒、胡椒鹽罐及牙籤罐等。

十二、制服

由餐廳整體設計的特色、市場調查表的結果及餐廳擁有者的喜好等因素，設計與餐廳最協調的員工制服呈現。例如正式西餐廳所有員工制服的規劃如下：

(一)餐廳主管

黑色西裝外套、黑色西裝褲（男性主管）、黑色裙（女性主管）、白色西裝領襯衫、黑色背心、灰色束腰、灰色領帶、黑色皮鞋及公司制式名牌等。

(二)餐廳領班

黑色短式西裝外套、黑色西裝褲（男性）、黑色裙（女性）、白色西裝領襯衫、黑色背心、黑色領結、黑色皮鞋及公司制式名牌等。

(三)領台或出納

黑色短式西裝外套、黑色長裙、白色圓領襯衫、黑色皮鞋及公司制式名牌等。

(四)服務人員及工讀生

黑色背心、黑色西裝褲（男性）、黑色裙（女性）、白色西裝領襯衫、黑色領結、黑色皮鞋及公司制式名牌等。

(五) 餐廳主廚

　　白色布製主廚帽、白色領巾、白色廚衣、白色長褲、白色圍裙、黑色安全工作鞋等。

(六) 餐廳廚師

　　白色紙製廚帽、白色領巾、白色廚衣、白色長褲、白色圍裙、黑色安全工作鞋等。

(七) 洗碗人員

　　白色廚衣、白色長褲、防水圍裙、黑色安全工作鞋等。

十三、價格定位

　　由餐廳市場調查表的結果、各種菜餚及飲料的成本計算及顧客的接受度等因素，設定出具有競爭性的價格（price）。

十四、行銷與企劃

　　由餐廳市場調查表的結果、餐廳本身行銷的重點特色、商圈的特殊性及顧客的特色等因素，規劃出不同時期的促銷計畫（marketing strategy）（此部分請參閱第四章）。

(一) 籌備期

　　例如商圈的調查、公關的拜訪、開幕期各種活動的籌劃、店內各種布置及P.O.P.等的準備、店外招牌、各種促銷用具準備等。

(二) 開幕期

　　各種媒體的公告、各種促銷人員及工作的安排、文宣用品及各種菜餚試作等事宜的安排。

(三) 正式營運期

　　後續各種活動的追蹤、貴賓資料的建立、各種促銷的贈品及集點等作業的確定或修改等。

十五、各種投資成本的分析

各種投資成本的分析（financial analyst）包括：

(一)租賃條件的分析

例如某家在百貨公司設櫃的餐廳，其所獲得的條件如下：

1.每月的營業額為五百萬（包底）及14%作為租金（含水電費用），百貨公司提供一百八十坪的營業面積。

2.提供該百貨公司持貴賓卡者5%的折扣。

3.營業額達成八百萬時該百貨公司將退5%作為獎勵。

4.須配合百貨公司每一檔的行銷活動。

5.簽約期為兩年。

6.設計及裝潢費用為公司自行吸收，但百貨公司提供一百萬的首期裝修贊助金。

(二)各種投資金額預估

1.裝潢費用（含設計費用及各種安全、消防檢報）：七百萬。

2.各種設備費用（含廚房及外場）：三百萬。

3.餐具及各種用品：一百萬。

4.餐廳開辦費（含廣告、各種促銷、人員籌備期薪資）：一百萬。

共計投資費用為一千兩百萬，折舊分五年平均攤提，每月須分攤二十萬。

(三)預估每月收入及支出

1.收入部分

來客平均消費額為三百五十元／每人，座位數三百人×0.8平均來客率×二餐×三十天＝五百零四萬收入。

2.固定支出

(1)投資費用每月分攤二十萬。

(2)食材成本30%（約一百三十萬）。

(3)人事費用25%（約一百零八萬）。

(4)租金五百萬×13%＝六十五萬。

(5)其他支出十五萬。

　　預估每月來客率若可達八成時，且食材／人力成本控制55%以下，餐廳可獲利約二‧五成至三成左右。

 第二節　餐廳外場的規劃與設計

　　在大街小巷充滿了各式餐廳的競爭環境下，如何得到消費者的驚豔眼光，除了靠經營管理及菜餚特色外，更需要有設計絕佳的用餐環境。透過設計者及管理團隊的精心設定，讓顧客可以真正體會到視覺與味蕾雙重享受的美宴。

　　在作餐廳的各項規劃前，必須先行了解餐廳內部各種空間的功能性，再就管理者的經營重點與設計師討論如何運用及分配，才有辦法建立各種內裝、陳設及各種設備設定的基礎。

　　就餐廳本身而言，依據顧客的消費動線及人員操作的流程，可劃分為以下幾個重要的空間[3]：

　　1.流通空間：包括所有餐廳內部的通道、走廊、服務及送餐等的動線等。

　　2.用餐空間：包括餐廳內部的座位區、包廂、貴賓室、宴會廳及會議室等顧客用餐的所有空間。

　　3.管理空間：包括餐廳櫃台、座位區工作準備台、辦公室、員工休息區、員工用餐區等。

　　4.調理空間：包括驗收區、倉儲區、前處理區（整理區）、加工區、調理區、配餐區、吧台、冷藏冷凍保存區等。

　　5.公共空間：包括衣帽間、等候區、洗手間、公用電話區等。

　　本節以餐廳外場的設定基本原則及重點做分析及說明，第三節將就餐廳內場（廚房）部分作深入的探討。

餐廳的外觀

　　獨棟式的建築物最容易突顯餐廳的外觀特色（如前節專欄中介紹的馥園餐廳），但許多商家店面多為都會大樓建築。如何利用外觀特色及燈光運用等設計手法吸引顧客的注意力，是餐廳設計師及管理人員應多努力的目標。

一、招牌的特色化

　　簡潔有力的企業識別系統（C.I.S.，即corporate identification system），最容易留給消費者深刻的印象，如麥當勞、肯德基等速食行業皆是非常成功的案例。

二、主題的突顯

　　部分業者以設計獨特及顯目的代表物，有效地突顯餐廳的美食及主題性。如以海鮮為主的餐廳將招牌以「螃蟹」、「龍蝦」等形狀來設定；又如餐廳主題的運用——以花草為主的「花草主題餐廳」在餐廳外部設計為花草庭園等都是令人驚豔的設計；又如目前極為流行的「寵物餐廳」——以狗、貓的外形為招牌或以狗、貓為「店小二」等都是引人入勝的創意。

三、流線且明亮的外部

　　過去因消費者偏愛較隱密的空間，所以許多餐廳的外表多採用暗色系的玻璃或以大型帷幕來布置。但近年來這種封閉式的用餐環境已不再受顧客的喜好，多數的獨立餐廳或是旅館內部的餐廳使用「落地窗形」的外觀，突顯用餐的環境及氣氛的明亮化，若需要較隱密空間的顧客，餐廳也會貼心地規劃半獨立式的廂房，讓顧客各取所需。

餐廳的內部空間規劃

一、正門區

一家餐廳的門面十分重要,且應符合下列幾項設定原則:
(一)門面的所在宜考慮符合顧客進出的動線

宜:進出要方便、位置需明顯。

忌:防止路沖及直接與廚房或廁所相對(多數餐飲業經營者仍十分相信風水之說)、上下階梯不宜過大、如果顧客進出十分頻繁時不宜使用自動門等。

(二)代客停車的設立

許多都會區大型餐廳為考慮開車顧客的方便性,設置有代客停車櫃台,規劃時宜注意該櫃台的安全性(設立抽屜式的車鑰匙格、停車雙聯單等)及與整體裝潢的一致性。

(三)餐廳主題的展現

多數餐廳業者會在正門區,設計規劃餐廳主題的陳設。如日本料理餐廳的玄關區許多設計師獨愛日式庭園的風格呈現;中式餐廳業者則會設計如小橋流水、擺設太師椅、雕刻及懸掛掛畫等展現中國風的格調。

二、接待區

接待區的定義為顧客未進入餐廳座位區時,暫時等候的空間稱之。正式的大型餐廳應包括以下空間:
(一)等候空間

餐廳的生意量常因假日、展覽及其他消費因素而增加,所以為考慮顧客等候時的心情及舒適性,應規劃一專門等候座位區,座位區中可擺設餐廳相關的資料或簡介、各種促銷文宣、報章雜誌等,以增加餐廳的知名度及排解顧客因等候而產生的不悅心情。

(二)外賣區

依據本書第一章中介紹餐飲最新趨勢之一為增加外賣生意量，所以餐廳為了爭取這塊商機，會在接待區中設計商品展示櫃，一來可以增加顧客對餐廳產品的了解，再者也可趁機促銷餐廳外賣的商品。

(三)領台區

正式餐廳的接待區應具備領台區，領台專用櫃台宜由設計師作整體規劃；另就管理面而言，則需注意設定有餐廳桌面分配圖（附桌號）、每日預約本、菜單及飲料單等相關資料的放置區。

三、櫃台區

櫃台區為餐廳內部管理最重要空間的一部分，其設定的重點有：

(一)櫃台方位的選擇

宜：位置配置須方便顧客結帳及可以環顧全區的方位（以減少顧客跑單的可能性）。

忌：防止直接與廚房或廁所相對（水火之說代表錢財與生意興旺）。

(二)具備各項管理功能

1.點菜及結帳系統

餐廳櫃台首要的管理功能為「結帳」，目前因應電腦系統的建立，許多餐廳會將點菜及結帳系統結合並放置於櫃台，以利服務人員點菜、更改及結帳，所以規劃櫃台時需考慮電腦系統的設定及擺放。另外簡式及連線的POS及與收入有關的刷卡機等的設定及選擇，也須一併考量。

2.餐廳的監視系統

部分大型餐廳為了加強對每一個角落的管理會設置有監視系統，而最常被放置監視畫面機器的地點為櫃台後方。一方面是因櫃台出納人員並非從事現場服務工作，所以有較多時間可以觀察整體餐廳的狀況；另一重點則是許多餐廳主管的主控位置通常會在櫃台區，所以規劃櫃台時也應注意是否須具有監控的功能。

3.餐廳的菸酒放置區

中西餐廳因顧客使用酒的機會多，許多餐廳為了方便管控及販賣，會

在櫃台區附近規劃酒櫃及煙區。

4.結帳動線的順暢

　　櫃台區的大小除了需符合上述的各項管理功能外，顧客的結帳動線是否順暢也必須作一併的規劃，以免開業後因動線不順而造成結帳作業的延遲及不便。

四、座位區

　　座位區的規劃須考慮餐廳整體氣氛的呈現、顧客的舒適度、各種不同需求功能的劃分外，更要符合服務人員各種作業的動線。就完整功能性的考量，正式餐廳座位區應包括下項重點：

(一) 彈性規劃不同功能座位區

1.小吃區

　　針對餐廳不同的客群（如家庭、商務、情侶及散客等）及重點客源，規劃不同的座席配置，如雙人座、四人座席、沙發座席、圓桌型座席及長桌型座席，並須注意彈性的運用，使餐廳有限空間可以發揮最大的效益。

2.貴賓室

　　「尊重顧客的隱私權」是目前餐廳規劃的最新理念，所以越新越高級的中西餐廳都會設有半隱密式（以帷幕、掛畫、造景等將不同座位區隔開，以不動到餐廳內部裝潢的作法為主，締造出貴賓室的氣氛）、包廂或房間式的VIP。

3.宴會區

　　針對餐廳的空間使用原則及市場區隔，規劃出小吃區、貴賓室及宴會區。另因餐廳經營的最新趨勢為採多樣性的發展，為了爭取各種商機及提高空間使用的效益，許多餐廳及旅館的宴會廳在內部裝潢時會採用所謂的變化式的屏風（partition）區隔，讓大小宴會及各種功能的聚餐都能有最適宜的安排。

(二) 符合法令的吸煙區設定

　　一般餐廳通常會有許多抽煙的顧客，但針對目前法令對公共場所禁煙的規範，業者的因應作法有：

1.以不同空間區隔

其作法為不動餐廳內裝，僅以改變空調大小區隔吸煙區及非吸煙區，但這種餐廳內部空氣淨化效果最差，對於不吸煙的消費者並無保障。

2.以裝潢區隔

改變餐廳內部裝潢，將吸煙區以玻璃區隔開，雖然這種淨化效果不錯，但對餐廳內部服務動線及作業將造成妨礙及影響。

3.全區禁煙

以全面禁煙的作法配合法令，這種空氣淨化效果最佳，但卻可能因此而失去抽煙的顧客。所以部分的餐廳或旅館以另闢一獨立小空間，專門提供抽煙的顧客使用為變通方式。

4.餐廳外部吸煙區

開放餐廳外部為吸煙區，淨化效果雖佳，但吸煙的顧客會感受到不便，夏季及冬季時顧客更無法接受在外用餐的次等享受。

(三)顧客行進動線的舒適

針對顧客在餐廳內部的各種消費行為而產生的動作方向，如進入座位區、取用餐食或物品、到各公共區域（如衣帽間、等候區、洗手間、公用電話區等）等的行進動線，規劃時應注意：

1.直線式的行進方向

座位區規劃雖有各種彈性的安排作法，但各區走道最好採用直線型，避免路線曲折。

2.避免階梯式的走道

部分餐廳的內裝為講求立體式的氣氛，通常會規劃上下區，但應儘量不要在走道上安排階梯，以避免顧客因不熟悉環境而產生跌倒意外，同時也可排除服務人員因匆忙而導致各種翻覆的危險。

3.走道的寬度不宜過小

許多餐廳為爭取座位區的充分利用，座位間隔十分狹小，實在是不智之舉，其原因除了顧客感受極差外，最重要的是顧客及服務人員常因此產生的碰撞及意外事件。

(四)服務人員作業動線的順暢

通暢而且完善的服務動線規劃，不但有助於作業流程的完成，更可提升餐廳的服務品質，不得不謹慎考慮：

1.服務動線不宜過長

服務人員由廚房取出餐食送至顧客餐桌的動線不宜過長，除了避免服務人員因長時間的行走產生疲倦及職業傷害，更因動線過長容易讓餐食變化（如變溫或不夠冷等）。

2.直線式的服務方向

座位各區走道採用直線式，可使服務人員容易操作各種服務作業，更可降低因路線曲折而產生的低效率及混亂。

3.避免階梯式的走道

排除服務人員因作業匆忙而導致各種翻覆的危險。

4.區隔與顧客的行進動線

服務的動線規劃應該避開顧客的進出動線，以避免顧客與服務人員因行進動線重複而產生各種不便及意外。

5.設立各區工作站

許多餐廳將服務人員劃分責任區，為了增加各區的服務效率及與顧客間的互動，應設立所謂的工作站（可以提供服務人員點菜、更換各種餐具及用品、加熱或烹調半成品餐食及放置各種廚餘垃圾等目的）。

五、餐廳管理區

一般而言，餐廳內部規劃方面，最為業者及設計師忽略的就是管理區的設置。許多餐廳業者花了許多精神及金錢設立營業區，卻捨不得花一點金錢及空間給從事服務的人員，運作後的結果是員工一定會因無適當場所而占用顧客的空間，造成許多抱怨及不便。就餐廳管理功能的考量，管理區的各空間規劃應注意：

(一)餐廳辦公室

就餐廳管理人員而言，一間不大但機能完整的辦公室將可讓主管順利完成許多管理工作。規劃時應注意其辦公的功能性設備，如電腦、印表

機、傳眞機、電話等的設定，另外管理及經營所需的各種文件及表單也需要有完整的儲存空間。如果空間許可時，可另設定一「倉儲空間」以利各種管理工作的進行。

(二)員工休息室

從事餐飲服務人員均需著公司規定的制服，旅館多半有員工專屬的更衣室兼休息室，但一般餐廳因空間有限，多半沒有設定員工更衣室，更沒有所謂的休息空間，所以很多員工是穿制服上班（因爲沒有更衣室）。也有餐廳在營業時間就有廚房師傅將顧客專用的包廂當作休息室，更甚者有餐廳將顧客使用的廁所放置員工的更衣櫃等等怪異的現象產生。許多顧客無法理解餐廳外場裝潢的金碧輝煌，但是在廁所及其他區域是如此混亂，而對餐廳整體形象留下不良的印象。

(三)員工用餐區

餐廳及旅館爲了體恤服務人員的辛苦，多數會提供員工用餐。一般旅館設有員工專屬的員工餐廳，但一般餐廳因員工人數及餐廳空間有限，所以通常就便利性以顧客用餐座位區爲員工的用餐區。就餐廳的管理上應特別注意用餐時機不可與顧客重複，以免顧客對餐廳的整體評價不佳。

六、餐廳公共空間

餐廳公共空間包括衣帽間、洗手間及公共電話區，就顧客用餐過程中的便利性考量，公共空間各區的規劃應注意：

(一)衣帽間

目前僅有高級餐廳或旅館才有所謂衣帽間的設定，規劃時以顧客進出的地方爲適切的地點，坪數大小的考慮則以餐廳本身的規模、顧客的特性等因素爲基準。通常餐廳爲方便管控，多設計在櫃台附近，一來可就近管理，二來可方便顧客結帳後一起領回寄放的衣物、帽子、公事包、雨傘等用品。

(二)洗手間

洗手間的重要性不亞於餐廳外場的設定，因爲在用餐的過程中幾乎每一位顧客都會使用到這項設施，所以規劃洗手間時應把握以下原則：

1.避開出菜的動線

　　正如同外場設定的原則，儘量避免服務動線與顧客行進動線重複，尤其以洗手間的設立更為重要，因為會讓顧客有不潔的聯想，另外就法規面考量洗手間與廚房也應有一定的距離。

2.清楚的指標系統

　　洗手間如果設立在餐廳的外面，在餐廳內部要有明確的指示說明外，更要有清楚的指引系統，以免顧客迷路而產生抱怨，如果洗手間在餐廳內部則要有明顯的指標。另外，洗手間外部應有明顯的男女識別標誌，最好用圖示以避免顧客因不識其義而誤闖。

3.與餐廳座位數相當的空間

　　餐廳的大小與洗手間的間數應該相當，才不會因此引起顧客的不便。如果餐廳不大，建議仍將男女洗手間區隔開較理想。

4.洗手間的裝潢與設計

　　餐廳的洗手間是餐廳經營管理狀況的指標之一，所以應該與外場裝潢相互搭配，各項的設備也須符合消費者的喜好趨勢。如目前最新流行的台面式洗手槽、具義大利風格的不鏽鋼材質、各種飾品及小型盆栽、丟棄式的馬桶墊紙、清潔袋、洗手乳等的設置都可以提升餐廳的整體形象。

(三)公用電話

　　過去在行動電話未普遍化時，中大型餐廳都會在餐廳內部設置公用電話以方便顧客的使用，旅館方面則有公用電話區，但是目前行動電話幾乎是人手一台，所以新開幕的餐廳越來越少有這種設施。不過也是因為行動電話使用的氾濫造成許多用餐顧客的抱怨，漸漸有五星級旅館的餐廳會限制顧客使用行動電話，或是請顧客至公用電話區使用電話；餐廳的限制雖然沒有這麼嚴格，但是為維護用餐的安寧，部分高級餐廳追隨旅館的腳步，慢慢重視公用電話區的功能。所以，在作內部空間的設定時必須考量餐廳是否有此需求，其空間及相關的配置為何，也應作一併地考量。

餐廳的其他相關設施規劃

一、吧台區或酒水區

目前不論中西餐廳，為了增加顧客的平均消費金額，多少會銷售一些酒水類的產品，除了提供顧客的需求外，吧台區或酒水區的設立也可增加餐廳的整體質感。

二、遊戲區

此項設施以速食業最普遍，但部分以家庭消費群為主的餐廳也有這種相關的設施，設定時須注意以下事項：

(一)注重器材的安全性

兒童遊戲區為餐廳附屬的設備，千萬不要因為省錢而購買廉價的設施，以免兒童使用時發生意外。因為餐廳所要負的責任非常大，後續處理的事宜也會相當棘手，所以必須謹慎選擇供應廠商。

(二)制定相關使用規定

針對廠商所提供的注意事項及餐廳現場管理的重點，規劃相關的管理規則，例如：

1. 使用年齡的限制。
2. 兒童身高的明確化並制定身高表於設施旁。
3. 應明確說明兒童使用時，父母必須陪伴於旁，以確定兒童的人身安全。
4. 使用設施時必須注意的相關事項。
5. 設施管理人員。
6. 其他注意事項。

(三)設施管理及清潔的難易

該設施的耐用度、補充零件取得、清理的頻率及廠商的維護能力等，也必須作一併的考量。例如許多賣場及餐廳喜歡利用球池的設備，但因為

球的保存不易（許多小朋友喜歡帶回家玩）、細菌附著力強（容易傳染疾病）、球的清洗大費周章等因素，建議業者應避免使用，以免浪費金錢及管理人力。

三、燈光

餐廳的燈光最重要的功能除了照明外，更是餐廳整體裝潢的重點。所以設定時除了提供最基本的照明度及舒適感外，更要注意以下事項：

(一)不同的功能設定不同的照明

1.入門區、走道區及各種公共區域

通常此些地區最重要照明目的是看清楚空間，所以通常設計師會採用「整體照明」的方法，燈具的使用則依餐廳的氣氛而定，多數採天花板燈（通常也稱背景燈，對整個空間提供一樣亮度的照明，沒有顯著的陰影，光線照到及沒照到的地方，也沒有明顯的對比）為主。

■餐廳燈光運用。

2.餐廳的櫃台區、服務區

此些區域為餐廳的燈光設計重點區，需要較強的光線來源，也比其他區域的燈具靠近工作表面，最常使用的是「局部照明」法。設計師通常將局部照明搭配著整體照明一起設計，它最主要的功能是負責補充活動不足的光線。

3.餐廳的接待區、用餐區

餐廳的接待區及用餐區為餐廳燈光設計的重點，它可以凝聚焦點、利用光線和陰影的對比來營造整體用餐氣氛，所以通常使用「重點照明法」，所運用的燈具則非常的廣泛，如大型藝術吊燈、投射燈、耶誕燈及

具特色的燈柱等。

(二)節省電費的新觀念

1.多利用自然光

餐廳若靠街道時，可建議設計師多採用落地窗的方式，不但符合顧客享受自然陽光的趨勢，更可為餐廳業者省下一比不少的電費支出。

2.餐廳用色的趨勢

天花板及牆壁的顏色或壁紙選用明色系，可以增加反射光線，增加整體餐廳的明亮度。

3.部分人員不常出入區域使用感應式燈具

針對營運時間人員（包含顧客及員工）不常出入區域使用感應式燈具。

4.避免使用燈泡多及金碧輝煌的大型吊燈

大型吊燈不但浪費電源，定期清理及保養更要耗費人力及財力，應儘量避免。

四、空調

一個舒適的用餐環境，除了上述的各項設定條件外，因台灣地處溼熱的環境，正確的空調設計有助於吸引顧客上門，更可為餐廳增加用餐的營業額。而所謂的空調指調節室內空氣，使室內的溫度、濕度、氣流能符合人體感覺最舒適的環境。所以在設定餐廳的空調時需要特別注意下列事項：

(一)適當的冷氣及除濕的功能

餐廳常見的空調設備，有中央空調、冷氣機、除溼機、空氣清淨機、抽風機等，因為台灣比較溼熱，所以必須與機電廠商事先就餐廳的坪數、太陽照射及餐廳本身內部熱源情況等變數，規劃好最適切的空調設施，並做好省電的裝置。

(二)設定最適當的空調溫度

許多餐廳為增加顧客的舒適度，常會將內部的溫度調整的比室外溫度差異很多，但往往因此造成顧客的抱怨，也間接增加餐廳電費的支出。一

般人體舒適室溫，在夏天爲二十六度，冬天爲二十二度。根據實驗，將冷氣空調調升一度，將節省6%左右的電能。使用時，盡可能將溫度設定在比室外氣溫低五度，以免溫度太低，造成內外溫差過大，影響健康。

(三)定期保養相關機器

應將空調機器定於餐廳定期保養及清潔的項目，每兩週清理一次過濾網，以免積塵過多影響效能；清理時可將過濾網卸下，用吸塵器吸、清水沖或清潔液清洗。

五、音響及其他影音設備

餐廳的音響可帶給顧客愉悅的用餐心情，餐廳的特色也可藉由音響來突顯，許多大型餐廳或飯店甚至設有現場的演奏或樂隊，如圓山大飯店樂廊的國樂演奏、君悅大飯店的爵士現場演奏等，大型的酒吧有現場駐唱人員都是此項設備的最佳寫照。但是在設定餐廳的音響時，爲了餐廳的形象及管理等因素，應特別注意下列事項：

(一)餐廳使用音樂的適切度及合法性

許多唱片及音樂因有著作權法的規範，不可以在公共場所中播放，選用音樂時除了注意與餐廳風格的一致性外，更要留意是否違反了播放的法律。

(二)慎用影音設施

目前許多新式餐廳會在餐廳內部裝設影音播放系統，提供顧客美味外的視覺享受，但是應注意管理的事項，如是否會影響員工的效率、顧客的週轉率及顧客的反應等，以避免花了大錢，卻引來顧客的抱怨。

專欄 3-2　不要成為設計師的「設計」對象

餐廳的設計十分專業，許多業者在花了大把鈔票後卻發現部分設定不符合營運所需，勉強使用下造成許多管理的不便及顧客抱怨，所以事

先與設計師的溝通與協調是必要且專業的。設計師雖有設計的專業，但不具有餐飲的管理素養，許多的設定也往往由美學的觀點為出發點，雖然無可厚非，但如果可以由經營團隊加上專業的知識，相信在餐廳設計上的錯誤必定會減少，聰明的老闆一定不想成為設計師「設計」的對象。以下列出餐廳設計上常發生的錯誤，經營者可視情況調整，以免重蹈覆轍，勞民又傷財。

色彩的運用

1. 避免使用不易清洗及維護的顏色，例如白沙發的耐用性差且維護不易，應儘量避免使用。
2. 避免使用顏色差異性過大的階梯，例如黑白交替的階梯容易導致視覺的誤差，而發生顧客跌倒的意外事件。

燈光的設定

1. 避免使用太過昏暗或聚光性太強的燈具。
2. 桌上型台燈因線路不易隱藏，不但容易摔落，更會造成顧客絆倒或受傷。

鏡子的正確運用

許多設計師喜歡運用鏡子所達成的氣氛及各種裝潢的效果，但是鏡子的維護與清理卻是每一位主管心中的痛，業者在尊重設計師的原始創意時，更應考慮後續維護的人力與財力的付出。

避免使用免治馬桶

國人的衛生觀念十分先進，所以有少數餐廳業者引用新潮的免治馬桶，立意雖新但使用的人少之又少，除了許多傳染性疾病由馬桶上得來，更因容易成為細菌的溫床，讓消費者見之卻步；另外其造價昂貴、維護不易、維修起來又是一筆額外支出，宜三思而後行。

各種裝飾物品的管理

一、庭園

中式餐廳及日式餐廳最喜歡使用庭園造型，在整體氣氛的塑造上十分討喜，但須注意：

(一)動物的飼養

庭院內水池中許多業者飼養鯉魚、烏龜或小型觀賞魚，雖然與庭園景觀很搭配，但須注意飼養的衛生及維護，以免消費者對餐廳產生不潔的聯想。

(二)瀑布的用電及管理

造景瀑布剛開始很漂亮，對餐廳「小橋流水」的氣氛營造上很有助益，但許多餐廳最後卻將其廢之不用，除了水電費的支出外，定期的清理及維護更是一筆不小的開銷。

(三)石頭步道的設定

造景庭園的步道，雖然無法讓消費者實際行走，不過對整體裝潢有畫龍點睛的效果，但是須注意不要只是堆上或排列，應將其固定以避免消費者亂動而破壞整體的觀瞻，更可能因此而造成管理上的不易。

二、昂貴的飾品宜使用外框或櫥櫃式

許多高級咖啡館或花茶店，喜歡將使用的器具展示出，除了可以展現餐廳的主題性外，更可以增加各種外賣的機率。所以應在餐廳規劃時，由設計師視整體裝潢的特色規劃出一展示區，不但可以增加整體質感，更可為現場管理人員節省下看管這些昂貴飾品的時間。

選擇適當的地板用材

一、大理石

許多大型中式餐廳喜歡使用大理石地板，因為國人的消費習性，大理石地板比較討喜及具有貴氣，但須考慮後續維護及定期保養的費

用較高、是否符合餐廳的投資報酬率。

二、地毯

　　一般的五星級旅館為搭配整體客房的感受，在餐廳的地板用材上多數採用地毯，因旅館有客房部門的清潔支援，在整體維護與管理的費用並不會造成過度浪費。但是如果獨立性餐廳使用地毯時，應考慮清潔及耐用度，以免花了大錢鋪了地毯後，卻因捨不得維護清潔的費用，而讓地毯成為清潔的死角。

三、木地板

　　尤其以日式餐廳的使用率最高，因為木地板的質感與日本料理最搭配，許多餐廳更規劃了和式房間，也全部使用木地板。木地板剛開始使用時，十分雅緻且散發特有的木頭香味，讓顧客的滿意度極高，但應特別注意每日的地板清理及定期的保養維護，才有辦法讓木質地板常保如新。另外，木質地板比一般性地板要滑，要特別注意防滑性。

第三節　餐廳廚房的規劃與設計

　　在上節中提到各種外場規劃及設計的要項，在過去餐飲市場中業者比較不會花太多的心思在廚房的規劃上，因為廚房的環境及各項設備不會直接呈現在消費者眼前，所以在開發經費有限的情況下，廚房的費用就能省則省！

　　但在十年前第一個開放式廚房被引進國內時，消費者開始注意到廚房的清潔及廚師廚藝全方位呈現，廚房的正確規劃及各種先進的設備也正式被業者所重視。事實上廚房的規劃得宜，不但可以增加廚師的生產效率，更可直接影響到整體餐飲呈現的質與量，對於經營團隊而言不可不慎！目前，因應餐廳進步的腳步加速，許多專業的廚房規劃公司成立，但應該如何選擇適當的公司或自行規劃，應該在事先有一套完整的計畫。

　　規劃廚房的各項設定前，必須了解廚房各種功能的重要性，再就廚房管理者（主廚）的作業重心，與專業規劃公司（或設計師）討論各種細節。

　　針對一個規劃完善的廚房而言，依據法規、衛生的管理及人員作業流程等因素，應該具備以下幾個重要的原則：

1. 符合安全的最基本要求：包括考慮人體工學原理、預防避免危險性的各種設備的使用、各種電源燃料的安全保護措施、各種建築法規的消防設施等。

2. 確定各種衛生條件的規劃：例如供應收回及保管的動線、清理區及污染區的劃分、各種調理烹飪的流程等條件。

3. 發揮各種操作的效率：包括作業動線的流暢、運用各種機械化的原理等。

4. 提供最有效的空間運用：事先規劃好所有作業流程及動線、劃分各種工作區、安全庫存量的足夠占有空間計算及預設保留將來性發展空間等。

5. 符合廚房各種管理功效：包括按照菜系的特色，規劃良好的基本排列設計；地坪排水、排水溝、污水池、截油槽等通暢易清洗；便於取得符合效益久之不間斷燃料的規劃等。

6. 保障從業人員的安全：環境良好及通風的順暢是新式廚房最基本的要求，包括排油煙的良好設計、各種空調的安排及各種安全設施的設定等。

7. 避免不必要的浪費：廚房的各種設定應以實用為原則，並吻合業者的成本或預算考慮，不作不必要的投資及浪費等。

　　本節中將以餐廳營業的型態及作業的原則及重點，就廚房的各種設定作深入的探討及分析說明。

廚房適當方位及大小面積的設定

　　廚房應該多大及方位選擇如何，不能僅憑業者或主廚的第六感，而應

該有相關的參閱資料。

一、廚房地理位置的選擇

　　首先，對於整體餐廳的方位設定上，應事先了解該位置的選擇與整棟大樓的管道空間規劃有無搭配；是否會造成周圍環境、左鄰右舍、樓上樓下相互影響等。現在社區及居家意識高，對於污染、噪音、異味、安全等皆有要求，為避免影響日後的營運，在事先的廚房位置選擇應該做好評估。所以廚房對外的環境應有適當的設定來防患各種污染，例如對外排水系統的流暢，油煙排放點的選擇及合法性等。

二、廚房面積的設定

(一)一般飲食業及餐廳

1.法源根據

　　依據2000年2月9日總統令修正公布的食品衛生管理法第二十三條規定「公共飲食場所衛生之管理辦法，由直轄市、縣（市）主管機關依據中央主管機關頒布之各類衛生標準或規範定之」。原台灣省公共飲食場所衛生管理辦法已於1999年6月30日廢止，舊法上規定「廚房面積應為營業場所面積十分之一以上」。

2.規劃的依據

　　目前許多縣市政府會依據舊法的精神，保留此項規定，事實上以正式餐廳的規模，廚房僅占營業場所面積的十分之一，似乎太小了點。但是若為僅提供半成品加工或有中央廚房配送的餐廳而言，應是合理的。所以，廚房的面積最低應合乎法令的規定，最重要的還是要按照餐廳的現狀加以規劃才是正確的原則。

(二)觀光旅館業

　　國際觀光旅館的餐廳一向具有指標性的示範功能，除了政府對國際觀光旅館的各項規範有較嚴格的規定外，它的國際性旅客也對餐廳本身的進步有無形的助力，所以有許多大型的獨立或連鎖餐廳往往以它為學習的對象。

1.法源根據

依據2003年4月28日修正公布的觀光旅館建築及設備標準（交路發字第092B000036號令）第十四條規定「國際觀光旅館廚房之淨面積不得小於下列規定」（見表3-6）。

表3-6　國際觀光旅館廚房之淨面積規定

供餐飲場所淨面積	廚房（包括備餐室）淨面積
1,500平方公尺（455坪）以下	至少為供餐飲場所淨面積之33%（150坪）
1,501至2,000平方公尺	至少為供餐飲場所淨面積之28%加75平方公尺
2,001至2,500平方公尺	至少為供餐飲場所淨面積之23%加175平方公尺
2,501平方公尺以上	至少為供餐飲場所淨面積之21%加225平方公尺
未滿一平方公尺者，以一平方公尺計算。	

2.規劃的依據

由以上的法源根據來看，國際觀光旅館的廚房往往占有餐廳總規模的三分之一強。例如亞都麗緻大飯店中餐廳的規模：小吃區及貴賓室總面積為七十坪，中廚房的面積為三十坪；咖啡廳為八十坪，咖啡廚房約為二十八坪；巴黎廳（含貴賓廳）為八十坪，主廚房為三十五坪，平均皆為三分之一以上的數字。

廚房的格局及各種作業動線的規劃

廚房的作業動線及各種功能區的設定，應由專業的廚房設計人員、廚房管理人員及主要作業的廚師們，一起就實際需求面共同研議。茲就規劃要點分析及說明如下：

一、廚房基本作業動線的考慮

依據各餐廳的性質及管理特色，設定廚房基本作業的動線，再以此為廚房各空間規劃的最基本因素。例如一般獨立性餐廳的廚房作業流程如下：

圖3-1　一般獨立性餐廳的廚房作業流程圖

二、廚房各功能區的格局設定

(一)廚房物料進出的各區域

1.進貨區、驗貨區、過磅區

此為廚房的物料進入區，觀光旅館因設有驗收部門及中央倉庫，所以在各餐廳廚房不會再規劃此區域，但一般的獨立型餐廳則需有此區以便利廠商及工作人員，進行進貨、驗收及過磅等的驗收作業。重要設備有各型磅秤、物品儲藏架、各種驗收工具等。

2.倉儲區

包含乾物料倉庫、冷凍冷藏儲存倉庫等，這些設施最重要的是提供食物適當的存放空間。重要設備有物品儲藏架、冷藏庫、冷凍庫等。

(二)廚房各種整理、加工區域

1.清理區

此為廚房生鮮材料清洗、整理、切割及處理區域，也有人稱呼「前處理區」。部分連鎖餐廳會設立中央廚房特別處理各種生鮮及蔬果等食材，再使用冷藏配送方式送往各店點，一般獨立型餐廳及觀光旅館則由各廚房自行處理。重要設備有物品儲藏架、魚肉專用處理水槽、二連式（以上）水槽、工作台等。

2.加工區

　　依據餐廳餐飲特色、廚房作業流程、菜單的架構及各種宴會的需求等因素，將各類型食材按照標準菜單上制定的規格、方式等，加以切割及整理。另外此區也提供各種配料的製作。重要設備有洗手台、工作台、砧板、物品儲藏架、切肉機、攪拌機、電動切罐機、冷藏庫及冷凍庫等。

(三)廚房各種調理區域

1.冷食調理區

　　所有餐廳的小菜冷盤等的冷食類、各種盤飾及配菜等的切割及調理，都應將其作業動線設計在本區。重要設備有洗手台、冷盤儲藏架、冷藏式的工作台、各種配料儲藏架、（單槽）清洗台等。

2.熱食調理區

　　本區最重要的功能為將顧客的菜單，按照餐廳所規定的烹調方式，以不同盤飾方式呈現。重要設備因不同性質而有差異：

　　　(1)西式廚房：多孔爐（open top）、烤箱（wven）、煎板爐（fry top）、湯爐（hot top）、烤架（grill）、油炸機（fryer）、微波爐（microwave）等。

　　　(2)中式廚房：中式爐（依據菜系不同有所謂的廣東爐、江浙爐等）、快速爐、湯爐、高湯鍋、蒸籠灶、碳烤爐等。

　　　(3)日式廚房：蒸烤爐、多孔爐、烤箱、煎板爐、湯爐、油炸機、高湯鍋、蒸籠灶、碳烤爐等。

(四)廚房其他區域

1.洗碗區及備餐區

　　所有餐廳的器皿統一在此區清洗、烘乾、處理、儲藏及管理，觀光旅館設有餐務部門（steward）負責以上所有事項，一般獨立或連鎖餐廳則由內場主管或外場主管負責控管。重要設備有廚餘處理設備、（推進式）餐具清洗機、餐具容器消毒設備、各種餐具儲藏架等。

2.走道空間設定

　　所有廚房主要通道的動線上應預留一百五十公分寬度，而附屬走道可以預留七十五公分，因為一般的貨品推車，寬度大約為六十公分，一個人

的正面平均搬拿貨物臂膀的跨距為七十五公分。

3.洗手間

　　廚房作業區本身應有專用的洗手間，除了給予顧客尊重的感受外，更是照顧員工身心健康的重要設備，業者應相當重視。一般而言，各級政府對於餐廳廚房的規定中，洗手間的設計重點應包含：

(1)廁所應為沖水式並採用不透水、易洗不納垢之材料建造，且應有良好通風、採光、防蟲、防鼠之設備。

(2)地面及台面應鋪設磁磚或磨石子，台面的高度應在一公尺以上。

(3)照度在一百米燭光以上。

(4)每一廁所應設置足夠洗手設備，並備有流動自來水、清潔劑、擦手紙巾或其他的洗手及乾手設備。

(5)大小便器均應使用磁器。

(6)化糞池位置應與水井（源）距離十五公尺以上。

(7)營業場所面積在五十平方公尺以上者，須男女分開設置。

(8)廁所門向不可對向作業場，應每日刷洗保持清潔。

(9)廁所應有良好通風設施，及防蠅設備。

廚房環境及衛生安全的各項考量

　　廚房整體環境的正確設定將有助於作業的順暢、員工的健康保持，最重要的是有效的食物保存，不易產生任何污染或細菌的繁殖。另外，設施安全及衛生管理也必須做一併的考量。茲就各種要點分析及說明如下：

一、影響廚房環境設定的因素

　　影響環境的主要因素有溫度、溼度、氣流、換氣、二氧化碳濃度、落塵及懸浮微粒等。所以在規劃廚房正確環境的溫度、溼度及污染源等事項，必須評估整體環境的因素後再行設定。

(一)溫度

　　廚房的溫度常會因作業的狀況產生變化，為了保障從業人員的身心健

康、使各種設備（冷藏、冷凍庫等）保持正常的運作及食材不易變質等因素，廚房的溫度不宜過高，整體供膳的溫度宜在二十至二十五度左右。

(二) 溼 度

　　台灣因地處亞熱帶，經常性地高溫與多溼度的氣候，導致許多從業人員因不良的溼度環境引發不同的職業疾病，如過敏、呼吸道症候群等不適症狀而間接降低工作效率。所以在規劃廚房時應設有相關設施（如除濕、空調或空氣濾淨機），來減少空氣中懸浮的過敏原，並保持適當的溼度在50%至55%之間。

(三) 自 然 氣 體 流 動

　　空氣從高壓區流往低壓區而產生風。當兩處地方的氣壓相差越大，風速會越高、風力越強；相反來說，當兩處地方的氣壓相差微小，風速會較低、風力微弱。如果廚房可以選擇較通風的區域，室內的自然氣體流動的速度就會加快，而室內的溫度也會降低。不但可以保持涼爽的作業空間，更可為餐廳省下一筆不小的電費支出。

(四) 換 氣

　　廚房因為長時間處於烹調產生的高溫、工作人員操作產生的呼吸、流汗產生的二氧化碳及熱能、各種不同食材的氣味等因素影響下，空氣的清淨度降低。所以必須適時地將受污染的空氣（二氧化碳、水蒸氣、熱氣等）利用不同的方式排出（如自然換氣法、人工換氣法等），才有辦法保持廚房氣體的新鮮度。

(五) 二 氧 化 碳

　　在一般空氣中，二氧化碳的含量很少，僅約0.033%，但人體所呼出的氣體中約有10%的二氧化碳，再加上廚房中的作業（烹煮料理的油煙）及抽煙（二手煙）等行為也會釋放出相當濃度的二氧化碳。另加上台灣空氣中二氧化碳的濃度因空氣污染原因而逐年增加，所以必須要有相關的空調設施將污染的空氣抽出，以確保其濃度在0.15%以下，才可保障工作人員的健康。

(六) 落 塵 及 懸 浮 微 粒

　　台灣的空氣中常有不明的懸浮物，懸浮微粒主要來自固定污染源（工

業製程、發電業燃燒或廢棄物處理產生），它更列入空氣污染指標的重要依據（包括懸浮微粒、二氧化碳及臭氧等）。在廚房中的危害而言，空氣污染指標超過一百即表示不利健康，超過二百則對患心臟或呼吸系統疾病者的症狀可能加劇，超過三百則表示有危害性，即使健康的人也可能開始覺得不適。雖然空中的落菌不是病源體，但是因為與出入廚房人數、工作天數及天花板通風口等的衛生有很大的關係，所以在規劃廚房時應與空調廠商就上述問題與所有廚房的污染源一起整合處理。

表3-7　室內環境評定基準

標準＼項目		A	B	C	D	E
溫度（°C）	夏	25	26-27 22-23	28-29 22-20	30-31 19-18	>32 <17
	春秋	22-23	24-25 21-20	26-27 19-18	28 17-16	>29 <15
	冬	20	21-22 19-17	23 16-15	24 14	>25 <13
溼度%		50-60	61-70 49-42	71-80 41-35	81-90 34-29	>91 <28
二氧化碳濃度（%）		<0.07	0.071 0.099	0 0.10-0.14	0 0.141-0.199	>0.2
落菌量個／5分鐘		<30	31-47	75-150	151-299	>300

A：舒適與清淨（100分）　　　B：目標（80分）　　　C：容許（60分）
D：最低容許限度（40分）　　　E：不適當（20分）
資料來源：行政院衛生署餐飲衛生手冊，第118頁。

二、廚房設定的要點

規劃廚房時第一步驟應先考慮影響整體環境的主要因素後，再就各種衛生安全等條件作制定時的重要依據，各種設施也要以依循法律及保障工作人員的安全為主，其注意事項如下列所示：

(一)地板、調理台

　　地面、台度及調理台面應以耐磨不光滑、不透水、易洗不納垢之材料鋪設。地面須有充分坡度及排水溝、防止病媒侵入設備，台度的高度應在一公尺以上。

(二)排水溝的設置

　　排水溝應具有防鼠或其他生物的入侵設施，溝板要不生鏽、不光滑者為佳。排水溝的寬度應在二十公分以上、深度則在十五公分間。水溝底部要有適當的弧度及傾斜度（2/100至4/100公分）並應加蓋以利排水及清掃作業，防止阻塞。另外也要有防病媒侵入及防止廢水逆流（防止外界廢水倒灌及病媒利用此孔道侵入廚房污染食品）。溝內不可有各式的配管，如水電、瓦斯管等。

(三)屋頂及天花板要求

　　平頂或天花板、牆壁應堅固並使用淺色易清洗的油漆。屋頂應以能通風、能吸附濕氣、減少油煙附著、平坦、無裂縫且易於清掃為佳，以防止灰塵堆積。

(四)壁面的要求

　　牆壁應以平坦無裂縫，且應由地面以上一百公分處，以非吸收性、耐酸、耐熱、易清洗之建材構築。壁面與地面宜有圓弧角最少半徑五公分以上，以利清洗及消毒作業。

(五)門窗及換氣口

　　應加設紗網及自動關閉紗門、空氣簾或其他防止病媒侵入設備。門片亦要能自動關閉，並要設置空氣簾或防蠅簾。主要推車行走的動線門片應設防止碰撞護墊，紗窗或換氣口應設易拆洗不生鏽紗窗，且網目應在1.5M/M以下。

(六)照明設施

　　一般性的照明應在一百一十燭光以上，而屬於作業調理的工作台面照明作業區，應要保持在兩百燭光以上，不常使用的通道或倉庫等區域照明，可使用感應式燈具以節省電費。所有斷電照明應配合消防法規設置。

(七)空調設備

因廚房在作業中常會產生空氣、溫度等不良的情況，空調的設置必須要小心評估及設置，才是廚房規劃最成功的要件。每一家廚房的環境因素不同、設定的方式不一、所有的需求也有變數，所以空調的設定也會因整體環境而異。

廚房空調的目的主要有下列三項：第一、維持作業場所的舒適度——提供適當的溫度與溼度。第二、排除污染物——安裝局部排氣系統或增加換氣次數將空氣中有害物質排除。第三、供給補充新鮮空氣——避免作業場所人員因空氣不佳而導致效率不彰或影響身心健康發展。

一般而言，目前業者多採用的空調方式有三種：

1.自然換氣法

所謂的自然換氣法是利用自然的物理現象，藉室內外溫度差或是風力，以房屋的門、窗或屋頂的天窗作為自然送氣口。但規劃時應注意門窗的設計，不可讓灰塵沾染或傳入，更需要有適當的防蟲措施如紗門或紗窗等。

2.人工換氣法

若廚房環境（如地處地下室）無法使用自然換氣法，或自然換氣法無法達到需要的換氣量，就必須利用機械抽取的方式來換氣。其方式為設置適當的自然送氣口，以機械（抽風機）施以排氣（排氣式）；或是機械（送風機）施以送氣（送氣式）。但因一般的抽送風機機扇孔隙較大，容易將不潔物（如空氣的懸浮微粒或蚊蟲等）送入，所以必須要有防止不潔物進入的措施或設備。

3.局部換氣法

局部排氣的地點為廚房部分作業區，油煙的污染量大、污染源固定、範圍小的空間，如炒菜區、燒烤區或油炸區等。它運用的原理是將空氣污染物發生源或接近發生源位置將污染物捕集排除，以減低工作人員呼吸帶內污染物的濃度。而局部排氣系統若設計得當，不但可將污染物有效排除，同時更可改善廚房環境空氣品質。一般餐廳的局部換氣最基本設備為「排油煙機」，裝置時需就作業需求量（如油煙產生的數量，一般而言廚房

的炒菜機率高,則必須要有較強的馬達裝置)、廚房的坪數、員工數等變動因素做整體的整合。另外,需要加裝正壓系統(以新鮮的二十至二十五度的空氣)來補足因排油煙機抽出廚房內空氣而產生的局部低壓狀況。

(八)供水系統事項

應有充分及固定的供水及儲水設備,及符合水質標準規定,如清洗水、飲用水,應以明顯顏色區分,地下水及淨水設備應與污染源保持距離,儲水塔應加蓋並常清洗,並使用無毒、不透水、非透明式材質建造。

廚房的格局及實例說明

每一種菜系的廚房作業流程都不相同,所以很難有一套制式的標準來設定廚房的格局及其排列,只能就目前業界比較常使用的方法來作比較與分析,再以自己本身的需求面加以考量,相信就是一套最有用的廚房設計。一般廚房的格局中也需要就人體工學的操作移動區,來安排各種工作台的尺寸。

一、各種工作台面長、寬、高等的選擇

以國內廚師從業人員的性別、平均身高及人體工學操作移動的最大範圍等因素考量,一般廚房的工作台面多以八十至八十五公分為主;高度的設定不宜太高,以免人員因無法搆到而造成跌倒或器具砸傷人員的意外;寬度則須依照實際作業需要。台面的選擇以不鏽鋼為主,其接合處要完全密合並保持堅牢,且用防水膠或接合劑填補縫隙,以避免害蟲在縫隙中孳生,影響飲食衛生。

二、各種廚房排列設定

(一)平行排列法

以各種工作台面將廚房劃分為清理區、處理區及烹調區。最主要的目的為集中式的通風設備,可以達到真正空氣淨化的效果,另外也可以有效地控制整體廚房的作業情況,許多獨立餐廳及觀光旅館的餐廳採用此種排

列法。

(二)直線式排列法

　　將廚房所有的主要設備以面對牆壁的方式排成一直線，此法主要的優點有通風系統容易整合（以通風系統照的方式處理）、操作方便且工作效率高。但是一般建築物無法多為長型設計，所以必須考量餐廳廚房的現狀是否符合。

(三)ㄇ型排列法

　　一般的小型餐廳因限於廚房的空間，多數會採用此種作法，它會將主要的烹調區、工作台及餐具等集中於某個區域，另外再將與主要烹調無關的前處理區等安排在別的區域，而形成一個ㄇ型的排列。

圖3-2　ㄇ型排列的廚房格局

(四)L型排列法

　　L型廚房的設計是集中工作空間於一側，另一側就可設計為鍋具或餐具架、前處理等空間，因為空間有限所以應該將烹調的作業所需器具同置於一直線上，而工作台及洗水台則置於另一動線上。

三、實例說明

　　針對廚房的排列設定，以下案例是以「平行排列法」為主要依據，並以廚房作業順序（進貨──→驗收──→前處理等）為參考，規劃出的中式廚房平面圖。

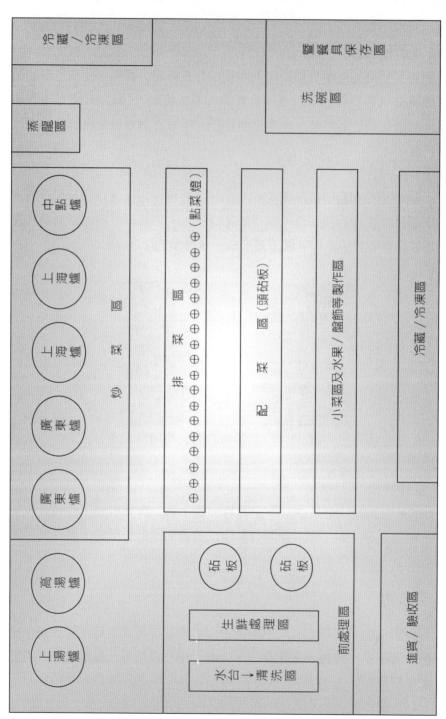

圖3-3　中餐廳廚房排列示意圖

開放式廚房對廚師的啓示

　　廚師的管理及培育，對於餐飲業整體水平的提升具有絕對性的影響因素，但廚師的管理卻不是三言兩語就可以說的完。從前未踏入餐飲界，對於坊間的諸多傳聞，都覺得匪夷所思而一笑置之，但在十幾年前眞正參與餐旅的管理工作，才體會到什麼叫做「秀才遇到兵，有理說不清」，對於主廚們更是採取絕對尊重的溝通態度，其所提出的人力需求及各項廚師們的升遷要求也不敢多作評估，原因只有一個，因爲廚房是一個誰都不想管也沒有能力規範的單位。

　　在1990年間，由職訓局推出的廚師考照規劃案，在五星級旅館間引起極大的震撼，但業者仍是大力地支持此案，原因是「終於有法規可以管理這些法外之民了」。剛開始推動時遇到許多阻力，一些老師傅拒絕公司安排的所有課程，原因是「太忙沒有時間唸書；就是不會唸書才會來作廚師；爲什麼要考證照，又沒有什麼好處；現行狀況爲什麼要改變，政府是不是太閒沒事可做等等」。筆者爲了要身先士卒表示支持此政策，參加了廚師證照考試的挑戰，最先要熟悉各種衛生法規及注意事項，另外還要利用下班的時間到廚房惡補廚藝。終於皇天不負苦心人，筆試首傳捷報，便將筆試心得及重點整理出來供廚師參閱，也因爲如此，師傅們受到鼓舞陸續報名參加。

　　術科要在短時間內烹調出十道宴會菜（乙級證照），一看到題目的「一魚三吃」我就投降了，但是環顧四周，各旅館的大廚們專業且井然有序地調理，不由地羨慕起他們！與在場的監評老師交換心得後，竟發現許多廚師雖然廚藝極佳，但因衛生習慣不佳（如抹布未分開使用、炒菜鍋放置地上、隨手摸頭髮或碰觸鼻嘴處、生食熟食沒有分開的砧板等等），該場考試竟然只有不到十位經驗豐富的師傅通過！因爲證照制度及後續立法廚師證照人數比例，許多廚師放棄剛開始排斥的心態，積極地參加國家的證照考試，對於許多衛生及營養的觀念慢慢

地在接受及加強。

十年前餐飲業界正式引入國外已形成風潮的「開放式廚房」，帶給消費者對廚房的另一番認識，也衝擊到許多國內廚師。長久以來廚師在廚房內部工作，因為不需要面對顧客，所以養成許多不良的習慣，如服裝儀容不佳、衛生習慣不良（如炒菜時抽煙、嚼檳榔、挖鼻孔、摸頭髮等）、自我要求不高（如無法接受外場人員退菜的事實等），但如果是開放式廚房的設定，廚師的所有表現將無所遁藏。餐廳主管私下透露，有些資深廚師還會有緊張地睡不好、害怕顧客當場挑剔、不知如何站立、在客人面前無法將菜餚烹調順利等等過渡時期症候群。最後在時間及經驗的磨練下，許多走出廚房的廚師開始享受「開放式廚房」帶來的成就感，如顧客對自己的讚許、消費者於享受美食時所展現的驚豔表情、顧客對於自己烹調料理的各種詢問及自我肯定等等，有的廚師甚至無法習慣沒有掌聲的「內廚房」！

開放式廚房的流行，帶動了消費者對廚師廚藝的另一種期許，而其中收穫最大的應該是勇敢站出來的廚師們吧！

第四節　問題與討論

國內近年來大行其道的日式自助餐，不但吹起一股平價日本料理風外，更以開放式廚房拉近了與消費者之間的距離。下列僅就筆者在連鎖餐廳的經驗，分享此種廚房在設定時須注意之各種事項。

個案分析（日本料理自助餐開放式廚房設定原則）

日本料理一向在台灣餐飲界占有一席之地，近年來十分流行自助吃到飽的用餐方式。因為過去日本料理的高價位無法吸引許多年輕的客層，許多業者為培養未來的消費者，大膽採用年輕人接受度最高的自助式，不但

單次消費的價格降低，更可以品嚐許多高價位的產品，造成餐飲市場一股流行的風潮。

　　許多業者在規劃廚房時更採用了近年來流行的開放式廚房，在自助餐台動線的規劃上有以下因素的考慮：

一、日本料理的菜單組成及食用次序的方式

　　一般而言，日本料理在台灣消費市場的菜單及用餐的次序方式如下[4]：

(一)前菜類

　　配酒冷盤或小菜類（zensai），此部分為日本料理廚師手藝的展現區。如欣葉日本料理前菜用洋風日本料理的調製特色，推出了許多創意前菜，如橙汁漬海鮮、意式生魚片、黑豆漬橙皮等，對消費者而言有全新不同的感受。

(二)湯類

　　日本最常使用的湯類（shiru）為味增湯，一般餐廳會依時令、客人口味、或餐廳特色做不同的變化。

(三)冷食類

　　冷食類（cold dish）包括生魚片類（sashimi）、壽司類、手卷類及日式涼麵，介紹如下：

1.生魚片類

　　台灣常見的生魚片類，有旗魚、鮭魚、鮪魚等，時令由主廚更換。

2.壽司類

　　例如花壽司、海苔壽司、豆皮壽司、各類生魚片壽司等。

3.手卷類

　　蘆筍手卷、明蝦手卷、鮭魚卵手捲、蘆筍明蝦手卷等。

4.日式涼麵

(四)燒烤類

　　燒烤類又稱燒物（yakimono），包括各式串燒、烤魚、牛小排或羊排等。

(五)油炸類

油炸類（agemono）有天婦羅、炸蝦、炸香菇或時令蔬菜、炸蕃薯或芋頭等。

(六)鍋煮類

各種鍋煮產品如煮海鮮、肉類、蔬菜，有些業者還會標榜為道地的相撲火鍋、壽喜鍋、日式小火鍋、安康魚火鍋等。

(七)中華料理類

新式的日本料理還會端出各式的中華現炒料理，有些業者會將新鮮的食材放置在自助餐台，讓顧客自行選用食材交給廚師做現場的烹調。

(八)蒸物類

例如國人最愛吃的茶碗蒸、土瓶蒸、雜炊飯等。

(九)水果類

各式時令水果類。

(十)和果子類及日式抹茶

各種日式的點心、果子及各種廚師創意的西點也漸漸端出台面，最後再來一杯日式抹茶即完成整個日本料理的菜單。

(十一)生菜沙拉類

因應國人對自助餐的飲用習慣，業者也會增設此類菜餚來滿足消費者的需求，例如健康養生的沙拉拼盤；時令蔬菜如小黃瓜、萵苣、紫生菜、苜蓿芽、洋芋沙拉等，配上主廚特別調製的千島醬、法式凱撒沙拉醬、芥子沙拉醬、蘋果優格醬等，十分具有新潮的感受。

(十二)飲料類

提供自助型的飲料如柳橙汁、葡萄柚汁、冰咖啡、冰紅茶、熱咖啡、熱紅茶、日本煎茶等。

二、日本料理食用的最大原則

日本料理講求所謂的五味、五色及五感，所以在規劃整體廚房的設備及各項作業動線，必須遵照其最基本的要求：

(一)五味

　　日本料理的最基本的五種口味特色為甜、鹹、酸、苦、辣。

(二)五色

　　日本料理講求顏色的搭配及季節感，所以整體的裝潢或各種擺設的特色應該呈現出其主色白、黑、黃、紅、綠。

(三)五感

　　視覺——菜餚的呈現要賞心悅目。

　　聽覺——料理調製時的聲音。

　　嗅覺——各種食物的香味。

　　觸覺——料理冷的要冷、冰的不可冷、熱的不可溫。

　　味覺——口感要加，吃各種料理時「熱的要趁熱吃」、「冰的要冰」的原則。

　　綜合以上的日本料理特點，日本料理自助餐開放式廚房的規劃範例如圖3-4所示：

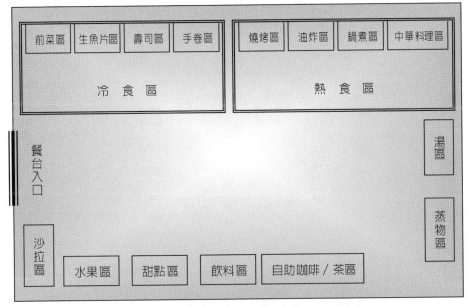

圖3-4　日本料理自助餐開放式廚房規劃圖

問題與討論

　　詹姆士擔任一家連鎖餐廳的主廚已經很多年了，公司在營運良好的狀況下，希望再開一家在不同商圈但同一類型的餐廳，在整個開幕前的準備期間，公司營運／開發／採購部門等的相關會議並沒有全程邀請詹姆士參加，雖然心裡覺得怪怪的，但因爲本身工作忙碌，所以也沒有積極爭取。但是等到設備開始進場時，他差一點昏倒，因爲許多廚房動線、設備都與他當初所要的不盡相同，他對相關的主管反應，卻得到爲何不早一點說的回覆，並表示其他主管私底下都覺得一個主廚居然不參與餐廳的設定會議，詹姆士越想越納悶，如果你是詹姆士，你會如何處理？

註　釋

❶《馥園餐廳對外網站》（馥園餐廳，2004年）。

❷《亞都麗緻大飯店對外網站》（亞都麗緻大飯店，2004年）。

❸陳堯帝，《餐飲管理》（台北：揚智文化，2001年），254頁。

❹田村暉昭原著，《日本料理完全手冊》（台北：漢思，1997年），33-34頁。

Chapter 4

餐飲行銷

☕ 餐飲行銷與組合

🍴 餐飲促銷

🍸 問題與討論

照片提供：原燒餐廳。

第一節　餐飲行銷與組合

　　第三章中提到開業餐廳由無到有的各種計畫過程，在歷經市場調查及自我評估的要點，順利完成開店前的各種計畫後，接下來最重要的一件事是如何制定適合公司理念的行銷策略、行銷組合及各種促銷活動的計畫及執行。

　　所以，必須先行了解行銷的定義、各種行銷的因素及組合，另外加上目前餐飲業各種成功案例說明及分析，以達成開業的最重要目的——穩定客源及增加營業銷售額的雙贏局面。

行銷的定義及目的

　　所謂的「行銷」（marketing），就是經由調查、分析產業及地區的消費特性及顧客的消費動向，適切地針對消費者的需求，總結出合理且實用的各種活動❶。

　　而透過正確行銷的行為及活動，達成以下餐飲經營的目的：

一、正確制定市場的目標

　　餐廳在開店之初即已針對「市場區隔」做初步的規劃，在此階段應該確定行銷的最基本策略——最適切的「市場目標」為何（set up target market），然後再針對此目標，設定各項服務標準、各種價格等級及搭配性的餐飲行銷組合。

二、確實迎合顧客

　　最先進行銷的核心精神就是如何滿足顧客的需求（meet customer's need），也是現代化企業發展及開發產品的重要訊息根據。如何經由行銷及促銷活動開啟消費者的潛在需求及意見，已成為餐飲業者重要的經營目

標。

三、調整管理決策

餐飲業為一勞力密集的服務業，許多經營管理者有許多自訂的經營理念及管理精神，但如何與顧客的標準及需要切合，經由行銷活動中確實得知顧客反應，並維持強而有力的顧客關係管理（manage customer relation，指的是以滿足每一位顧客的滿意度，加強與顧客間的關係以建立品牌知名度及顧客忠誠度，從由達成企業的營業目標），依據此訊息調整各種管理決策（adjust management strategy）。

四、迅速擴充知名度

在資訊發達的現代社會中，保守而無創意的行銷已經無法滿足顧客的多方位品味，如何在此競爭的餐飲業一炮而紅，引起消費者的青睞（develop restaurant reputation），更是考驗著每一位行銷人員的智慧。

五、穩定增加客源

如何運用有效的行銷活動增加來客數量（increase customer resource），及利用各種促銷的活動增加顧客的平均消費額及整體營業額，更是行銷的最終目的。

餐飲行銷組合

餐飲業常使用的行銷組合（marketing mix）方式：

一、四P分類法

四P分類法是由美國學者麥克塞（E. Jerome Mecanthy）提出，也是過去在餐飲業的行銷組合中，被運用地最廣泛的分類法，其內容及餐飲相關說明如下❷：

(一)產品

在整體行銷組合中最基本的是產品（product）本身及其相關的設定：

1.產品的本質

產品本身的特性、賣相及種類等。

2.附加價值

整體產品的附加價值為何，如何突顯在市場中的獨特性等。

3.服務的特質

如何提供與欲行銷的各類產品等值或超值的服務。

4.貨號的設定

產品在公司的管理（電腦）代號（item code）的相關設定，將有助於銷售的統計及相關管理報表的分析作業。

5.整體包裝的設計

產品本身的包裝及各種行銷文宣及宣傳物等的設計，是否符合餐廳的形象及整體企業識別系統的一致性。

(二)價格

價格雖然是吸引顧客上門的不二法則，但是須考慮定價的整體策略：

1.基本定價

必須考慮產品本身的價值及成本計算、同業的市場售價及整體銷售的目標等因素。

2.折扣政策

是否設定有折扣的規定、其標準內容或活動的規則、會員或常客的優惠政策等，必須特別注意與平日的折扣是否相衝突或其中的差異處，以免引起顧客的抱怨。

3.額外的贈品或價值

一般餐飲業因食材成本不易降低，常用贈品或等值消費產品的方式搭配各種促銷。

4.付款方式及作業程序

行銷中的付款方式是否與平日相同、若有贈送的等值卷其相關的帳務作業流程，行銷的人員也必須與財務單位事先作完整規劃。

5.顧客信用管理

　　包含餐廳常客大金額簽帳的授權機制及公司行號間往來的信貸作業等事宜的設定。

(三)通　路

　　在餐飲業者進行行銷的活動中，其與通路（place）有關的因素也必須一併作考量，才有辦法控制整體行銷的進度及使其順利達成目標，其包含的組合有：

1.運輸設備

　　獨立餐廳相關廠商的送貨及進貨動線相關設施、連鎖餐廳各點的配送、中央廚房供應式餐廳的相關配送及送貨的工具等因素考量。

2.儲存設施

　　餐廳本身各種儲存空間及環境（溫度、溼度等）設施的完備性。

3.存貨控制

　　各家廠商供貨情況及速度、餐廳銷售能力及倉儲空間、各種原物料的保存期限等的相互關係。

4.行銷通路

　　餐廳各種餐飲產品的銷售管道、各種搭配媒體、相關作業流程及表單的製作及管理辦法等內部標準的設定。

(四)促　銷

　　針對目前網際網路及資訊的流暢速度及特色，餐飲促銷（promotion）的手法也日益更新，如何突顯餐廳的特色、活動賣點及獲知消費者反應等訊息等。餐飲業常用的促銷組合有：

1.各種媒體及廣告

　　刊登各種專業的報章雜誌廣告、發布新聞稿給報社或專業餐飲雜誌的記者及目前最流行的電腦網路廣告。

2.餐廳網站的設定

　　餐廳本身的網站就是最佳的促銷工具，也是迎合年輕顧客的最佳廣告模式。

3.人員的銷售

人員銷售仍是餐飲業最基本及省錢的促銷方式，但需特別注意人員的銷售技巧、解說能力、各種促銷產品的專業知識等的訓練及相關標準教材作業程序等的制定。

4.推廣營業

一般餐飲業的作法為展售或是增加營業的據點。獨立餐廳較常使用的方法為促銷海報、美輪美奐的實品展出或是設計桌上型立牌等。旅館或連鎖餐廳則是在百貨公司或各種美食街商場等人潮聚集處，增加營業點或設櫃等推廣作法。

5.公共關係

對於常客、會員、媒體記者、公益活動及商圈社區服務等公共關係的維持，除了可以提升餐廳對外形象，更可因此而帶動商圈的活絡性，為整體行銷活動劃下完美的句點。

二、五P分類法

五P分類法由美國學者科里爾（John D. Correlc）提出。針對四P的行銷組合，許多學者以服務業的特性，主張必須將在整體行銷中占有絕大成敗腳色的「人」，增加為第五個P（people），其原因為：

(一)產品本身的特性

餐飲無法自動販賣，必須與整體服務結合成一體，所以餐飲服務人員的重要性是沒辦法被磨滅的。

(二)各種促銷的推動

一位好的現場行銷人員或主管，其所可達成的銷售效益是無法為其他促銷法所取代，也是管理階層對無預算式的行銷最基本的方式，這個最原始的促銷法也是餐飲業所採用最普遍的作法。所以，將「人」這個行銷因素加入整體組合中是再合理也不過了！

(三)參與管理的機制

一套好的行銷制度不但要有完整的規劃設計，更需要有整體的管理流程及機制，而人的因素在此管理機制下，占有決定性關鍵。

三、六P及十二因素分類法

　　針對餐旅業的特性，美國知名旅館行銷學者考夫曼（C. Oewitt Coffman）認為，餐旅行銷成功的要素在於六P及十二組合，其內容為：

(一)六P

　　1.產品。

　　2.人。

　　3.價格。

　　4.促銷。

　　5.包裝（package）：針對整體行銷的特色及重點，以別出心裁的方式突顯及呈現在消費者眼前，讓產品更具質感的方法及作法稱為包裝。

　　6.實績（performance）：一個成功的行銷企劃除了要有完整的前置作業、完備的作業流程外，更要有精確的評估方式，否則無效的行銷往往是企業成本最大的浪費。

(二)十二組合

　　1.產品計畫。

　　2.定價。

　　3.商號或是品牌：餐旅業品牌的魅力往往是一種品質的保障，所以五星級旅館的餐飲及國際知名的連鎖餐廳，在行銷市場中往往占有品牌的優勢。

　　4.行銷通路。

　　5.人員銷售。

　　6.廣告。

　　7.促銷。

　　8.包裝。

　　9.陳列展示。

　　10.服務。

　　11.儲存：指在整體行銷中餐旅業者需要有保管、運輸及倉儲的計畫

等。

12. 市場調查研究：餐旅管理人員不只要對市場的現狀有充分的了解外，更要針對未來餐飲業的發展、消費者的品味趨勢及行銷的特點等，制定相關的市場調查研究計畫，以充分掌握市場的脈動，作出成功的行銷策略。

專欄 4-1　　「創意」的餐飲行銷

　　傳統餐飲業靠的是「美味」及「口耳相傳」的傳統行銷法，只要菜餚好吃，服務再差或是毫無宣傳的餐廳，照樣每天賓客絡繹不絕。但是因應二十一世紀的行銷潮流，餐飲業正式邁入新的紀元，菜餚不但追求美味、變化及講求養生，服務更要獨特、溫馨及具有物超所值的感受，而行銷則是各憑本事的「創意」行銷法。許多餐飲業者有企業獨特的運作模式，例如麥當勞以兒童玩具──「附加價值」取勝、必勝客披薩則以經濟套餐──「產品」最優惠、星巴克講求的是商圈文化及服務──「公關」的模式、五星級旅館以設施及整體行銷──「包裝」占最大優勢、台塑王品牛排是重視「服務」的最佳代言人等。

　　然而在去年因應SARS大舉入侵，餐飲業者為了讓顧客上門出盡招式，效果如何則是如人飲水，冷暖自知。但在不景氣下消費者荷包縮水，或是看壞未來市場而產生不消費的抗拒心態下，舉凡低價政策，如四十九元的五星級外帶便當、一元吃到飽或是一元龍蝦或是二人同行一人免費等，都會每天爆滿及上新聞頭條。然而，當此時期一過，業者一恢復原價後，顧客也漸漸消失了，業者雖然賺了面子，卻賠了裡子！

　　此例證明了短暫的低價促銷雖然可以為公司達到聚客力或知名度，但企業應要具備一套有系統的行銷策略，及各種管理制度作後盾，才是真正「創意行銷」的中心思想！

餐飲行銷組合案例分析

　　餐飲業的婚宴占有非常大的營業額，因此也成為兵家必爭的市場，如何突顯自己的優勢及特色，是整體行銷中最重要的一環❸。

一、利用SWOT分析優缺點

　　行銷學常使用的整體環境及發展形勢的分析，為的是要有一套較為科學的方式協助業者作出最適當的行銷決策。此案例中的餐廳為一連鎖性的中式餐廳，其婚宴市場的SWOT分析優缺點如表4-1所示：

表4-1　連鎖性中式餐廳婚宴市場的SWOT分析

優點（strengths）	缺點（weaknesses）
1.喜宴菜色受到顧客的肯定。 2.地點佳、停車容易且設有代客停車的貼心服務。 3.喜宴菜單變化多且價位中等，消費者接受度高。 4.各式產品組合佳，且中式喜宴菜餚為國人的最愛。 5.大量採購食物成本低。	1.食材耗損控制較差。 2.服務團隊的機動性不強，且貴賓室服務人手不足。 3.喜宴環境吵雜且整體氣氛布置不易。 4.喜宴相關設施無法與附近五星級旅館相比擬。 5.地下室的環境一般老人家無法接受（受到傳統習俗的「步步高升」觀念影響）。 6.公司行銷能力不佳
機會（opportunities）	威脅（threats）
1.附近商圈的競爭者價位較高且菜色的肯定度較低。 2.整體經濟環境不佳，新人的預算有限，中等價位的婚宴較受到歡迎。	1.受到經濟的重創，五星級旅館的婚宴已經悄悄地降價，衝擊到現有的市場。 2.孤鸞年的舊式觀念影響到結婚者的意念，整體需求市場降低。 3.商圈逐漸沒落給人不良的聯想。

二、強化產品的組合

依據以上的SWOT分析優缺點得知,產品本身是最重要的賣點,所以在此行銷的策略上必須強化產品的特色及其各項組合,才有辦法得到消費者的青睞,其內容及相關資料說明及分析如下:

(一) 產品的本質

1.以量大且精美的菜色為主。

2.加強盤飾。

3.養生且清淡的口味,以符合現代人健康的觀念。

(二) 附加價值

以中等價位就可享有高品質及平日較少吃到的菜餚,如龍蝦、鮑魚等高檔菜色。

(三) 服務的特色

每桌有○‧八個服務人員專職分菜、上菜、倒茶及倒果汁等喜宴作業,媲美五星級旅館的服務。

(四) 產品代號的設定

八千元為BW001、九千元為BW001、一萬元為BW003、一萬兩千元為BW004、一萬五千元為BW005共五個等級的售價。

(五) 包裝

1.以公司特有的CIS呈現各種菜單。

2.附上精美的婚宴特有的整體包裝紙夾,讓顧客對公司整體形象產生良好的印象。

3.各店印有精美海報及每桌有宣傳單,以強化顧客對餐廳辦理婚宴能力的整體感受。

三、具有優勢競爭的價格組合

根據整體經濟發展局勢判斷,今年婚宴的市場十分競爭,甚至連餐廳所在地附近的少數五星級旅館也下搶中等價位喜宴的生意,所以在價格上必須具備強勢的競爭力,才能達到預估的生意量,茲說明及分析如下:

（一）基本價格

　　以八千元起跳，到一萬五千元為止。考量中等價位的行情並以同業，及附近五星級旅館售價（見表4-2）為重要參考等資訊，制定出本基本價格。

（二）折扣政策

　　因為已經採用較低的基本售價，所以在折扣上不可有任何的差異。

（三）額外的贈品及價值

　　1.十桌（不分價格）以上贈送飲料或每桌一瓶紅酒。

　　2.一萬元二十桌以上的訂桌，提供飲料無限暢飲、紅酒每桌二瓶。

　　3.一萬兩千元二十桌以上的訂桌，再提供全天賓士禮車服務。

　　4.一萬五千元二十桌以上的訂桌，再加送薇閣賓館高級蜜月套房（含早餐二客及高級香檳一瓶）。

（四）付款條件及作業程序

　　1.熟客或會員：收一成保證金，保證桌數彈性在三桌內。

　　2.一般顧客：收二成保證金，保證桌數彈性在二桌內。

　　3.所有款項婚禮當日結清。

　　4.另外若有「寄桌」的狀況，則需在三個月內消費完畢，否則不予保留。

（五）顧客信用管理

　　本次喜宴為促銷型態，所以不開放公司行號簽帳的授權。

四、彈性且適當的通路組合

　　因為婚宴多數為大量的桌數，所以必須考慮餐廳倉儲、運輸等通路組合的安排，才可充分控制食物的品質及衛生狀況。

（一）運輸設備

　　部分菜餚的前處理因為人手的問題，由中央廚房代為清理，並可解決餐廳本身缺乏驗收人手的問題，可為餐廳節省不少人力成本。

（二）存貨控制

　　基本上每一次喜宴以四十桌貨源的存貨量為上限，若超過此桌數時須

表4-2　各家餐廳／飯店婚宴行銷計畫比較表

公司別／項目別		欣葉餐廳	海霸王連鎖餐廳	亞都麗緻	國賓飯店	老爺酒店	福華飯店	圓山飯店
一、價格定位	1. 每桌基本定價	8,000起+10%	7,000起+10%	16,000起+10%	16,800起+10%	14,000起+10%（平日）16,000起+10%（假日）	16,500起+10%	12,000起+10%
	2. 人數限定	10人為主	10人	10-12人	12人	12人	12人	10-12人
	3. 折扣／付款政策	1.無折扣 2.預收訂金一成	1.無折扣 2.預收訂金一成	1.無折扣 2.預收訂金一成	1.無折扣 2.預收訂金一成	1.無折扣 2.預收訂金一成	1.無折扣 2.預收訂金一成	1.無折扣 2.預收訂金一成
二、服務定位	1. 每桌服務人員數	主桌1人 1人2桌（兼小吃、房間或端菜等工作）	主桌1人 1人2桌	主桌2人 1人1桌 2人3桌（人力不足時）	主桌2人 1人1桌 2人3桌（人力不足時）	主桌2人 1人2桌	主桌2人 1人2桌	主桌2人 2人3桌
	2. 換盤頻率	視菜單情況或實際需要	視菜單情況（約二道）	每道皆換	視菜單情況（約二道）	視菜單情況（約二道）	視菜單情況（約二道）	視菜單情況（約二道）
	3. 工讀生薪資／小時	90-120	半天（包工制）700	100-130 或 4小時500	4小時450 4小時500（資深）	100-120	100-130	100-140 十點以後150
三、促銷活動	1. 每桌是否有桌花	收禮台、主桌有花	二十桌以上收禮台、主桌有花	收禮台、主桌有花	收禮台、主桌有花	收禮台、主桌有花	收禮台、主桌有花	收禮台、主桌有花
	2. 特別促銷活動	15,000（飲料無限暢飲，紅酒每桌二瓶、喝不完可帶走）	1.五桌以上酒水優惠 2.10,000、三十五桌以上派車服務（大型凱迪拉克）	1.贈送蜜月套房（含二客早餐）2.每桌一瓶威士忌、果汁二、五小時無限暢飲	1.贈送蜜月套房（含二客早餐）2.每桌一瓶威士忌、果汁二、五小時無限暢飲	1.贈送蜜月套房（含二客早餐）2.每桌一瓶紅酒、果汁無限暢飲	1.贈送蜜月套房（含二客早餐）2.外加1800+10%每桌二瓶紅酒、果汁三小時無限暢飲	1.十桌每桌送果汁二瓶 2.滿二十桌送蜜月汁三瓶及蜜月套房（含二客早餐）

由總公司協調倉儲、配送等相關作業。

(三)儲存設施

以每日預估營業額再加上喜宴訂單,決定各種訂貨的先後次序、貨源儲存的空間及先進先出的衛生控制方式等相關管理作業。

(四)行銷通路

除了餐廳本身的海報、桌卡等文宣外,各分店也是相當不錯的銷售據點。

五、強而有力的促銷活動

而表4-2可得知餐廳附近的五星級旅館的各種促銷活動,其重點在於產品的「附加價值」,但是利用各種媒體提高曝光率及與其他產業(例如與婚紗公司:三十桌/一萬二千元以上免費提供婚紗攝影一次、航空公司:三十桌/一萬二千元以上送台北到澎湖來回機票二張或送蜜月假期乙次等),也為整體行銷活動帶到最高點。

(一)各種媒體及廣告

刊登市區的報紙廣告、電台廣告及發布新聞稿給相關報章雜誌的記者等方式;另外,餐廳外的紅布條及大型看板或海報也具有相當告知的效果。

(二)餐廳網站

對於忙碌的新人而言,最簡單的方式是利用各家餐廳及旅館的網站作第一次的選擇,所以餐廳網站訊息的公告(最新消息或最新促銷等文句)是頗具經濟效益的方式。

(三)人員的銷售

以餐廳業務單位及相關的主管,利用拜訪顧客或客人來店機會,主動告知所有婚宴的行銷訊息,行銷單位必須於整個行銷活動進行前,到各店布達各種行銷的訊息及給予主管相關的作業流程及內容,以增加整體人員銷售的效率。

(四)推廣營業

除了餐廳本身外,各個營業事業體的連鎖賣點也須提供相關的宣傳海

報、桌卡等文宣外。

(五) 公共關係

　　餐廳可與附近的婚紗公司舉行婚紗走秀，提供精心佈置的喜宴場地、八千元促銷的喜宴菜色、各式喜宴贈送的飲料及酒類等的真實呈現，讓受邀請貴客及記者對餐廳本身承辦喜宴能力有所肯定。

 # 第二節　餐飲促銷

　　針對餐飲市場的競爭性，許多餐廳及旅館都有各種不同時期及型態的促銷活動，各餐廳的主管或連鎖店企劃單位或店長等，都必須就自己餐廳的特性（菜餚、定位及服務等）、競爭者及潛在消費群等因素，排定各種促銷計畫及活動。茲就餐飲業常用的各類型促銷活動分類說明及分析如下：

新開幕促銷活動

　　新開幕的餐廳最重要的促銷重點在於「在最短的時間內讓消費者能上門」。特以連鎖速食店開幕案例分析，列出與開幕時相關的準備工作：

一、 商圈調查

　　針對本商圈的消費者特色，如周遭學校、速食店的家數及特色等資料的蒐集。

二、 公關拜訪

　　對於學校、幼稚園及公司行號等潛在消費者規劃專程的拜訪活動。

三、 準備開幕相關活動

　　餐廳代表物的預定、開幕時贈送的贈品（禮物、汽球及折價券等）、

開幕使用的紅布條及喜氣的裝飾品等。

四、店內布置

菜單板、P.O.P.海報、花車及音樂等事宜的預備。

五、戶外招牌

與公司企業識別系統一致的代表性店招準備。

六、當月份全國性促銷準備

例如當月份的活動是兒童餐附上大頭狗玩具，必須與整體開幕促銷活動相互呼應。

七、單店新開幕促銷活動的籌備

1. 來店禮：凡開幕當週來店消費的每日前五十名顧客，可得珍藏版的餐廳代表物一個。
2. 摸彩活動：凡消費一至六號餐均可得到一張摸彩券，每週抽出十名幸運的顧客，可得到一本價值一千兩百元的餐券，活動期間共計二個月。
3. 最有禮貌的服務人員選拔：由顧客圈選當週最佳服務人員獎，並抽出幸運顧客可得一至六號餐的組合餐券乙張。
4. 凡消費健康組合餐者（促銷型），可免費贈送健康果汁（兒童杯）一杯。

建立有計畫的年度促銷活動

對於已經邁入正當軌道營運的餐廳，促銷活動必須要有計畫性，餐飲業最常使用的方式是每年每月的促銷活動計畫表，最主要的目的在活絡餐廳的人潮，及給予消費者不同時期不同用餐的季節感受。而旅館因有較多的設施，所以常會搭配不同性質的產品，例如餐飲加上客房聯合促銷的

「國人住房特惠專案」或「夏季考生住房專案」、會議及餐飲的「會議專案」、喜宴及客房的「千囍年喜宴專案」、餐飲客房及育樂設施結合的「渡假型專案」等等。餐廳可用的資源有限，所以通常會就餐飲產品本身的特色、時令、節慶及食物主題變化加以安排（各式餐廳促銷活動計畫表請參閱表4-3）。

使用各種促銷的方法及工具

在具備完整年度促銷活動的計畫同時，必須考慮運用各種有效的促銷方法及工具，茲就其內容分析如下：

一、各種餐飲促銷方法

(一)發行貴賓卡

最重要的目的在於回饋顧客長期的消費或是達到某種金額後的優惠，而貴賓卡或是會員卡也是一種重視常客的象徵意義。其常用的規範及注意事項為：

1.可享特定折扣

例如來店點餐可享九折或是九五折等優惠，外購商品類可享八五折或八折的優惠，但特價商品則無法再享有折扣等設定的各種折扣辦法。

2.累積某種消費金額或免費核發

為了讓消費者珍惜及肯定餐廳的經營風格，許多餐飲業者會設立核發貴賓卡的門檻，以達到名符其實的貴賓尊榮，有些新開立的餐廳為了爭取上門的顧客，甚至會有免費核發的情況，但是仍要小心運作核發機制，不然顧客會認為這種貴賓卡根本不值得蒐集！

3.認卡不認人

除了部分有會籍資料的俱樂部或是高級餐廳會有顧客的貴賓卡資料，一般餐飲業者為了簡化管理及避免消費糾紛，多數將會員卡設定為認卡不認人。

表4-3　各式餐廳促銷活動計畫表

餐廳類別＼月份	一月	二月	三月	四月	五月	六月	七月	八月	九月	十月	十一月	十二月
中餐廳	1.年菜特賣 2.尾牙促銷飲料 3.干禧喜宴	1.春節團圓特餐 2.西洋情人節套餐	1.春季時令菜餚大展	1.兒童節主人翁特餐 2.點兒童餐贈玩具	1.母親節套菜及套餐 2.點餐贈送康乃馨	1.肉粽特賣 2.謝師宴專案促銷	1.夏季清爽主題菜單促銷 2.點餐贈送精緻小菜	1.七夕情人宴套餐促銷 2.點餐送牛郎織女對杯一組	1.中秋月餅促銷 2.秋蟹特餐促銷	1.蟹宴促銷 2.龍蝦大餐促銷	1.蟹宴促銷 2.藥膳養生特餐促銷 3.點餐贈送養生茶	1.蟹宴促銷 2.聖誕節餐促銷 3.點餐贈送紅酒一杯
西餐廳	1.尾牙精緻自助餐 2.干禧浪漫西式情人喜宴	1.西洋情人節燭光套餐 2.點餐贈送玫瑰花及香檳一杯	1.法國普羅旺斯香草餐 2.點餐贈送進口花草茶一壺	1.義大利美食節 2.點義大利特餐者贈送高級橄欖油一瓶	1.母親節套餐 2.點餐贈送康乃馨	1.奇異果特餐促銷 2.謝師宴特餐促銷	1.美國美食節 2.點美國特餐者贈送美國進口蘋果汁一瓶	1.健康沙拉自助餐 2.點餐贈送花草茶、新鮮果汁一壺(杯)	1.歐洲美食節 2.點歐洲特餐者贈送機票折價券一張(台北來回法國)乙組	1.冬季新菜單促銷 2.點餐者贈送薄酒來新酒發表會入場券一張	1.薄酒來酒發表會促銷 2.法國美食促銷 3.點套餐送薄酒來新酒一杯	1.聖誕節餐促銷 2.火雞大餐外賣活動
日本料理	1.春節料理 2.松竹梅花佈置 3.贈送應景年糕	1.情人節懷石套餐 2.點餐贈送玫瑰花及白酒一杯	1.春季時令懷石料理 2.櫻花佈置 3.草莓時令水果	1.櫻花季特惠套餐 2.三人行,一人半價	1.母親節懷石套餐 2.點餐贈送康乃馨花	1.香魚季特餐促銷 2.謝師宴專案推出	1.夏季時令懷石料理 2.青楓葉佈置 3.夏令綜合生魚片	1.父親節懷石套餐 2.贈送日本清酒一杯	1.秋季時令懷石料理 2.秋楓佈置 3.點餐贈送精緻月餅一個	1.日本秋鮮海鮮料理促銷 2.四人同行,一人免費	1.日本鍋品促銷(相撲鍋、安慶魚鍋等)	1.特製日式懷石聖誕套餐 2.點餐贈者送梅酒一杯
咖啡館	1.元旦紀念點心八折 2.集點贈送元旦紀念品	1.情人節套餐 2.點餐贈送情人節咖啡口味巧克力	1.春季下午茶特惠專案 2.藍山咖啡半價優惠	1.健美沙拉套餐特惠專案 2.本月主題咖啡豆八折優惠	1.低卡母親節蛋糕 2.咖啡禮盒八折優惠	1.開幕週年慶外賣品全面八折 2.咖啡全面九折	1.健康水果冰沙促銷專案 2.購買五杯送一杯	1.情人節七夕特調咖啡套餐 2.點咖啡者贈送玫瑰花	1.秋季暖暖溫馨主題咖啡9折 2.續杯者/律半價	1.冬季菜單促銷 2.點冬季促銷咖啡者當月主題咖啡免費	1.南瓜特製糕點八折優惠	1.聖誕節餐促銷 2.點餐贈送咖啡抵用券二張

4.一定使用期限

為了鼓勵顧客經常性的消費，核發的貴賓卡都設有年限，最常規劃的年限為一年。

5.遺失後不再補發或收工本費

為了避免消費糾紛，在貴賓卡遺失後餐廳多採用不再補發或以酌收卡片工本費的方式處理。

6.不得與其他優惠同時使用

許多餐廳不定期作產品促銷，為方便管理及控制成本，對於貴賓卡採用不得與其他優惠同時使用的規定。

7.原發卡單位保留各項優惠條件

為保障餐廳本身對各項優惠條件的彈性使用，在貴賓卡的條款中通常會加上此條件說明。

8.終止或說明、法律等的權限

一般貴賓卡的說明中最後一定要有條款保障業者的但書，例如「本公司擁有最後解釋權」、「本公司擁有保留取消及修改活動的權益」等。

(二) 發行折價券

許多餐廳或咖啡廳為保有經常性的顧客或確定顧客會再回店消費，最常使用的方法為發行「折價券」。其運作的方式及注意事項為：

1. 可享特定折扣：例如購買一千元可得價值一千一百元的優惠券（約享有九折的優待），此種方式以咖啡簡餐廳、連鎖咖啡廳採用最普遍。
2. 認券不認人：因為餐券本身就是現金，所以通常業者會印製相關注意事項提醒消費者注意，也為了遺失後的權益及責任歸屬問題，一般餐飲業者會將其設定為「認券不認人」的條件。
3. 有一定的使用日期限制（多數以一年為主），但必須附帶說明超過期限的退費或金額轉換的但書，以避免違反公平法令對消費者的保護條文。
4. 遺失後一律不再補發，以避免餐廳的損失。
5. 無法折合或兌換現金。

6.為了便利管理及成本的考量，一般折扣券不得與其他優惠同時使用。

(三)發行各種集點卡或滿元贈品

為了鼓勵及激勵消費者經常性的來店消費，許多餐廳會發行各種集點卡或推出滿元有贈品。例如客喜康連鎖咖啡館，在每個月的二十六日為其顧客「感謝日」，消費滿兩百九十九元即可得到精心策劃的贈品，另外也有消費滿元加價購買的咖啡周邊商品，十分有創意。此種促銷方法的相關注意事項為：

1.消費特定金額即可集點，集滿X點後即可獲禮品或折價券（不可折現）。

2.有集點日期限制，多數規劃為三個月或半年，以集中促銷的火力讓顧客有意願回店消費。

3.集點券遺失後無法重新累計但可補發。

4.無法折合或兌換現金。

5.為了便利管理及成本的考量，一般集點券不得與其他優惠同時使用。

(四)發行各種IC現金加值卡

為了提供顧客便利的消費、提高每筆交易的平均金額及增加顧客的忠誠度等優勢，目前台灣連鎖咖啡廳流行發行各種IC現金加值卡。例如丹堤咖啡與聯邦銀行合作推出可重複加值的「丹堤卡」、星巴克自行推出的「隨行卡」、伊是咖啡與國泰世華銀行推出同時具有儲值卡、IC貴賓卡及信用卡多功能的聯名卡等。其運作的方式及注意事項為：

1.事先以現金或刷卡的方式，將卡加值一千元、兩千元或以上等金額。

2.可享特定折扣或定期分紅或換取特定贈品。

3.免費發卡或加值特定以上金額即免費核發。

4.認卡不認人，遺失後不另掛失或補發（與現金功能相同）。

5.便利性、不須每次攜帶現金。

6.完成加值後不接受退換服務。

7.卡片優惠或詳細使用方法將另附資料說明。

8.卡片加值時不開立發票，於購買商品或消費時統一開立發票（此點必須明確告知消費者或詳列於說明資料中以避免誤會，星巴克咖啡曾於2003年顧客因加值卡發票開立問題，檢舉其漏開發票、企圖逃漏稅收事件而上媒體）。

(五)特價促銷

　　此項促銷法餐飲業以往並不常見，原因是降價後很難再恢復原價、直接影響利潤及食物成本無法相對降低等。但近年來因整體消費環境競爭，再加上許多外在因素影響下（SARS及政治等），許多業者為了招徠顧客不惜痛下狠招，只求消費者能上門就有生機，及利用其他消費金額來平衡收支。其採用的方式很多，以下僅列出一二供讀者參考：

1.以超低價吸引客人，例如一元便當、九十九元義大利料理吃到飽等。

2.消費滿五百元送一百元折價券（限下次使用）。

3.幾人消費一人免費，例如定額消費型的下午茶推出四人同行、一人免費等。

(六)與異業結合

　　例如上述伊是咖啡與國泰世華銀行聯合推出的多功能卡、古典玫瑰園與誠泰銀行或是旅館與百貨公司的聯名卡等。不但可為雙方保有彼此的消費客群，更可為發卡銀行帶來無限商機。

1.發行認同卡或聯名卡，同時可享有雙方的優惠。

2.累計刷卡次數享受不同折扣。

3.可兌換銀行刷卡贈品或百貨公司回門禮等，讓消費者感到物超所值。

餐飲業各種促銷戰略及其目的

　　餐飲業的促銷活動中，每一種策略都有其背後的意涵，所以在規劃促銷的計畫時，必須很明確地告知員工，此活動所要達成的目的及設定目標，使整體促銷更具實質意義。

限量／特別商品販賣活動

　　目的：增加顧客的搶購慾望、來店的頻率及獲得新的客源。

套餐菜單型促銷活動

　　目的：減少顧客點菜時的困擾、增加顧客的點菜率、節省進貨的成本等。

X人同行X人免費

　　目的：增加顧客的來店頻率及獲得新的客源。

降價、折扣型促銷

　　目的：增加顧客的購買慾望、來店的頻率、獲得新的客源及增加整體平均消費額。

累計型促銷活動

　　目的：增加顧客消費後會再光臨的慾望及獲得新的客源。

發行折價卷或加值卡

　　目的：增加顧客的購買慾望，店方可單次收到金額較大的金額，對於整體營收有實質的幫助。

異業結合促銷活動

　　目的：可以利用較有知名度的一方來達到獲得新的客源及提升知名度的目的。

競賽型促銷活動

　　目的：增加店面知名度、顧客的搶購慾望、來店的頻率及獲得新的客源。

人員推薦型促銷活動

　　目的：增加顧客的平均消費額及增進與顧客的互動並維持良好的關係。

贈送產品型的促銷活動

　　目的：增加該項產品的肯定度及顧客的點餐率、顧客來店的頻率等。

二、各種餐飲促銷工具

　　在餐飲界中使用頻率最高的就是所謂的P.O.P.（point of purchasing），即購買要素及重點，舉凡將所有促銷活動經由店內／外所有視覺系統，傳遞資訊給顧客的媒體皆可稱之。以下將列出使用率最高的幾項說明及分析其精要[4]：

(一)各種廣告宣傳單

1.夾報式或報章雜誌廣告

　　利用媒體的大規模散發能力，在短時間內可將店內的所有活動訊息，直接展現在消費者手上，其效果最直接但成本較高，且在資訊爆炸的時代中，消費者的反應及接受度都無法被確認及得知。

2.面紙式宣傳單

直接印製促銷活動內容或內夾折扣券的方式，以店內人員或工讀生的掃街方式直接有效地遞送到消費者手上，其效果比無保留價值的傳單（D.M.，即direct mail）佳，成本也比廣告媒體來得低。

3.菜單式的宣傳單

目前台灣許多連鎖餐飲業者，利用大小適中、設計精美的代表性或促銷型菜單（pocket menu）來作促銷工具，讓消費者有保存的意願，同時也有效傳遞「產品特性」的訊息，更將餐廳的品質形象深刻地留在顧客的印象中。

(二)店 招

正如第三章餐廳設計重點所說明，店招的特殊設計不但可以發揮對來往行人的宣傳作用，更可以藉此提升整體企業的品牌宣言。

(三)菜 單

一家餐廳菜單的功能不只是一種形象的塑造、菜餚內容的告知，同時更是最佳的促銷工具，所以以前許多大型餐廳及旅館無不花盡心思，將菜單設計地文圖並茂讓顧客愛不釋手，成為餐廳最重要的智慧財產之一，也因此許多知名餐廳的菜單常常會被客人（通常為同業）一個不小心就帶走了，引起不少的消費糾紛。但是目前拜先進科技的發達及網路的流行，許多業者為了激發消費者品嚐的意願，將菜單的呈現視為最重要的網路銷售要素之一。

(四)海報 / 布條

依據各種不同重點的促銷，製作精美的海報及活動重點內容告示的布條，一般型餐廳使用的機率很高。主要是因為視覺效果相當不錯，但使用時必須注意整體呈現的品質感，另外，應該絕對禁止手寫及塗鴉表現的作品，以避免引起顧客認為餐廳不專業的不良聯想。

(五)餐廳外的立牌

許多餐廳在入門處擺設精美告示牌或畫架式的立牌，以放置菜單或書寫多方面的促銷資訊，都是可以吸引顧客注意力的宣傳工具。

(六) 廣 告 展 示 架

　　針對常態性或促銷型的菜餚，製作精美的模型或實品展示，是許多餐廳在P.O.P.上直接及有效的呈現。

(七) 餐 桌 上 的 立 牌

　　多數餐廳的最基本促銷工具，更是彌補菜單無法一直呈現在顧客眼前的作法，就是在每個餐桌上放置壓克力等材質的立牌，將有關的酒單／飲料單／各式促銷宣傳單／顧客意見調查表等資料放置在立牌夾層內，方便消費者隨時取用及查詢，間接增加了許多餐飲追加點用的機率。

(八) 贈 品 廣 告

　　許多餐廳對於促銷活動會設計相關的小禮品贈送顧客，也十分容易達成宣傳的效果。例如小火柴盒、印有餐廳標誌或圖案的畫圖紙加上畫筆、折扇式的菜單、咖啡館的咖啡筆、小盒茶葉或咖啡、印有餐廳logo的打火機或筆等。但需要注意與餐廳定位、整體形象呈現、周邊商品等一致性的贈品較容易達到促銷的效果。

(九) 菜 單 及 公 司 經 營 專 業 書 籍

　　目前有很多餐廳流行出版相關的書籍，例如許多餐廳主廚出版的餐廳美食食譜、公司經營的模式及成效（如星巴克的咖啡王國、鼎泰豐的傳奇等等），不但有助於餐廳整體形象的提升，更可以讓消費者對餐廳菜餚有更進一步的了解，是一種雙贏的促銷宣傳法。

(十) 定 期 的 刊 物

　　旅館的公關及行銷非常重要的文宣工具就是出版定期的公司專屬刊物（newsletter），刊物中將所有活動及相關的促銷活動，全部以精彩及圖文並茂的方式呈現在顧客的眼前。餐廳因為組織編制的關係，比較少業者作如此大的投資，但近來因應網路促銷的新趨勢，在網站上張貼相關的活動訊息，為業者加開了一個有效的促銷工具。

第三節　問題與討論

　　外賣型態的餐飲一直存在許多飯店及餐廳，而在2004年開始引爆的肉粽大戰中，連鎖超商的強勢行銷及相關效應，讓許多飯店及餐廳重新評估各種促銷手法，深怕一個不小心市場大餅即被瓜分！以下案例說明了此效應的影響所在及業者的相關因應之道。

個案分析：新肉粽大戰

　　外賣型態的餐飲對2003年的台灣餐飲業是代表性的一年，起因於2003年3月份的美伊戰爭以及接踵而來的二十一世紀最大、最可怕的傳染病SARS──嚴重急性呼吸道症候群，造成台灣餐飲界全面的不景氣。許多餐廳因為顧客大量減少而倒閉，大型餐廳及旅館則採用非常時期的作法──降價及增加外賣為公司增加一點生機。卻因此打開了通路業者對於餐廳外賣的任督二脈，許多餐廳也樂於與其合作來增加營收及降低自營的人事、促銷費用。如此盛況由2004年的肉粽大戰可見一般，統一超商以其強勢的連鎖店面效益法在餐飲肉粽市場首先投下了一顆試驗彈，於2004年推出「端午名店粽」活動，共計推出十二款南北名粽，有上閣屋的「海鮮龍王粽」、「XO御鮑干貝粽」；九如的「潮州粽」；天恩的「養生白靈五穀粽」、呷七碗的傳統「南部粽」；台南楊哥楊嫂的「台廣式粽」；另外由其關係企業承包的「蒲燒鰻粽」、「聖娜多堡冰心粽」、「桂冠荷葉粽」、「桂冠紫糯米粽」、「桂冠特級北部粽」及「蛋黃栗子粽」等❺，為競爭的餐飲業種下了不確定的變數。其他獨立作戰的旅館及大型餐廳也為了搶食這塊新興的餐飲大餅而加入這場爭奪戰。

　　在此資訊及網路通暢的競爭市場，促銷的整體作戰計畫更形重要，加入「異業結盟」的方法似乎是相當具有吸引力的作法，可為孤軍奮鬥

的戰場上增加並肩作戰的盟友，雖然在個別利潤上被通路業者所瓜分，但是其帶來的整體效益及對企業知名度的提升都是正面的，餐飲經營業者目前也逐年地加入這種新興的行銷方式。

問題與討論

張小白是一位五星級旅館的中餐廳主廚，平時活躍於各相關媒體，知名度相當的高，常常利用上班之餘，參加各種活動及教學，自覺不但可以增加人脈，也可以打響知名度，同時更可以為餐廳開發許多客源。但是，在年終考核時飯店的總經理居然親自與他面試，不但將他的年度考核打的很低，更將他部分的績效分紅扣除，原因是因為他參加了一家連鎖超商的年菜研發小組並以飯店的名義打廣告，旅館的經營者認為他在外的行為已經影響到飯店的生意。不但如此，飯店總經理並要他簽下切結書，從此以後不可私下參加對外的活動，所有的活動或教學都必須經過公司的准許才可以參加。

張小白不認為自己有錯，因為那麼多年來公司對他在外的活動都一清二楚，為什麼沒有事先通知他就做此懲罰！

請問如果你是該旅館餐飲部最高主管，你應該如何主動協調公司與所屬重要幹部間的緊張關係？

註　釋

❶小山孝雄原著，代紅譯，《留住顧客祕技》（台北：新苗文化，2003年），17頁。

❷施涵蘊、陳綱編著，《飯店行銷管理》（台北：百通圖書，1997年），47-51頁。

❸胡夢蕾著，《餐飲行銷實務》（台北：揚智文化，2000年），10-13頁。

❹小山孝雄原著，代紅譯，《留住顧客祕技》（台北：新苗文化，2003年），162-165
　頁。

❺《端午節名店粽》（7-11統一超商對外文宣，2003年）。

Chapter 5

菜單的設計與製作

🍲 菜單的功能、內容與種類

🍴 菜單的定價策略

🍸 問題與討論

照片提供：亞都麗緻大飯店天香樓。

　　如果說菜單為餐廳的命脈是一點也不為過，廚師精湛的廚藝經由有系統的規劃、正確理念的傳達、圖文並茂、製作精美的菜單，作整體專業呈現在顧客的面前，對餐飲管理是非常重要的機制。

　　菜單的功能不僅在於佳餚的代言人、餐廳管理者與顧客間的溝通橋梁、餐廳整體專業形象的表徵，更是行銷策略重要的一環。它的內容應該包含公司簡介、餐廳特色說明、菜餚項目、品名及菜餚描述、價格等。

　　每一家餐廳對菜單有不同的定義及認知，所以只能就菜單的各項功能、內容精要及種類作說明及分析；另外，菜單定價策略與餐廳行銷策略及市場定位有密不可分的關係，餐飲管理人員必須要有一定的專業菜單素養，才有辦法深入各項經營。

第一節　菜單的功能、內容與種類

　　早期歐洲菜單的功能只提供給御廚們，為王公貴族宴會或聚餐準備的食品採購單，是不給顧客或使用者看的，而第一份記載詳細的菜單出現在1517年一名法國貴族的婚宴中❶。當時菜單的功能才由內部準備的功能轉身變為一種奢華的象徵，後來也慢慢轉變為商業的宣傳品及餐廳專業管理的一環。

菜單的功能

　　一份菜單具有全面性的功能，綜合目前餐飲業界對於菜單使用的現狀分析如下：

一、菜單代表公司整體的經營理念

　　菜單的製作過程影響的因素非常多，包含公司經營的理念、市場的定位、行銷的策略、原物料的品質選擇、烹調的技術表現以及服務的標準等依據，所以消費者很容易由菜單中讀出餐飲經營者想要表達的所有訊息，

相對的業者在菜單的規劃上必須慎重其事，才能塑造及建立專業的口碑。

　　一般而言，一家新開幕（成立）的餐廳或旅館在制定經營的策略時，會將許多管理政策編入，其中重要的要素之一為菜單／飲料單的政策，茲舉例說明如下：

(一)管理理念（以欣葉餐廳為例）

　　尊重每一個人員的智慧及專業知識，進而肯定每一分子存在的重要性，以大家庭的觀念凝聚出和諧、溫馨的工作環境❷。

　　每一個人須著重職場的工作倫理並以服從、積極、負責的工作精神與態度處理事務；員工應主動、認真完成上級交付的任務；主管則應以各方面的角度來成就員工，協助員工成長。

(二)服務理念（以亞都麗緻大飯店為例）

1.每個員工都是主人❸

　　亞都的每位員工，必須都能體認自己就是飯店的主人，隨時隨地在工作崗位上代表「亞都」善盡主人的殷勤，熱切地接待每一位客人。

2.尊重每位客人的獨特性

　　每位客人都有其獨特的個性與好惡，亞都的每位員工絕不期待以相同的服務來滿足不同的客人。他們尊重並且深入認識每位客人的特性，針對客人的需求提供最滿意的服務。

3.想在客人前面

　　亞都的服務，凡事要為客人事先設想，主動地去了解每位客人的需要，不待客人提出要求就已事先為其安排妥當。

4.絕不輕易說不

　　在「亞都」服務的字典中沒有「不」字，凡是顧客提出的要求每位員工皆以積極的態度，運用智慧研究解決的方法，儘量設法滿足客人的要求而不輕易說「不」。

(三)作業理念（以客喜康連鎖咖啡店為例）

　　1.員工品質保證❹：完善的員工訓練，提供優質的服務。

　　2.風味品質保證：提供高品質的咖啡（附加價值）。

　　3.店舖品質保證：以綠色為主題讓客人享有自然、清新明亮及優雅的

環境（以解一天的疲倦）。

(四)經營型態（以歐式自助餐為例）

　　高級、親切式定額吃到飽的自助餐廳。以新鮮、高品質及回饋顧客的基本立意，供應歐式餐飲並搭配具季節性及多樣化的美味料理，且秉持豐富、實在、無限量的菜餚特色，給予顧客獨特性（現場烹調）及物超所值的消費環境。

(五)財務理念（以大型連鎖餐廳為例）

　　對於顧客採取物超所值及回饋的價格理念。本著絕對合法及安全的經營，不違反政府各項財稅政令（如不漏開發票等），不隨意變動價格與經常性的折扣，以保障常客的權益、照顧員工基本生活及維持餐廳既有的經營品質等的財務政策。

(六)菜單／飲料單規劃理念（以五星級飯店義大利餐廳為例）

1.菜單內容

　　(1)午餐：以提供簡易及迅速的義大利料理為主，包含冷盤類、麵食類、各式披薩、義式沙拉、點心及飲料等，每週一到週五則提供經濟實惠的商業套餐。

　　(2)下午茶：以定額吃到飽的西式下午茶為主，包含旅館點心房精緻手工製作的蛋糕、點心、簡式三明治、餅乾及各種飲料如現場研磨及調製的義式咖啡、現榨新鮮果汁、花草（果）茶及英式紅茶等。

　　(3)晚餐：以正式及自助式的義大利餐食為主，並提供現場烹煮的義大利麵及披薩，以確定來店顧客的最低消費金額，並設計精美及中高價位的飲料單，來達成飲料銷售的目標。

2.菜單價格及客層定位

　　餐飲價格採中、低價位，吸引附近商圈上班族的外食人口及旅館本身的住宿房客，並達到高翻台次數的營業目標。

二、菜單反映主廚對菜餚的呈現風格及烹調水平

　　每一種菜系具有它特有的精髓，而眾多菜餚的選擇方向代表了主廚個人的風格、專業度及整體廚房烹調的水平，所以如果說菜單細說著每一個

主廚成長的背景及發展的特色是非常貼切的。近來不但西式菜餚充滿了所謂的「主廚創意菜」，傳統的中國菜更吹起了一陣「創新」的風潮，這時菜單成了主廚呈現個人風格的舞台，在菜單上寫滿了菜餚用材的新穎、盤飾的創意、精湛的烹調手藝及服務的特色等，讓顧客留下深刻的印象，更為餐廳的形象加分。

三、菜單是一種最佳的溝通工具

餐廳的專業管理人員必須要熟知菜單上每一道菜餚的品名、售價、烹調方式、口味及各種配料，以方便顧客點菜時提供最適切的資訊。在忙碌的餐廳運作情況下，菜單幫了管理者很大的忙，它是一種菜餚/飲料的導引，先將顧客引入消費的第一階段「選擇」，再由餐廳的專業點菜人員藉由溝通及推薦的方式，取得最後的「決定」。

四、菜單是餐廳形象的表徵及宣傳的文宣

一份製作特殊及精美的菜單，是餐廳想要表達給顧客的第一印象，如果菜單本身沾滿油漬、到處都是手寫修改處或是破損掉頁等不良情況，那麼餐廳光說多有誠意歡迎顧客或是花了大筆鈔票在宣傳上，都無法讓顧客滿意。目前有許多大型連鎖餐廳將菜單印製成文宣品，一方面可以達到宣傳的作用，另一方面可將餐廳菜餚的特色深入消費者的心目中，是一種非常有創意的促銷法。

五、菜單是最佳的員工訓練工具

許多餐廳要求主管及員工必須熟記菜單上每一份菜餚及飲料的品名、份量、成分及特性，如果在菜單的製作時就有這一方面的考量，便可節省許多管理人員在管理及訓練上的時間與精力。

六、菜單是保留餐廳菜餚發展的最佳資料

菜單往往會隨著主廚的更換、季節性的不同、食材的更新、消費者飲食習慣及流行趨勢等因素作定期或不定期的更換，而許多傳統及經典的菜

餚卻因此而失傳，十分可惜，所以業者應該保留下所有相關的資料，為餐廳的發展及精髓留下最具意義的傳承。

菜單的內容

一份詳實的菜單最重要的是要讓顧客在短時間內，就可以得知餐廳菜餚的重要訊息，所以業者必須依據消費者的需求及習性，小心地規劃出菜單的各項內容：

一、首頁餐廳的名稱及品牌的象徵

許多餐廳會將代表性的符號（logo）及餐廳名稱清楚地印在菜單的首頁上，讓顧客留下深刻的印象。

二、菜系的特色及餐廳的源由等

例如亞都麗緻大飯店的天香樓，就有描述了該餐廳及菜餚特色的小品文（參考表5-1）。

表5-1　菜單首頁餐廳或菜餚特色範例

天香樓
食藝精饌，絕色天香
秀麗杭州，靜謐西湖
聞鶯映月，碧色荷香
傳承中國美食菁華
創新西式餐桌服務
在清寧風雅的用餐環境中
品味道地杭式珍饌
天香樓
呈現了一幅如詩如畫的悠然境界

資料來源：亞都麗緻大飯店 天香樓。

三、各式菜餚的項目表

多數餐廳會以分門別類的方式呈現，例如中式餐廳的項目表多數以顧客點用次序為分類的依據，開胃冷盤、精選珍禽及畜饌、真味海鮮類、節令時蔬、精緻點心及甜點、時令鮮水果等。

四、菜餚名稱

菜餚的命名並沒有一定的標準，茲以目前餐飲業者的作法說明如下：

(一)菜餚的成分及烹調方式的代表

以非常清楚及明確的方式告知顧客這一道菜的成分及其調理的方式，例如「清蒸海石斑」讓消費者在第一時間內就有清晰的概念，是以海石斑為食材，再以清蒸的方式烹調及呈現。

(二)以餐廳獨特性的菜名吸引顧客

例如Kiki餐廳的「蒼蠅頭」、六福皇宮的「皇宮田園沙拉」、亞都麗緻大飯店天香樓的「杭州東坡肉」等，把餐廳的特色或名稱帶入菜名，讓顧客的印象加分。

(三)以「祝福」或「吉利」為主要訴求的菜名

通常以宴會型菜單為主，例如婚宴菜單上經常性地使用「花好月團圓」、「美點映雙輝」、「富貴大拼盤」等；壽宴菜單上則因應主題的突顯來發揮，例如「松柏常青」、「五子獻壽」、「延年益壽」等。

(四)以特殊主題為菜餚名稱

例如西華大飯店及香港知名的餐廳曾經為金庸小說設計金庸宴，其中的菜餚名稱都是來自小說中的字彙，例如「荷葉飄香叫化雞」、「玉笛誰家聽落梅」、「二十四橋名月夜」及「矯若遊龍擲金針」（即是蟹肉桂花魚翅）等非常具有文學氣息，也讓武俠小說迷可一探心中偶像的飲食世界。

(五)外文菜名

一般旅館及大型餐廳為了便利外國顧客的點菜，都會加註英文或日文，業者多寫上材料及烹調方式，讓外國人能很快就知道此道菜餚的特色。例如「青椒雞片」（sliced chicken with freen pepper）、「魚香肉絲」

(shredded pork with chili and garlic sauce）。

五、各式菜餚的製作成分、方式及說明

目前許多西式餐廳會將所有的菜單內容加註該項菜餚的製作成分（含各種香料）、方式（以何種型式的烹調法料理）及說明（該項菜餚的特色及具有美顏養生等功能），最重要的用意在引起顧客的吸引力，增加各項菜色的點用率。

六、各種菜餚的價格

一般型式的菜單都會將價格、品名及說明放在一起，最主要的功能是讓顧客在點菜時的對照及自我預算安排。套餐式的價格則放置在整個菜餚內容說明的最後處，讓顧客了解整份菜單菜色的特點後，價格的呈現可為整體套餐作一個完美的句點。但是如果是宴會型的菜單，其功能只是便利主人宴客菜餚的安排及告知，為尊重主人的隱私及禮貌，此型態的菜單是不可以將價格標示上去的。

七、附註的酒單／飲料單／甜點單等

過去五星級旅館為了整體餐飲的品質及高級的表徵，會將菜單、酒單（wine list）、飲料單、甜點單（dessert list）等分開製作。但是因應顧客的便利性、內部作業流程的簡化、餐廳經營成本的考量及未來發展的趨勢等，漸漸有許多旅館將菜單設計成複合型態，不再製作一本一本的獨立飲料／酒／點心單等。

八、其他事項的備註

在菜單的最後處，業者通常會將一些相關的訊息以備註方式呈現，例如：

1. 餐廳的地址、電話號碼及營業時間等餐廳資料。
2. 份量的說明，例如「以上菜餚以小盤計價，若點中盤者則另外加上單價的1/2計算」。

3.是否含稅及是否需加10%的服務費等。

4.但書的註記，例如「本菜單圖片僅供點用時參考，其中的配菜、盤飾等以實際餐廳出菜爲標準」。

菜單的種類

過去餐飲業慣用的分類型菜單趨勢，已逐漸因應經營的型態轉化爲一份詳實、內容豐富、易於閱讀及美輪美奐的藝術作品，相對的其分類已不再重要，但爲利於餐飲經營及專業知識的傳承，專業人員仍必須了解每一種菜單的分類法，才有能力作經營及企劃上的變通。菜單依據業者的經營特性、餐廳供餐時間及服務的流程等因素，可區分爲：

一、經營特性及需求

(一)單點菜單

許多高級餐廳及五星級旅館餐廳一定會有單點式的菜單，一方面可以呈現主廚的廚藝及菜餚的精緻性，對於各類別的單點菜色皆以分類及個別定價的方式呈現，讓顧客的選擇空間較大，但是會比套餐式的花費較高（表5-2、5-3）。

(二)套餐菜單

因應餐飲業的競爭及不景氣，許多餐廳推出一定菜式及份量的菜單，又稱爲定餐。這種型態的菜單會廣爲流行，甚至有些推出中菜西吃的高級中餐廳也逐漸採用這種方式，其原因爲：

1.主廚特色餐點或拿手菜，往往最容易得到消費者的青睞

許多五星級旅館會邀請國外知名的名廚來台表演廚藝，通常會請該廚師就許多招牌菜中挑出最經典的加以設計及包裝，而其中最受顧客接受的就是套餐式的菜單（表5-4）。

2.突顯餐廳菜餚特色的最佳途徑

對於許多顧客而言，最痛苦的用餐經驗莫過於飢腸轆轆時，面對一大堆菜餚而不知如何點起，如果此時有具餐廳特色的「每日精選套餐」、

表5-2　制式中餐單點式菜單範例一

精緻開胃小品　　Appetizers

新台幣（NT$）

101	杭州醉雞　"Hang-Chow" Drunken Chicken	200
102	蔥烤鯽魚 Fried fish with Green Onion	350
103	雙喜拼盤（鮑魚／牛肉）	450
	Two-ingredients Appetizers　(Abalone and beef)	
104	滷豬腳 Braised Pig's Knuckle	220
105	拌蜇頭 Jellyfish salad	180
106	雞肉凍 Chicken in Aspic	200
107	煙燻素鵝 Smoked "Vegetarian Goose"	160
108	香菇烤麩 "Kau-fu" with Chinese Black Mushrooms	160

山珍海味　　Seafood

新台幣（NT$）

201	乾燒明蝦 Prawns with Chili Souse	480
202	五彩蝦仁 Fried Shrimp with Assorted Vegetables	460
203	生菜蝦鬆 Minced Prawns Served on a Lettuce Leaf	480
204	韭黃炒鱔背 Stir-fried Eels with Black Vinegar Sauce	460
205	醬爆鱔片 Sauteed Eels Served with Black Bean Sauce	460
206	醬燒海蟹 Saucy Crabs	580
207	清蒸鯧魚 Steam Pomfret	580
208	豆酥藍斑 Fried Fresh Hake fillet with Fermented Beans	180（每片）
209	紅燒黃魚 Braise Yellow fish with Sweet & Sour Sauce	580
210	西湖醋魚 Fresh fish "West-Lake" Style	180（每片）
211	紅燒黃魚 Braise Yellow fish with Sweet and Sour Sauce	580
212	燒划水 Simmered fish Halves	420
213	腐衣魚捲 Deep fried Fragrant fish Rolls	460（6塊）
214	蔥燒烏參 Braised Sea Cucumber with Green Pepper	460

表5-3　制式中餐單點式菜單範例二

時令生蔬　　Vegetables

新台幣（NT$）

301	絲瓜扒竹笙 Braised "Peng-Hu" Sponge Gourd with Bamboo piths	360
302	蟹肉草菇 Stir-fried Crab Meat with Straw Mushrooms	350
303	蠔油雙冬 Fried Mushrooms and Bamboo Shoots with Oyster Sauce	320
304	清炒豆苗 Fried Pea Leaves	320
305	蠔油芥蘭 Chinese Broccoli with Oyster Sauce	280
306	開洋白菜 Fried Cabbage with Dried Shrimp	260
307	豆芽雞絲 Fried Shredded Chicken with Bean Sprouts	260
308	干貝生菜 Fried Scallops with Lettuce	360
309	干扁四季豆 Deep-Fried String Beans with Minced Pork and Dry Shrimp	280
310	羅漢素菜 Fried Assorted Vegetables	320

精選畜饌　　Pork & Beef

新台幣（NT$）

401	醬蹄膀 Saucy ham with Sweet bean paste	480
402	東坡肉 Pork with "Don Pon" Style	150（單份）
403	蒜泥白肉 Pork Slices with Chopped Garlic	320
404	南乳扣肉 Steamed Pork in Preserved Bean Sauce	360
405	雪菜肉絲 Salted Mustard Greens and Shredded Pork	360
406	無錫排骨 Braised Spareribs in Sweet & Sour Sauce	380
407	蜜汁火腿 Glazed Ham Slices	380
408	砂鍋獅子頭 Braised "Lion Head Meat Ball" with Vegetable	580
409	生炒腰花 Fried Pig's Kidney	420
410	蔥爆牛肉 Shredded Beef with Green Pepper	360
411	清蒸牛肉 Steamed Beef Brisket	380
412	蠔油牛肉 Fried Beef with Oyster Sauce	380
413	麻辣牛筋 Sliced Beef Tendons with Hot Pepper Oil	420
414	黑胡椒牛小排 Stewed Short Rib in Brown Sauce	420

表5-4 具主廚特色套餐式菜單（義式）

無花果生火腿片
Prosciutto Ham with fig
*****

馬鈴薯蟹肉濃湯
Potato & Crab Potage
*****

龍利藏紅花義式利梭多飯
Risotto with Saffron and Sole
*****

龍蝦義式雲吞
Ravioli with Lobster
*****

堤拉米蘇起士餅
Tiramisu with Cream Cheese
*****

義式咖啡或茶
Espresso or Tea
*****

每位NT$1,200外另加百分之十服務費
NT$1,200 per person plus 10% service charge

「主廚推薦套餐」等的菜單，相信消費者在考慮菜餚的完整性及荷包時，
都非常樂於接受。

　　大多數的餐廳都是單點及套餐菜單並存的，但是針對特殊功能如會議
型或是喜慶宴會時，為方便主辦人或是主人的安排，許多餐廳會提供多選
擇性的套餐給顧客挑選（表5-5、5-6）。

3.大量採購的優勢及簡化內部作業流程

　　套餐的用材集中、量大，不但餐飲業者採購時有較多的空間，更可因
此而降低食材的成本。另外，制式的菜餚使得廚房的作業簡化許多、明確

表5-5　宴客式的菜單

張總經理晚宴
九十三年五月三十一日
菜　單
****

龍井鮮蝦仁
Fried Shrimps with "Long-Ching" Tea Leaves
*****

砂鍋紅煨翅
Shark's fin Soup with Soy Sauce
*****

紅燒燴魚丸
Braised Home-Made fish Balls with Soy Sauce
*****

西湖醋溜魚
fresh fish "West-Lake" Style
*****

鮮蝦爆鱔麵
Noodle Soup with Fried Shrimps & Fresh Water Eels
*****

精緻鮮水果
fresh Fruit Platter
*****

焦糖蜜棗慕思蛋糕
Honey Date with Caramel Cream Mousse Cake
*****

資料來源：亞都麗緻大飯店。

表5-6　年菜套餐菜單

圓山闔家歡（錦繡燒味拼）
Barbecue Combination Platter

*****

山金盤儲玉（排翅佛跳牆）
Stewed Shark's fin Soup

*****

飯賢喜團聚（香蒜明蝦球）
Sautéed Prawn in Garlic

*****

店中金銀寶（冬菇鮮鮑片）
Braised Sliced Abalone & Mushrooms

*****

同慶好佳音（鮮橙芝麻雞）
Sautéed Sesame Chicken in Orange Sauce

*****

仁人年有餘（翡翠石斑片）
Steamed Grouper with Vegetables

*****

祝君步青雲（雪菜炒年糕）
fried Rice Cake with Preserved Vegetables

*****

君子同歡樂（精緻美點）
Desserts

*****

快樂財源廣（黑糯珍珠露）
Sweet Black Rice and Sago Soup

*****

樂景盛世年（寶島水果盤）
Seasonal fruits

*****

每位NT$2,000外另加百分之十服務費
NT$2,000 per person plus 10% service charge

資料來源：台北圓山大飯店。

的上餐菜式及道數讓外場服務的管控輕鬆許多等內部管理因素，也是造成套餐爲業者接受度強的重要條件。

(三)混合式菜單

爲了讓消費者更能接受套餐模式，及避免某些顧客忌諱或不吃的特殊菜餚（例如有些人不吃牛）造成困擾，特別將主菜（main course）設計爲多選擇性，某些菜色則是固定的（如開胃菜、麵包或甜點等），稱爲混合式菜單（combination），最具特色的有目前在連鎖餐飲界內占有許多分店的台塑西堤餐廳，便是以七道西式精緻套餐（表5-7）而崛起。

二、餐廳供餐時間

(一)早餐菜單

許多連鎖咖啡廳及餐廳、五星級旅館針對顧客的需求及市場的趨勢，提供單點或自助型的早餐，其內容說明於下：

1.咖啡連鎖店或餐廳

針對都會型的上班族，提供優惠的早餐套餐，多數以西式爲主，內容爲土司（或各式的三明治）、養力蛋（白煮蛋）附上咖啡或紅茶，一份定價約從四十五元至九十元之間，讓顧客可以享有各種選擇。更有商家提出星期一到星期五每天不同的特惠套餐，爲了就是要緊抓顧客的注意力。

2.連鎖中式早餐店

台北地區最大的中式早餐連鎖店應該屬「永和豆漿」，其販賣的內容爲國人喜好的豆漿、燒餅、油條、水煎包、飯團、各式燒餅類等。另外，清粥小菜近年來因食用人口減少，許多店家無法生存，只剩下少數經營宵夜至清晨的餐廳及攤販等，充分說明了國人飲食習慣的改變牽動了餐廳經營項目的趨勢。

3.旅館

台灣多數的旅館爲了方便旅客用餐及增加營收，都會設置提供早餐的餐廳，其早餐的方式不外乎以下幾種類型：

(1)套餐式：主要的菜單可區分爲歐式、美式、中式及日式等。茲舉例說明如下：

表5-7 混合式菜單

西堤七道西式精緻套餐

開胃菜（晚餐提供）
Appetize
*****

方塊麵包
Bread
*****

前菜（焗烤蘑菇）
Antipasto
*****

沙拉（三選一：鮮蝦洋芋／水果／羅美生菜）
Salads（Three Selections）
*****

湯（四選一：牛肉清湯／海鮮清湯／
杏鮑菇南瓜濃湯／蛤蜊濃湯）
Soups（Four Selections）
*****

主餐（七選一：原塊牛排／米蘭香烤豬腿排／
法式魚排／法式烤雞／烤羊膝／歐式烤豬腳／南極冰魚）
Mains（Seven Selections）
*****

甜點（三選一：覆盆子慕思／香榭奶酪／
巧克力袋冰淇淋）
Desserts（Three Selections）
*****

飲料（七選一：紅豆翡翠冰沙／巧酥冰咖啡／鮮蔬果汁
／品鑽蔓越莓／香桔檸檬蜜／熱水果茶／熱咖啡）
Mains（Seven Selections）
*****

每位NT$430（午餐）外另加百分之十服務費
每位NT$480（午餐）外另加百分之十服務費
NT$430（lunch）per person plus 10% service charge
NT$480（dinner）per person plus 10% service charge

資料來源：王品西堤餐廳。

A. 美式早餐　NT$480

　　任選柳橙汁、葡萄柚汁、西瓜汁、季節果汁或水果盤。

　　蛋兩個（作法任選），附火腿、培根或香腸。

　　任選丹麥麵包、牛角麵包、小麵包或吐司附奶油及果醬。

　　咖啡或茶。

Choice of Orange, Grapefruit, Watermelon Juices, Juices from fruits in season or Fresh Fruit Platter.

Two Farm Eggs （Any Style） with Ham, Bacon, Sausage.

Selection of：

Danish Pastries, Croissants, Rolls or Toast,

Served with Butter, Jam.

Coffee or Tea.

B. 歐式早餐（continental breakfast）NT$420

　　任選柳橙汁、葡萄柚汁、西瓜汁、季節果汁或水果盤。

　　任選丹麥麵包、牛角麵包、小麵包或吐司附奶油及果醬。

　　咖啡或茶。

Choice of Orange, Grapefruit, Watermelon Juices, Juices from fruits in season or Fresh Fruit Platter.

Selection of：

Danish Pastries, Croissants, Rolls or Toast,

Served with Butter, Jam.

Coffee or Tea.

C. 中式早餐（Taiwanese breakfast）NT$480

　　任選柳橙汁、葡萄柚汁、西瓜汁、季節果汁或水果盤。

　　清粥（或豬肉粥、魚肉粥）及各式配菜。

　　豆腐及小魚乾。

　　蒸籠點心。

　　茉莉花茶或烏龍茶。

Choice of Orange, Grapefruit, Watermelon Juices, Juices from fruits in season or Fresh Fruit Platter.

Congee (Plain or with the Choice of Pork, Fish) and Condiments.

Bean Curd with Crispy Silverfish.

A Basket of Assorted Dim Sum and Steamed Pork Bun.

Jasmine Tea or Oolong Tea.

D.日式早餐（Japanese breakfast）NT$500

任選柳橙汁、葡萄柚汁、西瓜汁或季節果汁或水果盤。

豆腐味噌湯、炭烤鮭魚和菠菜。

白飯及泡菜。

日本綠茶或烏龍茶或茉莉花茶。

Choice of Orange, Grapefruit, Watermelon Juices, Juices from fruits in season, Fresh Fruit Platter.

Miso Soup with Tofu, Seaweed and Scallion, Grilled. Salmon with Spinach.

Steamed Rice and Pickles.

Green Tea or Oolong Tea or Jasmine Tea.

(2)自助餐式：例如某五星級旅館義式自助早餐主要的菜餚內容舉例說明如下：

A.沙拉吧：美生菜、紫色高麗菜、小黃瓜、冰涼苦瓜、甜玉米粒、櫻桃蕃茄、蘿蔓生菜等（附上調味醬：法式沙拉醬、千島醬、意大利醬、主廚特調醬等）。

B.前菜類：煙燻鮭魚、蛋黃洋芋沙拉、義式春雞沙拉、火腿醃花椰菜、義式生牛肉片等。

C.現場烹煮類：煎蛋、蛋捲、煎餅類等。

D.麵包類：各式旅館精緻手工麵包、土司、可頌、義式長條麵包等。

E.主菜類：義式香腸、火腿、培根、烤豆子、薯餅等。

F.季節水果。

G.咖啡、茶、果汁、牛奶。

186

H.其他例如麥片等。

(二)午餐菜單

　　因應目前用餐的趨勢，許多中西餐廳及連鎖咖啡廳為了方便顧客的選擇及用餐的速度都設計了定餐，日式料理餐廳則多採用多樣化的定食菜單（提供生魚片、炸豬排、鰻魚、炸蝦等主食再附上湯、沙拉、小菜、咖啡茶等），而極具日式風味的咖哩連鎖店更推出所謂的套餐及全餐的不同選擇，讓消費者可以隨心所欲地挑選適合自己份量及荷包的午餐（表5-8）。

表5-8　咖哩午/晚餐套餐菜單範例

歐品咖哩（Opium Curry）

採用新鮮蔬果的自然甘甜，再調以香濃的純巧克力。滋味香濃馥郁，爽口不膩！輕微的香辣由內而外，帶出經典的歐風咖哩口味。

歐品雞肉咖哩
上選去骨雞腿肉加上香甜的蔬果和香蕉，再調上香甜的純巧克力！
OPIUM CHICKEN CURRY⋯⋯⋯單點170／套餐260／全餐300

歐品牛肉咖哩
精選牛腱及新鮮的蘑菇和蔬果，再調上香甜的純巧克力！
OPIUM CHICKEN CURRY⋯⋯⋯單點195／套餐285／全餐325

肉末咖哩
細細的肉末，沉浸在充滿幸福滋味的香料裡，伴奏出令人齒頰留香的好味道，讓您意猶未盡。
HOMEMADE CHOPPED PORK CURRY⋯⋯⋯單點170／套餐260／全餐300

以上套餐皆包含沙拉、湯、主餐、冷/熱飲料
全餐另附手工甜點（咖啡／紅茶／果汁／烏龍茶）
All sets include salad, soup, main course and beverage
(Coffee, tea or juice)
Not include dessert.

資料來源：欣葉連鎖餐廳咖哩匠。

　　另外，許多連鎖超商更積極搶食午餐市場，連續推出經濟可口的便當特餐（附送飲料等），中西速食業者也加入午餐戰場，推出不同組合的套餐，爲消費者提供更多的選擇。

(三)下午茶菜單

　　下午茶流行的源頭起於台灣股市的盛行，許多五星級旅館更因此風而增設下午茶的相關餐廳，雖然目前因爲景氣不再且消費者重視養生觀念，但仍有許多餐廳推出精緻的下午茶特餐來吸引人氣，例如許多業者將星期一或三定爲淑女日，只要是女性消費者用下午茶一律半價優惠，目的就是要讓下午茶的人氣回流。通常下午茶的設計多爲套餐式（如英式下午茶的內容爲簡式三明治、蛋糕或手工餅乾及各式英式茶飲）、自助餐式（內容多爲沙拉、三明治、蛋糕、簡單的中西式料理、水果及各式飲料等）或是部分連鎖咖啡廳推出的下午茶優惠專案（點蛋糕飲料半價、定額特價或每日特餐）等。

(四)晚餐菜單

　　晚餐生意一向是各家餐廳的經營重點所在，因應家庭聚餐、商務宴客或是各式酒席，所有的正式菜單（包含單點菜單／複合型菜單／全餐菜單／晚餐菜單等）都會在此時推出，而商務型或是經濟型特餐菜單在晚餐時段多半不供應，以避免影響餐廳的營收。此時餐廳的菜單上也都會附上各式酒單及飲料單，來提供顧客更精緻及多樣化的選擇。

三、依據餐廳供餐地點、用餐年齡及特殊需求

(一)用餐地點

　　餐廳或旅館針對不同顧客的需求及用餐地點的不同，提供特殊餐飲菜單，其內容說明於下：

1.客房餐飲菜單

　　針對部分房客喜歡在客房中用餐，幾乎所有的五星級旅館都會設置客房餐飲菜單（room service menu），其供餐時間多數是全天二十四小時，內容涵蓋早餐、午餐、下午茶、晚餐、宵夜、各式飲料及酒類等。由顧客打電話到客房餐飲部或櫃台等部門，再由服務人員推餐車至客房爲顧客服

務。客房餐飲菜單的菜餚多以簡單為主，以避免因運送過程及時間的影響，而讓菜餚失去應有的品質。

2.俱樂部或貴賓菜單

許多高級旅館或俱樂部為提供會員及貴賓不同等級的選擇，在俱樂部或貴賓樓層設計不同的菜單（club menu or VIP menu），以彰顯其獨特的尊貴感。

3.宴會菜單

宴會是餐廳及旅館主要收入之一，其被重視程度由許多旅館或餐廳都設置有宴會部或宴會專屬人員可見出端倪，而國外更將此部分視為專業管理的一環。宴會菜單（banquet menu）內容可分為喜宴菜單（表5-9）、會議菜單、商業菜單及各式宴會菜單等。部分大型宴會也會針對顧客活動的特殊需要而量身訂作自助式菜單（表5-10）。

4.外賣菜單 （take out menu）

外賣菜單以往多為速食業者為方便顧客點購時所特別設計的菜單（最具代表性的是披薩的外送及外賣菜單），但目前因應市場的趨勢，許多餐廳也漸漸設計適合餐廳風格的外賣菜單，或是將外賣的商品以較低的價格（如八折等）來吸引顧客，而許多飯店在SARS後逐漸增加外賣的項目來搶攻這塊大餅。

(二)用餐年齡

目前台灣餐飲業針對特殊年齡的屬性來區分菜單並不常見，多數餐廳或旅館依據不同年齡的需求提供特殊設計菜餚餐點，有：

1.兒童餐

針對兒童的用餐份量、營養成分、喜愛菜餚等因素來設計兒童喜歡的菜色，例如所有西式速食餐廳就有設計精美的兒童餐（kid's meal），餐點的內容會包含主餐（炸雞、焗烤類、小漢堡等）、薯條、飲料及具有蒐集性的玩具等，不但可以增加餐廳整體銷售金額，更突顯了餐廳的對外形象。在台灣餐飲業最常被提出的成功案例就是「麥當勞」，許多小朋友（甚至大人）因為喜歡玩具而點購兒童餐，最有名的玩具就是造成全台轟動的"Hello Kitty"系列。

表5-9　婚宴菜單

満堂吉慶（乳豬、蔥油雞、燻鵝、花枝）
Combination of Roasted Suckling pig.Scallion Chicken,Smoked Goose and Cuttlefish
*****

花好月圓（可口炸湯圓）
Deep fried Sweet Sticky Rice Ball
*****

福陞高照（蒜味銀針龍蝦）
Stearned Hafl Lobster and Glass Noodle with Garlic Sauce
*****

鴻運當頭（X.O醬龍貝）
Braised Sunfish with X.O. Sauce
*****

瑤池良緣（原盅雪蛤墩排翅）
Braised Shark 's fin Soup with frog Belly
*****

翡翠玉龍（碧綠海參鮑）
Braised Sliced Abalone with Sea Cucumber
*****

金枝玉葉（清蒸紅魚）
Steamed Greuper with Scallion Soya Sauce
*****

福祿滿堂（掛爐蒜香雞）
Roasted Chicken with Minced Garlic
*****

蟠龍吐珠（錦繡佛跳牆）
Braised Spare Rib with Shredded Bamboo Shoot, Sea Cucumber and Taro in Soup
*****

一團和氣（什錦魚翅餃、草莓椰香糕）
Pork Dumpling with Shark 's fin on Top and Strawberry Coconut milk Cake
*****

相敬如賓（椰香馬蹄露）
Sweet Coconut and Water Chestnut Soup
*****

滿園香果　（四季水果盤）
Seasonal fruit Platter
*****

每桌NT$22,000外另加百分之十服務費
NT$22,000 per table plus 10% service charge

資料來源：六福皇宮大飯店。

表5-10　自助式菜單（B.B.Q.晚會特殊菜單）

碳烤主食類

紐西蘭大生蠔、串燒草蝦、蒜味羊排、紙包鱈魚、棒棒腿、豬排骨、玉米條、
茭白筍、青椒串、牛小排、香魚、香菇串、秋刀魚、培根串、熱狗、貽貝等。

冷盤類

煙燻鮭魚、和風生牛肉、海鮮盅、生魚片（鮭魚、鮪魚、鯛魚、旗魚等搭配白
蘿蔔絲／洋蔥絲／日式芥末／醬油）、白蘭地汁彩椒小章魚、蔥汁紅油蹄筋、生
蠔、淡菜、蜜瓜燻鴨胸、德式冷肉盤、冷鮮草蝦盤等。

沙拉吧

新鮮蘆筍、蘿蔓生菜、美生菜、紫色高麗菜、小黃瓜、涼拌苦瓜、甜玉米粒、
櫻桃蕃茄、洋芋沙拉等。

調味醬

凱撒沙拉醬、油醋沙拉醬、千島沙拉醬、主廚特調醬等。

湯類

海鮮濃湯、現烤酥皮濃湯、綠竹筍排骨湯等。

熱菜

起士焗海鮮、什錦燴海參、季節蔬菜、法式嫩春雞、蟹肉鑲豆腐茶碗蒸、黑胡
椒牛柳、碳烤彩椒紅魚、歐式燴羊肉、烤香草孔雀蛤、鮮魚洋芋派、糖醋豬
柳、鳳梨飯、千層麵等。

冰品八種、甜點吧八種

新鮮季節水果八種

咖啡、茶、啤酒、汽水、可樂（無限暢飲）

此外，部分國外連鎖性餐廳也有兒童的套裝菜單，贈送具有餐廳標識
的玩具、圖畫紙及蠟筆等紀念品。

2.老人餐

雖然台灣的老人人口數逐年增加，但是餐飲業針對老人所設計的菜單
卻是少之又少，原因大概是中國人注重飲食的習慣並無因年齡增加而降
低，再者現今社會中老年人外食人口數及平均消費額並不高，且其所需的
餐點賣相較差，不容易銷售給別的消費群等原因，許多業者並未正視這塊
市場。

而在國外老人餐（senior's meal）的規劃已經行之有年，其菜單內容因應老年人的身體狀況來設計，菜餚具有低熱量、容易嚼食、高鈣、高纖維、少糖、少鹽、多種類蔬果等的特色。

3.仕女餐

台灣的五星級旅館及高級餐廳近年來吹起一股仕女風，其原因不外於目前都會仕女逐漸為台灣高收入族群、經濟狀況佳且消費能力強、對健康及精緻飲食的需求量大，同時對於高單價的餐食接受度也相當高等。餐飲業者看中這一個潛力市場，積極地推出各種適合女性消費者的餐點（lady's meal）及費心地設計特殊折扣日（例如許多旅館會選擇週一至週五的某一天定為「仕女日」，只要是女性消費者就可以享有折扣），只為了得到消費者的青睞。

一般而言，有機、健康、美容養顏、養生、低熱量及設計精美的餐食都是業者推出仕女餐的特色。

(三)特殊菜單

目前台灣餐飲業使用特殊菜單多數限於特殊消費族群所設計的餐點，其所構成的因素多為宗教信仰等原因，茲說明如下：

1.素食餐

台灣茹素的人口逐年增加，除了宗教（佛教）的原因外，有許多人是因為身體健康的新觀念影響下，減少或不再進食肉類。這股風潮可由滿街的素食餐廳及五星級旅館也設置素食餐廳的趨勢看出；另外多數餐廳會特別設有素食餐（vegetarian's meal）供應有需要的消費者，在各種宴會及聚餐也常會準備素食桌或素食套餐等。

2.宗教餐

針對不同宗教信仰者有不同的飲食禁忌，餐飲業者在為顧客設計宗教餐（special's meal）菜單時需要特別注意：

　　(1)回教（Muslim）：在可蘭經中被定義為「不潔之物」的豬肉及其
　　　　所有相關的製品（如火腿、香腸、熱狗及各式的調味料如豬油等）
　　　　是禁止被回教徒食用的。

　　(2)印度教（Hindu）：牛在印度教徒眼中是一種神聖的動物，對於無

比尊貴的牛及其相關製品是絕對被禁止食用。另外在台灣過去的農業社會，有許多人因牛爲耕種的夥伴，所以不吃牛肉，雖然目前很少使用牛耕種，但此傳統延續至今仍有許多人習慣不吃牛肉。

(3)猶太教（**Kosher**）：猶太教因「舊約聖經」中規範許多不可以食用的食物如豬肉、兔肉、無鱗無鰭的魚貝類等，另外可食用的肉類與乳製品不可同時烹調（例如牛肉不可以與奶油一起調製）。也因其規範較繁瑣，許多旅館或餐廳在接待猶太教徒時，都非常小心與客人研討菜單，以免一個不小心就犯了其禁忌而得罪顧客。

專欄
5-1　最新菜單的流行風潮

　　菜單由最初開始的「告知」作用，發展到爲餐廳不可或缺的行銷工具、裝飾品、餐廳整體形象的表徵等功能，充分地説明了餐飲業發展的過程及趨勢。兹將目前台灣餐飲業界對菜單製作的最新走向及流行風潮分析如下：

菜單為對外重要的宣傳工具

　　許多餐廳將菜單設計成傳單、店卡（restaurant card）、口袋型菜單等，最重要的目的在宣傳及在消費者心目中留下深刻的印象。此外，有些餐廳會將知名的主廚及其招牌菜單，製成重要的宣傳資料，除了可以提升餐廳的整體知名度，更可爲菜餚本身增加點用率。

具有餐廳獨特風格的設計

　　以往菜單只具代替性及溝通的功能，很少業者會花大錢請專業的形象設計顧問公司來作一系列的設計，但是目前企業講求的是一種專業品牌的形象，所以相對的店招、餐廳整體裝潢、企業所有的識別系統等對外的宣傳工具，更需要有專業人士來作一系列的設計。例如由

麗緻管理顧問公司設計部門自行開業的「壹體創意顧問」，就是打出餐旅業的「品牌的造型師、行銷的支力點」，來為餐廳塑造出不同的風格。

　　許多餐廳將「掛牌式」的菜單，利用設計師巧妙的安排與內部裝潢結合，不但可以達到告知顧客的作用，更突顯出餐廳特殊的設計風。

菜單形式及內容的多樣化

1. 公司形象的塑造及專業的呈現，由菜單製作的用心度就可在無言的溝通中傳遞給消費者。
2. 使用活頁性的設計，可提供餐廳隨時增加或插入最新或時令的菜單。
3. 運用菜單對菜餚本身材料的特點、製作的精緻感、具有文學故事傳奇性的色彩及各種主廚精心創意的菜餚等特色的描述，來突顯餐廳的專業形象，讓顧客更有向心力。
4. 圖文並茂的簡單呈現，有時可造成不同的吸引力。
5. 具有餐廳特色的捲軸、國畫、扇形及特殊設計的各種摺疊式菜單，是提供國內外顧客保存的最佳紀念品。

 # 第二節　菜單的定價策略

　　菜單的定價是整體菜單規劃的最重要環節，因為它對外具有影響餐廳的競爭力、餐廳經營的能力及顧客接受度等的因素，對內則是各項成本分析、服務等級、菜餚的精緻等的象徵，所以有人說菜單上的價格是一家餐廳對自我的評價，真是一點也不為過。

　　以往餐飲業者視菜單上的各種價格為商業機密，但因為目前資訊的流通及網路的使用習慣，許多餐廳業者也已經把菜單視為一種宣傳工具，價格的隱密性不再為業者所在乎。所以，菜單的定價策略更必須結合許多

主、客觀因素詳加規劃，才有辦法在公開、競爭的餐飲市場上突顯自己的特色，取得消費者的認同。

制定菜單價格需考慮的因素

一、市場的競爭及趨勢

　　菜單上的價格必須要有市場競爭力，否則以業者觀點自以為是的售價，不但跟不上潮流，也無法滿足現在顧客「貨比三家」的消費習慣，更容易輸掉同業間的價格戰，不得不謹慎！

(一)整體經濟的局勢

　　目前台灣的餐飲售價大體而言有兩種發展的趨勢，就是高單價及低價位的兩極戰。雖然經濟不景氣，但是再貴的菜都有人吃，不然就是利用低價來促銷，所以在制定菜單價格時必須注意此趨勢。

(二)同業間的競爭優勢

　　對於將開業的餐廳，菜單的定價最重要的考慮因素為「同業間的市場優勢」，尤其是與名氣較大的餐廳相互競爭，相同菜餚的售價就必須經過詳細的市場調查及分析，作為餐廳定價的基準。

二、餐飲成本及相關的費用

　　菜單上的定價是以各種菜餚及飲料的成本再加上餐廳的利潤來制定的。其價值在餐飲經營管理包含以下層面：

(一)食材分析

　　一般西式或大型連鎖餐廳多數會有所謂的「標準食譜」（standard recipe），例如一份菲力牛排的成本價算，應該先有其材料成分及標準份量（standard portion）：菲力牛排幾兩、洋蔥幾克、各種配料等詳細的資料，才有辦法真正精算出材料成本。

(二)製程分析

　　菲力牛排的整個製作過程中所需耗費的相關材料，例如油、奶油、醬

油、鹽、酒等的份量。

三、其他相關的營運費用

菜單上的定價除了依據菜餚及飲料的成本外，更須考慮其他相關的營運費用：

(一)人力成本

包含員工薪資、各種福利、津貼、加給、勞健團保費用、勞退提撥、獎金、加班費及退休金等人事成本的付出。

(二)各種管銷費用

包含租金、水電及燃料費、各種器材分攤折舊及維修費、辦公及各種廣告行銷費、稅金及銀行利息費用等。

四、經營利潤

此部分是經營者最重視的一部分，畢竟餐廳是一個營利事業體，利潤的達成不但可為餐廳創造經營的績效，更確保餐飲從業人員的工作權益。

利潤的取得考驗著經營者的智慧，是要採用高利潤低銷售量、還是低利潤高銷售量的定價策略，除了餐廳定位及菜餚特色具有相對的影響外，市場及消費者的接受度才是絕對的評量標準。

菜單定價的策略運用

一、以餐廳各項營運成本為依據

(一)成本倍數法

利用實際上的成本（食物原料、人事費用、管銷費用）計算所得的數字，再以假設的或公司設定的成本率及獲利率來推算出菜餚的定價。例如某西餐廳：

某道菜餚食物原料成本為　　　　　　　　100　（元）

某道菜餚人事費用為　　　　　　　　　　30　（元）

某道菜餚管銷費用為	30 （元）
此道菜餚餐飲成本共為	100＋30＋30＝160 （元）
假設主要的成本率為	70％
假設主要的成本倍數為	100％ ÷70％ ＝1.42 （倍）
主要成本額 ×倍數＝售價	160×1.42＝227 （元）

　　由上例可得知本定價法最重要的依據爲菜餚的食材成本、人事費用及管銷費用，所以餐廳本身必須要有精細的標準食譜及各項成本的精確管控爲計算的基準，否則很容易將定價定的過低或過高。

　　但是，對於餐廳經營者而言，某道菜餚的人事及管銷費用變數非常多，很難單獨計算出，所以此法的實用性並不高。

(二)預估利潤及成本計價法

　　多數的餐廳爲獲取基本的利潤，維持餐廳的運作正常，菜單上菜餚定價利用預估的營運成本，再加上想要獲取的利潤，即可計算出各種菜餚的最基本定價（中西餐廳因爲營運特點的不同，獲利的基準也不同，參考表5-11）。

表5-11　中／西式獨立餐廳成本結構分析

項目	中式餐飲百分比（％）	西式餐飲百分比（％）
食物原料	28	25
人事費用	27	25
房租、廣告促銷、營運等管銷費用	25	25
主要的成本率	80	75
合理利潤	20	25

　　依據表5-11上的中西式獨立餐廳預估以下數字。例如某中餐廳：

某道菜餚食物原料及相關製程成本為	100 （元）
基本的售價應為（100 ÷0.28＝357）	357 （元）
以此反推可得	
人事費用必須控制在	96 （元）

其他管銷費用也必須低於   90 （元）

所以餐廳就可得合理利潤   71 （元）

由上例可知本計價法最重要的精神是依照菜餚本身的價值來推算售價，所以餐廳必須要具備完整的標準食譜，並擅於管控各種食材及製程成本，不然利潤就會相對地被壓縮。

二、以市場的競爭性為主要訴求

(一) 以低價來攻占市場

許多新開幕餐廳為了一舉攻下現有的同業市場，通常在開業之初一定會採取低於同業或市面的定價來招攬顧客上門，只要餐廳營運量大，往往可以壓低採購成本，相對的就可以維持相當的利潤。

此種定價趨勢在台灣面對SARS後就被餐飲業廣為採用，這是一種定價策略競賽，尤其在台灣餐飲市場已經呈現飽和的狀況，消費者自然而然就會認定，「平價的消費時代」已經來臨了，業者也必須要有絕對的認知。

(二) 混合型定價法

針對主打或是市場較競爭的菜餚，許多餐廳使用「釣魚菜單」的方式來定價，以超低的定價法先將顧客吸引來店消費，只要消費者上門，餐廳就有賺錢的機會。再將主廚特別設計或是獨門的菜餚介紹給客人，消費者考慮釣魚菜單上的菜餚十分便宜，相對地點用其他菜餚的機率就會增高，這一類高利潤菜餚就可以彌補低價的損失。然而因此增加了餐廳的營業額及人氣，才是經營者所樂見的。

三、其他定價法

(一) 以經營者的認知為基礎

許多經驗豐富的餐飲經營者，對於定價除了精算成本外，更憑藉多年的經營心得及顧客的期望等因素，來制定餐廳菜單的售價。

(二) 以市場或流行的售價為定價

目前微利時代的流行風也悄悄地吹入了餐飲業，許多連鎖餐廳或咖啡

館對於定價所採取的策略，讓消費者有平價的感覺，例如以「誰說三十五元沒有好咖啡」闖出名號的「壹咖啡」，在短短幾年內就在全省開拓不少連鎖店；而九十九元下午茶吃到飽也是很流行的售價口號。這就是採用市場流行及薄利多銷取勝的多元化定價策略來攻占市場。

(三)以市場領導者立場來定價

　　針對自我開發的業種或是獨占性較高的菜單，經營者往往以市場領導者的角色來定價，不但可以獲取相當的利潤，更可以贏得消費者對品牌的肯定。

專欄 5-2　十種讓人不敢領教的菜單

　　本章內容一再強調菜單在餐廳經營的重要性，但相當諷刺的是眾多餐廳菜單的現狀，卻是令人不敢恭維，原因出在菜單設計人員的疏失及現場管理者的不重視。業者花了大筆鈔票宣傳卻忽略了菜單也是一種相當重要的行銷工具，十分可惜！

　　以下列出十種讓消費者反感的菜單，經營者不得不深思：

1.菜單的外觀破舊不勘，令人食慾大減：菜單必須經常性地保持外觀的整潔，必要時要更換菜單來維持餐廳的形象。

2.菜單的編排不夠人性化，或是字體過大過小，讓顧客不易閱讀：有些菜單的設計者沒有以消費者的觀點來編排菜單，一味講求美感卻忽略了菜單的最基本功能——提供消費者閱讀。

3.菜名措詞不當，如讀天書也沒有任何解釋或說明：有些菜單咬文嚼字使用美麗的詞彙，卻忘了菜單的溝通角色；另外部分傳統中菜使用具有典故的菜餚名稱，頗具詩情畫意的用餐感受，如果可以加上菜餚內容的介紹，消費者的接受度應該會更高。

4.菜單上的文字（中／英／日文等）錯誤百出，讓人啼笑皆非：有些高級旅館或餐廳為了讓國際性旅客看得懂菜單，往往會加

註英／日文，立意非常好，但是應該仔細核對外文的合適性及拼字的正確性，以免造成誤解或鬧笑話。

5. 菜單的售價左塗右改，讓消費者印象不佳：許多餐廳因為售價的更動又捨不得換菜單，以致於菜單上的售價以修正液、手寫或是貼標等方法來呈現，令人印象不佳。如果菜單的造價不高，為了整體形象的呈現，必須要更新菜單。許多餐廳使用可抽取式的菜單，不需整份換掉，是一種比較具經濟效益的設計。

6. 菜單的菜餚與圖片不吻合，或是圖片過分誇大，令消費者有被欺騙的感覺：有些餐廳為了增加點菜率，會將菜單設計成圖文並茂的精品呈現，但是應該注意圖片要儘量與實物相同，若是有不同的配菜或是調整菜餚的盤飾，也必須在菜單上仔細註明，以避免有欺騙顧客的嫌疑，而引發不必要的消費糾紛或客訴事件。

7. 菜單的分類不夠明確，增加顧客點菜的困難度：如果餐廳菜餚的種類繁多，就必須依照消費者點菜習慣、上菜的次序或是餐廳服務的特色等因素，有次序地編排菜單，讓顧客會更方便。

8. 多種菜單（主菜單／飲料單／酒單／招牌或主廚特選菜單等）規格不一，給予顧客管理零散的不良印象：整體性的菜單應該要有一系列的規劃，不要每種不同的菜單有不一樣的規格，不但不易保存，更會給顧客設計不當的錯誤印象。

9. 菜單的數量不夠，造成點菜的困擾：有些餐廳可能因為菜單的數量不夠或是菜單的價值較高不輕易多拿，所以常常一桌只提供二份菜單，不但增加顧客的點菜困難，更有可能減少顧客的點菜率。其實，餐廳的管理人員在制定服務操作的流程，應該要多為消費者思考，而不是一味地只想到餐廳內部的運作，因為自己方便就會造成顧客的不便。

10. 菜單的內容不夠明確，顧客難懂，服務人員疲於解説：有些餐

廳將菜單簡單化，雖然讓消費者容易閱讀，但卻造成不是常客的消費者不易了解菜色的特點，不知如何點菜，更讓現場人員疲於解說，造成管理上的困擾。

第三節　問題與討論

在專欄5-2中曾經討論過十種令人不敢領教的菜單現狀後，餐廳經營管理者實在應該多花些心思在菜單的制定上。以下個案將針對制定菜單時的重要因素及步驟作深入的探討。

個案研究：制定菜單的步驟及應注意事項

菜單的重要性由本章中的許多重點可以得知，所以業者在制定菜單時應採用周嚴及條理的方法來設計，才有辦法為餐廳贏得消費者的青睞。在本個案研究中將以菜單規劃的步驟來說明，讓經營者更清楚每一個環節及注意事項。

一、經營者的市場定位及餐廳內外場專業的評估

(一)依據餐廳經營者想要呈現在消費者眼前的菜餚特色

例如設定一家義大利餐廳的菜單，應該思考是以道地的傳統義大利菜色，還是想要突顯自我創意的新義式料理為主要的定位。

(二)菜系本身在市場上的流行趨勢

例如目前的川菜，在台灣以主廚創意菜聞名遐邇的Kiki老媽餐廳，便是以許多創新的菜色再度讓川菜回流台灣餐飲業。

(三)主廚專業能力的自我挑戰及評估

菜單是主廚活躍在餐飲舞台上的最重要劇本，也是其專業精髓的呈現，所以設計菜單的團隊中，主廚應該是主要的規劃者，否則很容易失去

餐廳菜餚的靈魂。

(四)餐廳外場所能提供的服務方式

　　例如一家法國料理餐廳，傳統外場桌邊服務的能力關係到整體菜單制定的方向。

二、掌握顧客的消費習性

(一)消費市場調查

　　以多方面的同業市場調查爲基本資料，再加上主管及廚師的同業試菜報告爲參考的重要依據。

(二)蒐集消費者習性

　　可針對餐廳設定的消費族群，設計有關的消費習性調查表，委託顧問公司蒐集相關資訊，或是由業務行銷人員以電話訪問等方式來蒐集有用的資料，作爲菜單設計的方向，可加強菜單的實用性。

三、分析相關資料及去蕪存菁

(一)建立基本的菜單品項

　　由以上兩個重點得到的各種菜單項目分類一一列出。

(二)以逐次刪去法的方式來保存最佳項目

1.實用性

　　首先應該站在消費者的角度來看這一份菜單。許多餐廳總是一廂情願地設計顧客「應該」可以接受的菜單，或是以內部人員的意見爲主，這都是規劃菜單時的盲點。最好的方式應該以主力市場的消費群爲意見的來源。

2.合宜性

　　對於主廚所提出的各種菜單，應該再就現有餐廳廚房的設備、廚師的烹調能力、外場的服務實力、採購的方便性及各種時令季節等因素，由專案小組人員（建議組成的人員爲主廚、店長、外場有經驗點菜人員及熟悉的顧客或顧問等）負責選擇最適合的菜單項目。

3.標準性

由上述兩個方法選擇出初步的菜單，再由主廚率領相關廚師逐一烹調及由專案小組人員試菜提供建議後定案，依此建立每一道菜餚的標準菜單，並作為定價、菜餚品名、菜單文字書寫及呈現的依據。

四、設計菜單

(一)菜單外觀應該融入餐廳的整體設計

一般餐廳菜單的設計往往忽略了與餐廳整體裝潢結合，有的甚至隨便套用同業的菜單，只做部分的修改，讓菜單失去了最佳表現的舞台，十分可惜。五星級旅館因重視整體形象，通常會運用餐廳及旅館的特色，有技巧性地融入菜單的外觀設計。

(二)菜單的內容兼具簡單實用及格式化

1.簡單實用的特性

一份好的菜單內容應該具備容易閱讀、一目了然及言之有物等簡單實用的特性。

2.標準格式化

同一菜單內容最好具有標準格式，除了讓顧客在閱讀菜單時有脈絡可循外，也可以方便現場的管理及員工的教育訓練。

(三)運用菜單的內文闡述公司的理念及其他具有宣傳的文案

正如本章中敘述菜單的功能之一「文宣的角色」，利用菜單的封面等明顯的地方放入餐廳的經營理念或菜系的起源及菜餚的風味等，將有助於提升顧客對餐廳的整體印象。

(四)決定菜單所要採用的材質、格式及內文的編排

五星級旅館及大型餐廳因有美工設計部門，所以自有一套有系統的視覺系統（VI）設定。一般餐廳則多依照經營管理者的喜好、菜單的流行趨勢、廠商的制式菜單設計等因素，選擇菜單的材質、格式及內文的編排。

(五)運用電腦科技編製菜單

目前將菜單送到印刷廠逐一製作的餐廳越來越少了，因為傳統的美工排版及印刷方式曠日費時，所需耗費的人力及成本不低。另外，拜電腦的

方便性及所具備的美工功能越來越強，再加上許多高畫數的數位相機拍攝的菜餚圖片並不輸傳統的照相效果，讓菜單隨時可以有圖文並茂的最佳效果。提供業者隨時修改菜單內容、定價等功能，並解除業者因要節省成本而隨時塗改菜單的窘境。

五、評估使用量

以往菜單的印製成本高、製作時間長、菜單需要時常更換等因素，讓業者每次只製作少量的菜單，導致外場的主管深怕菜單遺失影響營運，於點菜服務時因菜單不夠而造成顧客閱讀的不便及抱怨。既然菜單的重新製作不再艱難及費時，管理者應就餐廳的規模多製作些備用的菜單以利餐廳運作的順暢。

六、定期評估及修正菜單

餐廳的經營者應該定期檢討及評估菜單的實用性，目前業者採用的方式有：

(一)建立菜餚銷售量排行榜

目前許多餐廳採用POS點菜系統，針對每一種菜餚的點用率及銷售額都有非常詳細的紀錄，不但有助於餐飲經營者了解消費者的習性及流行的飲食潮流，更可以做成菜單評估時的重要依據。對於顧客喜歡的菜餚應該想辦法多方面的研發；另外乏人問津的菜餚必須了解真正原因為何，再評估是否列入淘汰的項目中。

(二)彈性推出時令（季節性）及主廚特選菜單

如果不是很常更換菜單，必須定期推出不同的菜單（含季節性及主廚精選二大類），因為可以讓顧客對餐廳常保新鮮感，同時也讓廚師們常動腦設計菜餚來培育其對菜餚的專業素養。

(三)隨時掌握同業的動向及不同菜系的流行性

身為餐飲的經營管理人員，必須隨時洞悉同業的走向，並經常性的到各知名的大型餐廳試菜啟發靈感，充分掌握餐飲的趨勢。

(四)重新評估餐廳內部的運作條件

1.餐飲的類型及走向

新餐廳常因不確定市場的走向，暫時定位於某種菜餚，待營運上軌道或不盡理想的銷售情況下，都必須重新評估菜單。

2.菜系的流行趨勢

消費者的口味是多變的，餐廳不應該只執著於菜系的正統或經營者的想法，應該將流行的趨勢作爲修正菜單的重要參考。

3.內部管理的改變

例如新設備的引進、設置中央廚房或是建立連鎖點等內部變動因素下，必須要重新評估舊菜單的方便性。

4.人員的聘僱及培育

許多傳統的中餐師傅常感覺到廚師的斷層，餐廳經營者必須提早做好因應對策，以免傳統的菜餚因老師傅的凋零而失傳。

問題與討論

凱莉是一家連鎖餐廳的行銷創意總監，最近爲了菜單的事情與餐廳主管槓上了！原因是該餐廳的菜單因爲老舊，常引起顧客的抱怨，凱莉重新制定餐廳的各項設定，主張更換菜單。這點餐廳的主管頗爲認同，問題出在要選擇那一種型式的菜單。根據行銷業務部所提出的構想，認爲舊式菜單每一道菜都要拍照，不但不符合時代的潮流，更容易因爲圖片的失眞而引起消費糾紛，所以主張採用五星級旅館現行的條列式菜單取代原有的菜單。

而現場主管則堅持採用舊式菜單，其主要的考量是因爲許多常客及慕名前來消費的顧客，經常詢問菜式內容及樣式讓現場主管不勝其煩，所以要求一定要有圖片讓顧客參考。而凱莉認爲菜單是整體形象塑造的重要指標，所以堅持要使用新式菜單的設計。

如果你是該餐廳的高階主管，請問你要如何解決這個爭議呢？

註　釋

❶ 高秋英著，《餐飲管理──理論與實務》（台北：揚智文化，1994年），71頁。

❷ 《日式自助餐標準作業程序》（欣葉餐廳，1999年）。

❸ 《亞都傳統》，亞都飯店員工訓練教材。

❹ 《咖啡館的理念──對外文宣》，客喜康咖啡館。

Chapter 6

餐飲服務的概念及規範

- 餐飲服務的概念
- 餐飲服務人員應有的服務技巧與須知
- 客訴抱怨處理的流程與技巧
- 餐廳品質的檢視技巧
- 問題與討論

照片提供：圓山大飯店宴會廳。

目前的餐飲市場競爭激烈，猶如群雄各踞山頭的江湖，如何在競爭的環境中脫穎而出，不但要有成功的市場定位、行銷策略、精緻美味的菜餚，最重要的是必須有一套迎合消費者需求的服務模式。制式的服務標準，已經無法跟得上顧客的腳步，唯有「超越顧客期望」的服務，才有辦法創造出獨樹一格的品味。

對顧客而言，到餐廳消費除了享受餐飲外，優質的服務更是一種附加價值的無形產品。以往的餐廳經營者總是將所有的精力放在菜餚的呈現，忽略了顧客最在乎的是整體感受，而服務往往才是最重要的關鍵。許多老闆無法理解為何經營的每一個環節都是最專業的，但是顧客卻不再上門，那是因為管理者沒有回歸原點思考，餐飲服務業除了提供餐飲外更應該有一定等級的服務。

總而言之，「服務」不但可以奠定餐廳的品牌基礎，更是提升形象及永續經營的最佳武器。

第一節　餐飲服務的概念

顧名思義，餐飲服務業是在顧客用餐時提供「最適切」的服務。然而，所謂「最適切」服務的定義應該為何呢？在本節中將有深入的探討。

餐飲服務的定義

一、何謂服務

依據美國餐廳協會執行副總裁比爾‧費雪對服務的定義如下[1]：

(一)精神與理念

企業所想要呈現的經營理念及服務的精神（spirit），必須要明確地制定及告知所有人員，作為整體服務的基礎架構。

(二)關懷心

關懷心（empathy）指能夠以客為尊、設身處地的為顧客著想，更要提升服務的等級到凡事想在顧客之前的非常服務（P.O.S.，即positively orageous service）❷。

(三)顧客反應機制

顧客反應機制（responsiveness）指建立一套顧客意見的作業流程，迅速及時地採取適當的行動，永遠比事後補救要有效。

(四)可見性

可見性（visibility）指讓顧客無時無刻地感受到被關心及注意，服務的過程中，作業流程的建立應該注重在員工與顧客的互動上。

(五)有創意性

有創意性（inventiveness）也就是對於顧客服務的標準，是以隨時注意消費趨勢及需求，來設定機動的服務策略，而不是以不變應萬變的方式來敷衍顧客。

(六)專業性

專業性（competency）指所有服務的呈現都必須經過精心策劃及專業的訓練，以確保品質的一致性。

(七)熱誠的心態

熱誠的心態（enthusiasm）指一顆對顧客關懷的心，遠勝過宮廷式的裝潢及山珍海味的佳餚。

二、服務的等級與顧客的需求

依據顧客對餐飲的需求，可區分為❸：

(一)生理上的需要

對於只求溫飽的餐飲，顧客會自動降低對服務的要求，此即為生理上的需要（physical needs）。例如路邊攤或小餐館的供食服務（有的甚至要求顧客以自助式方式進食），因為定價低廉或方便，顧客雖有不滿仍不會太過苛求。

(二)愛與歸屬性質

對於大眾型的消費市場（mass market），不管顧客的目的為何（朋友小聚、家庭聚餐、商務宴客等），被尊重、有愛心及具有歸屬感（love & belonging）的心理層面滿足，是此類客人所想要得到的，例如連鎖的家庭餐廳或獨立餐廳。一般而言，多數的經營者都以此類貼心如家人般的服務特質呈現。

(三)自尊及自我實現層面

對於金字塔頂端的精英市場（status market）消費群，顧客要求的是一種合乎身分地位的頂級服務，及超乎顧客期望的滿意度，也就是自尊及自我實現層面（esteem & self-actualization）。例如五星級旅館及高級餐廳，都必須要有合乎顧客要求的嚴格作業流程、細緻的服務及整體令人感動的用餐經驗。

餐飲服務的趨勢

一、不知不覺的時代已經過去

過去台灣餐飲業的通病是只要菜好吃，服務好不好是其次。經常引發顧客抱怨但卻依然故我老大作風的餐廳，已經逐漸被消費者所厭惡了！餐廳主管如果還存著提供三流服務的僥倖心態，那麼就必須要有隨時失業的準備。

二、後知後覺的經營模式岌岌可危

許多餐廳是等待有客戶抱怨時才處理，停留在「沒有消息就是好消息」（No news, mean good news）後知後覺的二流服務。雖然大家都是這種經營的風格，但是很難在消費者心目中留下深刻的印象，更不用談企業永續經營的春秋大夢。

三、先知先覺的服務先驅

在顧客還沒有說冷氣太冷時，專業的服務人員已經觀察到顧客的感受而主動將冷氣關小或提供換位服務，這種永遠想在客人之前的作法，已經成爲目前餐飲業競相追隨的服務趨勢。

專欄 6-1　餐飲業的祕密武器——服務、服務再加上超值（E-plus）的服務

正如同本章第一節中所討論的重點，因應目前買方市場的趨勢，一般制式的服務標準已經無法滿足顧客各種不同的需求，唯有超越（expectation plus）顧客期望的新式服務精神，才可爲餐廳開創出嶄新的未來！

在這種e-plus服務的模式中，它所應用的是一種人類特質心理學的基礎，產生一種雙贏的顧客關係。以下列出幾種使用個人行爲的特質，來達到超越顧客期望的技巧，不但可以爲企業奠定良好的服務基礎，更可以培養優秀的餐飲從業人員❹。

歡迎（迎接）顧客就像家人或朋友

許多餐廳對於迎接顧客的重視，已經由制式的「歡迎光臨」到自創的許多招呼語例如：「我可以爲您服務嗎？」、「李總經理，今天的氣色好極了！」、「聖誕節快樂，請問兩位有訂位嗎？」等較貼心的歡迎詞。

開場白的重要性

一家餐廳領台最差的開場白就是「請問有幾位？」，因爲顧客有可能會回答「你自己不會算嗎？」。用心及專業的服務人員都知道，有一

個好的開場白就會有好的開始，這時候應該要改爲「今天外面好熱，請先進來，可以爲你們安排兩個座位的位置嗎？」

尊稱客人的姓名

一位好的接待人員應該隨時記住顧客的姓名，對於「×小姐」、「張小姐」或是「張經理」的差別，讓顧客體會到你的細緻及用心。

誠懇及自在的讚美

許多服務人員會對顧客有言不由衷的敷衍性讚美，這種虛僞的心態往往由眼神或是語氣無形中顯露出，所以眞心、誠懇地讚美對方，會爲整個服務的過程中加添了溫馨的感動。

當與客人對話時須注視著對方及注意隨時傾聽

許多餐飲服務人員從不正眼望著顧客，原因不外乎害怕失禮、過於忙碌，或只是專注於自己手邊的工作，這些都是錯誤的態度。在各種服務的過程中，尊重顧客的專業人員會非常有技巧性地注視著顧客，隨時察言觀色，因爲唯有如此才有辦法洞悉顧客的需要，提供超越顧客期望的服務。

微笑

微笑是世界性的語言，也是化解陌生雙方的最佳利器，餐飲服務人員應該隨時保持微笑，不但可以讓顧客感受到你的喜悅及歡迎，同時因爲顧客相對的回饋，讓自己的服務人生充滿了快樂！

不要忘記說「請」、「謝謝」

養成隨時說「請」、「謝謝」的專業口頭禪，在服務的職場上不僅禮多人不怪，也爲自己的人生修養加分。

尊重不同的個體及獨特性

　　尊重顧客不同的喜好及養成了解個體獨特性的習慣，不但可以因此提供貼心的服務，也因為體會客人的立場，就不容易輕下批評的不當言語。

維持正面的服務態度

　　餐飲服務從業人員因為每天面臨不同的挑戰，必須維持自己對服務工作的正面態度，不然很容易就被挫折感給打敗。除了要有正確的工作態度認知外，更要有激勵自我及調適的能力。

保持心情的開朗及樂觀

　　有快樂的服務人員才會有滿意的顧客，有滿意的顧客才會有豐收的經營者。保持良好的工作心情，建立樂觀的人生觀，才有辦法在服務業走的更高更遠！

第二節　餐飲服務人員應有的服務技巧與須知

　　各種不同等級的餐廳與旅館在開幕之初，都費盡心思設定豪華的裝潢、先進的設備、一流的美食佳餚，及各種的現代化餐飲管理設施等，但如果沒有能力提供相對高水準的服務，是無法取得消費者的認同，這對餐廳的永續經營影響十分重大。而餐飲服務好壞的關鍵取決於所有主管及人員是否具備企業獨特該有的服務理念，有了正確的經營及服務理念，才有辦法整合所有人員的觀念，執行餐廳的企業文化，發揮優質的服務特色。

餐飲服務從業人員應有的服務理念

一、服務的理念——以亞都麗緻大飯店為例

1. 服務的真諦——服務與服侍的差別。
2. 服務舞台中每一個角色的扮演。
3. 每位員工都是主人。
4. 尊重客人的獨特性。
5. 凡事想在客人之前。
6. 絕不輕易說不。

二、正確的工作態度

1. 餐飲服務人員自我認知的重要性。
2. 如何由工作中獲取樂趣。
3. 化平凡為獨特的心理調適。
4. 全方位服務的考驗。
5. 自我的挑戰及進階。
6. 行行出狀元，位位出冠軍。

餐飲從業人員應有的儀容與衛生

一、儀態

　　禮儀不僅是個人外表表徵，更是一個企業全體員工的精神所在。「禮儀」的好與壞往往取決於一個人給別人的第一印象，甚至於整個餐廳的優與劣也可由全體員工的基本儀態表達出。餐飲服務業從業人員的良好儀容是絕對需要的，並且可為「禮儀」奠定下良好的基礎（見**圖**6-1）。

圖6-1 標準外場從業人員服裝儀容

二、個人衛生及儀容

1. 應隨時保持和藹親切的微笑。

2. 每天淋浴以保持個人的基本衛生，並於工作時間內經常洗手。

3. 穿著清潔的工作衣帽，並依據公司規定每天更換工作衣帽。

4. 頭髮須經常梳洗，保持清潔、整齊，避免油垢、頭皮屑。

   (1)女性：蓬鬆短髮者，應以黑色或素色髮夾整髮。長髮者應使用黑色或深色的盤髻整理，以免鬆散。

   (2)男性：髮型應以服貼短髮為宜，並保持不奇粧異樣髮型（不可染異於黑或深咖啡色的頭髮），以免讓客人留下不良印象。

5. 臉部須經常清洗，保持清潔，避免油垢及不潔。

   (1)女性：應配合制服顏色做適當之基本化粧，不可過度濃粧。

   (2)男性：應每日刮鬍，不可蓄意留鬍鬚，以免讓顧客產生不潔的聯想。

6. 應注意口腔衛生，每日勤刷牙，飯後漱口。工作前不可食用異味食品，避免口臭影響衛生，工作時禁止嚼口香糖或檳榔，並嚴格禁止在工作場所抽煙。

7.須每日清理耳部，保持衛生。

    (1)女性：工作時不可配戴過大、怪異耳環。

    (2)男性：禁止上班時間配戴耳環。

8.手指甲應經常修剪整齊並隨時注意清潔，手指不得觸及供客人用的食物、餐具內壁、杯碗上緣或食具會觸及客人口唇部分。

    (1)女性：不可留長指甲，並應隨時修剪整齊。若塗抹指甲油時，原則上應以透明為主，顏色不可太過怪異。工作時手腕不可配戴過大之手環或戒指，以免有礙觀瞻。

    (2)男性：不可留指甲並應修剪整齊，工作時手腕不可配戴過大之手環或戒指，以免有礙觀瞻，並不得留長尾指指甲。

9.須著公司規定的皮鞋或工作鞋，不可穿皮靴、拖鞋。皮鞋須經常擦拭，並保持清潔光亮。

    (1)女性：須著近膚色的絲襪且無花樣者，或是遵從公司規定的襪子。

    (2)男性：須著中統黑襪或是遵從公司規定的襪子。

10.制服

    (1)工作時間內不得打赤膊或著內衣，也不可赤足。

    (2)制服應隨時保持清潔、筆挺、合身、是否有破裂、鈕釦是否有缺少、口袋是否破裂等，並經常換洗，夏天應隨時注意制服的清潔，髒了或有異味時應立即更換。

    (3)襯衣及外套之扣子應隨時扣好，衣袖不可翻折。

    (4)制服破損時應立即更換，扣子掉落時應立即縫補。

    (5)工作時，須配掛名牌於上衣之左上方（或依照公司規定）。

    (6)空班外出時不可著制服。

11.有特殊體味者應勤洗澡，並每日使用適當之除臭劑以保持衛生。

12.工作時的衛生：

    (1)工作時間內不以手指搔頭、挖耳、鼻。

    (2)食品應用夾子夾取，不可用手抓取。

    (3)手指不得觸及供客人用的食物、餐具內壁、杯碗上緣或食具會觸

及客人口唇部分。

(4)咳嗽或打噴嚏，不得面對食物，應立即以手或手帕遮住口鼻。

(5)個人工作區域應該隨時保持衛生清潔。

(6)於處理髒布品、剩菜或器皿等時，應特別小心，避免受細菌感染。

(7)衣服、鞋、襪、梳子、掃除用品等應該整齊清潔地放置在公司指定的工作櫃中。

(8)生病期間應該儘量避免從事服務顧客菜餚的工作。

(9)定期接受健康檢查及接受預防接種。

餐飲從業人員應有的服務禮儀

一、一般性的工作禮儀

1.隨時使用「請」、「謝謝」、「對不起」及日常的招呼語「早安」、「晚安」、「您好」等。

2.任何員工看到客人，若知道顧客的職稱姓名等，均應打招呼問候「您好，張經理」。

3.員工對主管應以職級相稱（如組長、主任、經理等），不可直呼姓名。

4.員工之間，在客人面前，不可以外號相稱。

5.不得先伸手與客人握手，除非客人先伸手。且態度須端莊大方，手勿插腰、插入口袋或比手劃腳。

6.與客人對談時應注意禮貌及分寸，對於較熟悉的客人不可隨意開玩笑，或說粗俗的話語引起客人之不悅。

7.與客人談話聲音只令對方聽清楚為限，說話應清晰簡單，不要有含糊不清的聲音。

8.說話時不宜過快，因說話時會不小心將唾液噴到顧客，這是非常沒有禮貌的舉止。

9.工作時注意自己的舉止儀態，不可表現出不雅的姿勢或動作。

10.同事之間見面，應打招呼問候「早安」、「午安」、「晚安」、「你好」。

11.看到客人有困難時，應主動向前幫忙，不可視而不見，或刻意迴避。

12.同事間交談應輕聲細語，且嚴禁在餐廳內大聲喊叫及嬉戲。

13.對於客人的抱怨，應耐心聆聽，並適時給予安撫，不可顯示不耐煩。

14.與幼小兒童說話時，應稍微蹲下，並表現出愛心與耐心。

15.如男性客人以不禮貌的話語、動作、行為對待女性員工時，應立即迴避，但不要與客人起衝突，立即報告主管，改派男性員工服務。

16.服務業從業人員，對待客人以「完善服務」為訴求，不可表露期待小費之表情或暗示動作。

二、迎賓送客的禮儀

(一)迎賓送客之要領

1.面帶笑容，自然誠心。

2.細心、敬業及隨時為顧客著想。

3.反應靈敏，注意臨場的應變。

4.記住客人的名字並尊重客人的意見。

5.接待顧客應隨時注意自己的行為、儀表。

(二)接待客人招呼及正式行禮

1.招呼時，正視對方的臉微笑點頭。

2.行握手禮時，應注意不得先伸手與客人握手，除非客人先伸手，並先自我介紹。

3.名片須用雙手接取，讀出對方公司名稱及姓名，再問明來意。

4.遇名片上不認識的字，應將名片放於左手掌心中，右手扶著名片，禮貌詢問。

(三)引導出入及上下樓梯

    1.引導客人要配合客人的腳步。

    2.在引導當中，隨時指點，提醒客人，轉角時應稍停再邁步。

    3.上樓梯時，若女性穿裙子，則宜走在客人之後，讓客人先走，下樓梯則應先走，上下距離維持一、二級。

    4.推門時，先推入先進入，扶門等待客人進入後才可鬆手；拉門時，先拉門請客人先進，再隨後跟進。

(四)送客過程所需注意事項

    1.熱心，面帶微笑。

    2.與客人交談時，應專心聆聽，並正視對方的眼睛。

    3.稱呼客人姓氏及職稱。

    4.客人離去時，應該確認是否需要任何協助（如停車問題、代提重物等）。

    5.切莫讓客人獨自離去而不招呼他，若手邊工作無法放下時，應該先目送致意，並請其他同事代為送客。

    6.親切地詢問客人對所提供之服務是否滿意。

    7.目送客人確實離去後才可離開。

三、點菜時應注意的禮節

    1.先確定客人要點菜時才可走向客人。

    2.點菜時站立於客人斜側，以耳朵側向客人恭聽指示，但不可以太靠近客人以避免尷尬。

    3.目光直視對方，以示尊重，並面帶笑容，態度誠懇。

    4.說話時口齒要清晰，勿干擾周邊人，善於控制音量。

    5.說話時不可口含食物、嚼口香糖，亦勿食有蒜味或特殊異味之食物。

    6.掌握時機，適時地解釋與促銷菜色，絕不催促與強迫推銷。

    7.說話時不可打呵欠，如果打噴嚏時，應立即摀嘴，並說「對不起」（或抱歉）。

8.點菜時注意自己的站姿及舉止動作。

9.勿遠距離（隔桌）對話或吶喊。

10.點完餐時一定要複誦一遍，以免上菜時發生不必要的錯誤。

四、餐飲服務作業時禮儀

1.在服務中不可背對客人。

2.在服務中不可跑步或行動遲緩。

3.在服務中不可突然轉身或停頓。

4.服務時儘量避免與客人談話，如果不得不如此，則將臉轉移，避免正對食物。

5.所有掉在地上之餐具均須更換，但須盡可能地先送清潔之餐具，然後再拿走髒餐具。

6.用過的底盤、煙灰缸要隨時換掉。

7.排位時應該考慮禮儀規定的年齡、階級及尊卑等因素。

8.根據規定或主人要求先服務主客、女士，而女主人或男主人必須留在最後才服務。

9.分菜時，需注意事項：

    (1) 了解顧客點菜的相關資訊：

        A.預先知道誰是主人及主客，或是主人有特定必須先行上菜的位置或菜餚。

        B.查核席上餐位與實際使用人數須相符。

        C.清楚每一種菜分菜程序及分法。

        D.預先設定分菜位置，並將相關的設備預先準備妥當。

    (2) 分菜進行中應注意的事項：

        A.手指勿觸及食物及使用的杯盤，以保持衛生。

        B.分菜要輕快以保持熱度。

        C.份量要準，好的部分要先平分。

        D.分菜後要有禮貌示意客人請用。

        E.不應立即收走分剩菜餚，留待客人加添。

F.添菜前必須有禮貌詢問客人是否需要。

　　G.切忌在小孩旁邊上菜或分菜，以免發生意外。

10.儘量記住常客的習慣與喜愛的菜式。

五、餐飲電話禮儀

(一)打電話的一般原則

1.先行表明自己公司名號、部門、姓名及打電話的用意。

2.公務交談時以簡單、扼要、清楚、明白為原則。

3.語氣不急不緩，力求柔和親切。

4.交談中對方的話語應仔細傾聽，不可中途打岔或顧左右而言他。

5.談話內容為業務重點時，應該用筆記錄下來。

6.在結束談話後，為避免誤解話意應該重複重點結論。

7.確定對方說完話後不要忘了說再見，而且必須先待對方掛電話後再掛斷。

(二)接電話的一般原則

1.鈴響三聲前接起電話。

2.外線電話時，報出公司名號、部門並致問候語。例如：XX餐廳您好，我是業務部王小明，為您服務是我的榮幸！

3.內線電話時，則先報出自己姓名及部門。例如：你好，我是業務部王小明！

4.禮貌詢問對方的姓名及公司行號。

5.以親切友善的口吻稱呼客人的姓氏。

6.耐心傾聽，不插嘴。

7.接話人有事不在，不能接聽電話時，應主動協助提供服務。

8.隨時準備紙筆。

9.常使用「謝謝」、「請」、「對不起」等禮貌字眼。

10.談話結束時，聽到對方掛斷電話後才掛斷。

11.依照公司規定或標準記錄電話表單內容，記下客人姓名及公司行號、來電時間、回話號碼、交待事項內容等。放置在收話人桌面或

顯著地方，必要時加以提醒。

(三)一般容易發生電話誤會的原因分析

1.語詞

(1)「不良用詞」的例句：

A.你哪裡？你找誰？他不在！

B.我沒有空！不知道！

C.講話！你有什麼事找他？

D.他很忙，你明天再打來好啦！

(2)「優良用詞」的例句：

A.您好！好的！請，謝謝，對不起！

B.對不起，你要找的人目前不在，我可不可以代勞或需要留言？

C.不好意思！拜託！請稍等一下，好嗎？

D.請問有什麼事情要交待嗎？

E.對不起，打擾了！

F.謝謝您打電話來，再見！

2.語調

(1)微笑的語音：許多服務人員以為電話中顧客看不到自己的情緒，所以不是很在意電話中的語調，事實上說話是有情緒的，喜悅及不耐煩經過遠端的傳遞，清清楚楚地留在顧客的心目中，不得不慎！

(2)電話禮儀禁忌事項：

A.對顧客的電話態度不佳及不理不睬。

B.電話中談話語調冷淡充滿敷衍的口吻！

C.與顧客爭吵及出言頂撞，更甚者掛客人的電話是電話禮儀的最大禁忌！

D.某些經常客滿餐廳的訂位人員，常以「傲慢成性」的語調讓顧客很不以為然，例如說：我們餐廳這個月都客滿了，要訂位下個月請早一點！

六、餐廳櫃台工作禮儀

1. 隨時注意櫃台的清潔與整齊、所有器材的可用性。
2. 不可在櫃台大聲喧笑、吵鬧，更不得補粧、吃東西、看書報雜誌、寫私人信件、修指甲、 打呵欠等不適當的行為。
3. 隨時注意坐或站姿，不彎腰駝背、不脫鞋、不趴在桌上、不坐在桌上等不雅的動作。
4. 隨時保持微笑與親切友善的態度。
5. 正在接聽電話或忙碌時，對進門或至櫃台的客人，要以微笑示意或點頭打招呼，讓客人知道你已經注意到他了，並儘速結束電話或手邊的事務，以接待客人為優先。
6. 櫃台周邊的門，應隨時保持關閉，除了保護公司的資產外，也避免讓客人看到雜亂景象。
7. 不管在任何忙碌的情況下，都不可於櫃台衝進衝出，會帶給顧客不安的感受。

專欄 6-2　餐飲服務守則三十條

　　餐廳服務人員是提供顧客飲食及相關的服務，為提供客人最衛生及貼心的服務，服務人員的行為規範是非常重要的。以下列出一些通例：

第一條：全體員工應遵守旅館或餐廳員工手冊規定的各項事項。

第二條：不得主動或暗示顧客強索小費。

第三條：嚴禁將公物或將顧客寄留的物品占為己有。

第四條：嚴格遵守公司禮儀手冊上的規範，並嚴禁在客人面前摳鼻孔、挖耳朵或打哈欠等不雅的行為，如忍不住打噴嚏或咳嗽時要使用手帕或面紙，並於事後立即洗手。

第五條：服務過程中絕不可有任何失態及冒犯顧客的言行。

第六條：遵守公司各種物品管理規則，嚴禁故意破壞、拋棄或浪費公物。

第七條：嚴禁工作時嚼口香糖、吃零食、嚼檳榔、吸煙或喝酒；員工休息室及服務間裡必須保持整潔並依照公司規定禁止吸煙、喝酒或有任何造成危險的行為。

第八條：工作時間會客須依照公司規定，並嚴禁使用廂房會客、聊天或從事私人事務。

第九條：嚴禁取食顧客剩餘食物或將客人的遺留物品占為己有。

第十條：禁止搭乘客用電梯、使用客用洗手間及使用客用電話。

第十一條：隨時保持餐廳寧靜的氣氛，嚴禁高聲談話、嬉笑、喧嘩及任意製造碰撞聲。

第十三條：與顧客或同事應保持適當距離，避免過於親密或主動向顧客傾訴私事。

第十四條：嚴禁私自存放及偷賣公司飲料或私自向顧客推銷。

第十五條：工作時不可用手觸摸頭、臉或置於口袋中。

第十六條：和顧客交談時要正視對方的眼睛，以表示禮貌。服務時不可阻擋客人之間的視線。

第十七條：帶領客人時，要保持與客人同樣的速度，不可過急或緩慢。

第十八條：在服務時，要措詞得當且有禮貌。任何情況下不得打斷顧客談話。插話時必須先向客人致歉。

第十九條：服務時要記得稱呼客人的名字，必須冠姓氏以先生或小姐稱呼客人，不可直呼其名。不要忘記隨時說請、謝謝或對不起。

第二十條：遇有任何客人抱怨或投訴，必須請當班最高的主管出面解決，絕不可企圖掩飾或私下解決，以避免問題的擴大。

第二十一條：上班時不得擅離工作崗位，如有必要須離開時，務必向
　　　　　　當班的主管報備；下班後迅速離開，不可隨意逗留在餐
　　　　　　廳或休息室中。

第二十二條：破舊布品或破損餐具應予以更換，不得提供客人使用，
　　　　　　以維持公司該有的品質標準。

第二十三條：避免堆積過多的餐盤於服務台中，並勿空手離開餐廳到
　　　　　　廚房。

第二十四條：所有掉在地上的餐具必須隨即更換，但必須先送上清潔
　　　　　　的餐具然後取走髒的餐具。

第二十五條：確認每道菜餚需要的調味用品、相關的器具，均在上菜
　　　　　　時一併附上。

第二十六條：服務中隨時攜帶有開罐器、紙筆、打火機等必要器具。

第二十七條：熟記常客的習慣及喜愛的菜餚，不可讓客人感覺到對別
　　　　　　桌顧客服務比較好的差別待遇。

第二十八條：不可在顧客面前算小費或是看手錶。

第二十九條：虛心接受上司的指導，若有特殊狀況應提出討論，避免
　　　　　　事況嚴重造成傷害。

第三十條：確認服務台及清潔處所的整潔，但需避免在顧客面前清潔
　　　　　　餐具或整理菜餚等會引起顧客不適的行為。

第三節　客訴抱怨處理的流程與技巧

　　誠如上一節中所介紹的整體餐飲服務品質呈現的關鍵，取決於所有主管及人員是否具備正確的服務理念，以及能否完整地執行餐廳的企業文化，發揮超優質的服務特色。除此之外，餐飲的現場作業管理中，服務人員與顧客常有最直接的接觸，不管訓練有多縝密或作業有多標準，因為顧

客的多樣需求，難免都會有疏忽或得罪的地方。

　　本節中將就餐飲業最常為顧客所抱怨的因素、正確處理客訴抱怨的程序介紹及如何使顧客的抱怨事件成功地轉化成經營的契機逐一說明。

餐飲服務業造成顧客抱怨的因素

一、餐食及飲料方面

1.食材：指餐飲材料不夠新鮮衛生或品質低劣，不符合顧客期望。

2.器具：餐具材質不良好、品質不佳或與餐廳格調不搭等。

3.口味：餐食不美味、不合乎顧客口味或少變化等。

4.烹調技術：烹調技術不佳或不夠用心。

5.菜餚變化：菜式不豐富、選擇性少、無季節節慶變化、盤飾呆板不吸引人，無法增加點用率。

二、場地與設施方面

1.整體氣氛：裝潢不符合顧客喜好或與菜系不契合。

2.清潔：餐廳與相關設施（如洗手間等）衛生欠佳。

3.舒適：指座位區、取餐區等空間過於擁擠或不夠寬敞，通風不好且氣氛吵雜。

4.安全：公共安全設施（如逃生口或消防設備）不周全完善、各種安全標示不夠明顯或無任何防範意外的設備等。

5.便利性：餐廳座落地不明顯、交通不便或停車困難等。

三、服務及管理方面

1.專業：指員工未經訓練即上場服務、一問三不知或無法解決顧客問題等。

2.態度：服務禮儀欠缺、應對不得體或接待顧客態度不佳等。

3.效率：服務效率低落、出菜緩慢或無法立即處理客訴抱怨。

4.管理：現場主管管理能力有問題，無法掌控所有狀況。

5.行銷：廣告宣傳不實、促銷作業漏洞百出或與實際現場販賣無法一致，讓顧客有被欺騙的不良印象。

6.結帳或付款：無刷卡系統、禮券或餐券規定太過嚴苛、電腦系統結帳速度太慢等。

7.網站資訊不夠更新：目前為網際網路時代，許多餐廳也設立有網站，但是常因資訊不完整或沒有更新等問題為顧客所詬病。

8.無顧客投訴專線：許多餐廳沒有顧客投訴專線，或是在網站上沒有與顧客互動的設定，造成顧客受傷的心情越積越深。

餐飲服務業顧客抱怨處理流程

一、 客訴處理標準作業流程

遇到各種客訴情況，餐廳通常有一套優先作業順序、處理人員層級及公司相關授權等機制。圖6-2舉例說明及分析一般餐廳客訴處理之標準流程。

二、客訴處理標準作業說明

(一)顧客抱怨處理基本原則

1.不論顧客抱怨事件的大小，應立即放下手邊工作（或請人代理）優先處理。

2.先向客人致歉，例如：「很抱歉！引起您的不方便或不舒服」。

3.盡可能把客人帶離現場，以免影響別人。

4.處理抱怨時須隨時保持客觀冷靜。

5.讓顧客暢所欲言，細心傾聽，不插嘴、不爭辯。

6.了解客人抱怨的原因並作記錄，並與顧客確認事件發生始末的所有細節。

7.在談話中要尊稱顧客的名字或職稱。

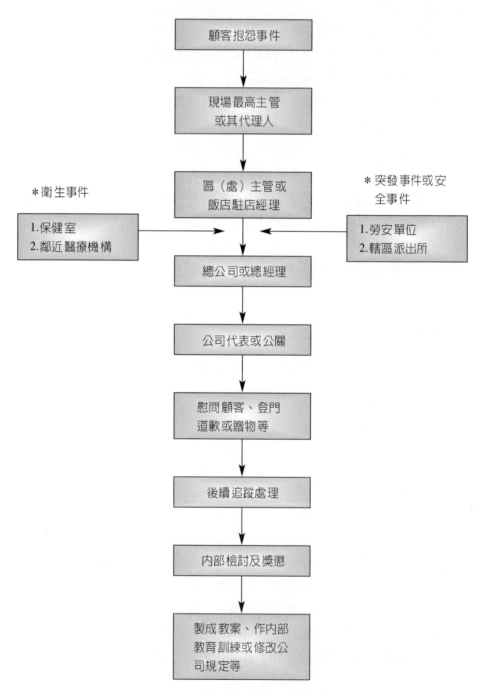

圖6-2　客訴處理標準作業流程

8.體認客人的感受要有同理心。

9.尊重客人的自尊，絕不能羞辱客人，或有懷疑顧客之言語及表情。

10.主動告知公司處理方法、時間及相關的細節。

11.若個人不能處理時，應向上級請示。

12.若客人有過份之要求，應表明立場及權限，不可隨便答應，但也不可以以此為由拖延顧客。

13.應預留解決問題及處理的時間，以利後續事宜的溝通及進行。

14.隨後應注意處理整個過程的發展。

15.事後須詢問客人對抱怨事件處理是否滿意。

16.針對整個事件作內部檢討，並獎懲相關人員及後續管理規章的修改或內部管理的整頓。

17.應將抱怨事件的整體詳細過程、解決技巧及顧客反應等資料作成紀錄或教材，以供日後教育訓練及相關案例的參考。

(二)如何避免抱怨產生的方法

1.建立良好的服務心態

　　一個企業的服務精髓建立在員工對於服務業的認知態度，如果只是抱持著將工作當作一份度日子的心情，那麼每一位上門的顧客都是來找碴的惡魔。如此一來，如何會有好臉色或心情來接待顧客，客人來一個得罪一個，來一雙氣跑一對，餐廳只好等著關門大吉了。與其講求顧客抱怨處理能力，不如反歸其本來說服員工，待其心悅誠服時，自然而然地就有「對」的服務態度了！

2.抱持積極負責任的態度

　　由上階層主管開始以關懷、信任及熱誠的心來接待每一位顧客，即使在面對顧客抱怨時，用一顆積極且坦然的同理心來處理任何事件，決不相互諉過或推託，才有辦法發揮整體公司對客訴的態度及共識，並因此與顧客間建立良好及長久的互信關係。

3.規劃基本及良好的客訴處理原則

　　如同上段說明規劃公司的基本抱怨處理原則，或是依照過去的處理經驗整理出一套適合的方法來運作，並隨時依據顧客需求的趨勢加以調整或

修改。

4.不斷訓練及提醒員工

　　幾位不高興的客人將使餐廳或旅館的聲譽受損，其影響力不可小看。經營管理者應該隨時訓練及提醒服務人員，使每一位員工均能清楚最基本的客訴處理程序及公司相關的規範，並且能夠隨時運用及處理。

5.有效的授權制度

　　在餐廳的客訴中經常碰到的問題，就是餐飲品質不良，而此類問題處理的癥結點在於現場主管的權限問題。例如當端上桌的菜色，品質有問題時，一般餐廳處理的方法是馬上免費為顧客更換新的一道菜。但是許多顧客因為用餐整體氣氛受影響或覺得沒有面子，往往會要求額外的服務或補償，有時甚至需要以特別折扣來平息顧客的怨氣。因此，旅館或餐廳方面必須事先規劃相關的因應對策，例如小菜招待、甜湯水果免費或折扣的標準等等。有了這些教戰手冊後，現場人員更能掌控整體客訴處理的機制及時效，迅速找到正確處理客訴的主管層級和解決的方法。

6.建立與顧客意見交流的機制

　　在餐飲服務業中因為管理階層與顧客接觸的機會較少，通常會設立所謂的意見調查表或開放性的網站，讓顧客對於菜色、製作過程、現場氣氛及服務品質等方面，作最及時的反應，藉此建立與消費者間的互動及拉近彼此的距離，另外也可以發覺一些產品或服務品質的問題，不僅可以維持公司對店內品質上的要求，更可以提升顧客對於餐廳的整體口碑，是一種雙勝的管理策略。但是必須積極且有效地運作及管控，避免顧客的心聲沒有受到重視，反而引發更大的客訴問題。也有許多餐廳以抽樣性的顧客訪問或是定點式訪談，是另一種獲知顧客意見的好方法。因為從訪談的資料中，餐廳可以針對想要了解及掌握的內容（例如某些菜餚的品質或服務等級的問題），做進一步市場資料的分析及整理，有效地提供管理者經營的方向。

7.建全危機處理意識及有效的獎懲制度

　　公司針對各種狀況研議並建立危機及顧客抱怨處理手冊，依據此資料教導各類的應對技巧、處理程序及透過角色演練的方式，使得所有主管及

員工熟悉處理技巧，並將其運用，形成每日例行的服務技能。待有任何客訴抱怨事件時，才有能力及自信心給予立即及正確的處理。

因此建立顧客抱怨處理手冊，可為所屬人員在接受訓練或工作上，有相對的自信心，並能有效快速處理，不致於造成二度抱怨。

另外，對於表現優異的主管及員工，公司必須要有一套獎懲分明的制度，而不是讓員工誤認處理客訴反而會招致懲罰的命運，同時更應該併入升遷的條件，才有辦法真正鼓勵認真及在乎顧客的服務人員。

每一次的客訴抱怨處理，如果可以成功地將其轉化成為經營的新契機，進而成為忠誠度高而長期光臨顧客的消費原動力，那麼旅館及餐廳的成功將指日可待了！

**專欄
6-3　如何應付「澳洲」來的客人？**

具筆者所知，許多旅館及餐廳耗費非常多的人力及財力，來規劃或訓練所屬主管及員工，但客訴彷彿像魔咒似地自己找上門，所以許多餐飲從業人員只能將其歸罪於「澳洲籍」客人無厘頭的要求太多了。真的是如此嗎？建議許多身在餐飲界的同業，能夠靜下心來好好地思索這個問題。

筆者從事餐旅行業多年，常常聽到許多同業主管抱怨或提出問題：「到底要如何應付這些難搞的客人呢」？但是令人不懂的是為什麼要「應付」他們呢？

如果你的餐廳菜餚是美味的、整體氣氛是愉悅的、服務人員彬彬有禮且服務品質佳、結帳流程便捷且無誤，為什麼仍會有顧客抱怨呢？難不成許多客人吃飽沒事幹，花錢更花力氣一天到晚到餐廳用餐兼抱怨，看看是不是會有什麼意外的收穫？我相信只要是精神狀況正常的客人應該不會有這種異常的表現，因為有更多被視為正常的顧客，他們所選擇的作法是懶得講，直接不來了！

　　所以餐廳如果遇到「澳洲籍」的客人，應該保持同理心的態度，一定是餐廳的管理出了問題，虛心向顧客學習，以不同角度來看，因為顧客才是管理者最佳的老師。應該將「應付」的心態轉換為「學習」的機會，認為這些「澳洲籍」的客人是上天惠賜的寶貴禮物，去珍惜每一次的相會機緣。

　　如果老是以找藉口的逃避心態，私下幫顧客貼上標籤，這樣的主管也只能陷入萬劫不復之地。因為只要在餐飲業一天，這一幕幕讓人不會太高興的戲碼將不斷週而復始地上演。

第四節　餐廳品質的檢視技巧

　　本書第三節中曾提出最常引發顧客抱怨的因素，可分為餐食及飲料、場地與設施以及最重要的原因——服務及管理部分。所以，除了被動式的防止顧客抱怨、正確處理客訴抱怨等作法外，如何確認每日營運的正常及品質檢視技巧的運用，才有辦法化被動為主動地將引發抱怨的源頭，一一徹底消滅。

　　本節中將以餐飲業者實際的作法來說明，並將抽象的觀念化為具體的檢視表，如此一來才可將各種構想轉化為實務的作業。

建立適合餐廳的各種品質檢視表

一、場地與設施方面

　　許多餐廳為了徹底執行各種管理制度，常會規劃許多專業檢視表，一方面方便上層主管不定期的抽檢，更是防範各種安全衛生事件發生的最有效方法。以下列出一家大型餐廳在各種場地、設施、服務及菜餚等的品質檢視表各項細節，作為餐廳在制定實務報表的最佳參考資料。

表6-1　夏天餐廳店務例行檢視表

日期：_____　檢查人：_____　店長（店經理）：_____

區域	檢查項目	檢查結果		改善說明（請修事項）	備註
		是	否		
一、餐廳外觀部分	1.外牆維護與清潔／遮雨棚	☐	☐		
	2.招牌清潔／夜間燈光	☐	☐		
	3.園景或各種裝飾	☐	☐		
	4.排水溝／水管清潔	☐	☐		
	5.其他（請列出）	☐	☐		
二、代客停車部分	1.代客停車櫃台清潔及燈光	☐	☐		
	2.代客停車櫃台抽屜清潔	☐	☐		
	(1)是否有鎖	☐	☐		
	(2)號碼牌是否足夠	☐	☐		
	3.人員服裝儀容	☐	☐		
	4.其他（請列出）	☐	☐		
三、餐廳入口處／大廳／大廳等候區部分	1.前廊／人行道清潔	☐	☐		
	2.傘套架／置傘架	☐	☐		
	3.公共電話	☐	☐		
	4.自動門清潔與運作正常	☐	☐		
	5.天花板清潔無蜘蛛網	☐	☐		
	6.地面清潔／腳踏墊清潔	☐	☐		
	7.牆面清潔	☐	☐		
	8.牆面是否有裂痕	☐	☐		
	9.落地窗是否清潔	☐	☐		
	10.窗簾是否清潔與完整	☐	☐		
	11.魚池（清潔、魚蝦狀況良好與否）	☐	☐		
	12.燈光／音響	☐	☐		
	13.領台櫃台	☐	☐		
	14.裝飾品（或擺飾藝術品）	☐	☐		
	15.客人休息區	☐	☐		
	(1)椅墊清潔及完整	☐	☐		
	(2)盆花	☐	☐		
	16.樓梯扶手及梯面	☐	☐		

（續）表6-1　夏天餐廳店務例行檢視表

日期：＿＿＿＿＿＿＿＿　檢查人：＿＿＿＿＿＿＿＿　店長（店經理）：＿＿＿＿＿＿

區域	檢查項目	檢查結果		改善說明	備註
		是	否	（請修事項）	
	17.其他（請列出） ＿＿＿＿＿＿＿＿＿＿＿＿＿	☐	☐		
四、櫃台部分	1.香案、供品維護與清潔	☐	☐		
	2.櫃台維護與清潔	☐	☐		
	3.販賣櫥窗	☐	☐		
	（1）酒	☐	☐		
	（2）香煙	☐	☐		
	（3）書籍	☐	☐		
	（4）販賣產品	☐	☐		
	4.音響／錄影／監視器設施（含麥克風等）	☐	☐		
	5.電腦／傳真機／刷卡機／POS等設備	☐	☐		
	6.其他（請列出） ＿＿＿＿＿＿＿＿＿＿＿＿＿	☐	☐		
五、洗手間部分	1.地面清潔	☐	☐		
	2.牆面清潔	☐	☐		
	3.天花板清潔	☐	☐		
	4.音響設施	☐	☐		
	5.燈光	☐	☐		
	6.盆景及擺飾	☐	☐		
	7.通風設備	☐	☐		
	8.設備及備品清潔程度	☐	☐		
	（1）馬桶／垃圾桶／捲筒紙架	☐	☐		
	（2）洗手台	☐	☐		
	（3）液體肥皂架／擦手紙	☐	☐		
	（4）鏡面	☐	☐		
	9.緊急設備				
	（1）緊急照明設備	☐	☐		
	（2）煙霧感應器	☐	☐		
	10.其他（請列出）	☐	☐		

（續）表6-1　夏天餐廳店務例行檢視表

日期：＿＿＿＿＿＿＿＿　檢查人：＿＿＿＿＿＿＿＿　店長（店經理）：＿＿＿＿＿＿＿

區域	檢查項目	檢查結果		改善說明（請修事項）	備註
		是	否		
	＿＿＿＿＿＿＿＿＿＿＿＿＿＿＿ ＿＿＿＿＿＿＿＿＿＿＿＿＿＿＿				
六、用餐區／貴賓室部分	1.人員服裝儀容	☐	☐		
	(1)制服／工作鞋是否乾淨合宜	☐	☐		
	(2)指甲、裝飾品等	☐	☐		
	(3)頭髮是否整潔及適當的盤起	☐	☐		
	(4)化妝是否合宜	☐	☐		
	(5)其他（依據公司禮儀手冊）	☐	☐		
	2.天花板清潔無蜘蛛網	☐	☐		
	3.地面／地毯	☐	☐		
	4.牆面清潔	☐	☐		
	5.牆面是否有裂痕／地毯的清潔	☐	☐		
	6.窗簾／百頁簾等	☐	☐		
	7.燈光	☐	☐		
	8.音響	☐	☐		
	9.裝飾品（或擺飾藝術品）／盆景	☐	☐		
	10.餐桌／餐椅	☐	☐		
	(1) 桌布／台布	☐	☐		
	(2) 餐具擺設	☐	☐		
	(3) 調味料	☐	☐		
	(4) 花瓶／帳單筒／促銷架	☐	☐		
	(5) 其他（請列出）	☐	☐		
	11.準備區	☐	☐		
	(1) 備用餐具	☐	☐		
	(2) 筷架／筷夾／醋瓶／餐墊布等	☐	☐		
	(3) 各式文宣（菜單／酒單／宣傳單／顧客意見調查表等）	☐	☐		
	12.餐車	☐	☐		
	13.緊急設備	☐	☐		
	(1)緊急照明設備	☐	☐		
	(2)滅火器／煙霧感應器	☐	☐		
	14.通風設備（冷氣）	☐	☐		

（續）表6-1　夏天餐廳店務例行檢視表

日期：_____　檢查人：_____　店長（店經理）：_____

區域	檢查項目	檢查結果 是	檢查結果 否	改善說明（請修事項）	備註
	15.其他（請列出）	☐	☐		
	_____				
七、洗碗間/餐務部分	1.工作環境衛生	☐	☐		
	(1)水溝排水暢通，無臭味，不孳生蟑螂、老鼠、蚊蟲等病媒	☐	☐		
	(2)地面保持清潔，不積水	☐	☐		
	(3)天花板、牆面、門窗保持清潔無裂縫或破損	☐	☐		
	(4)通道維持暢通，不可堆置雜物	☐	☐		
	(5)工作台、置物架、洗杯（碗）機具用具等排放	☐	☐		
	(6)冰箱、工作台、洗杯機具底下與角落容易髒亂處加強清理	☐	☐		
	(7)垃圾不可在廚房內滯留過久，不得有殘留垃圾過夜	☐	☐		
	2.洗碗（杯）機維護與清潔	☐	☐		
	(1)輸送系統及速度是否良好	☐	☐		
	(2)噴水臂噴孔是否保持乾淨	☐	☐		
	(3)水壓是否充分及平均	☐	☐		
	(4)加熱溫度是否正常	☐	☐		
	(5)烘乾速度是否正常	☐	☐		
	3.冷藏、冷凍庫（冰箱）衛生管理	☐	☐		
	(1)溫度應控制在冷藏7℃以下，冷凍-18℃以下	☐	☐		
	(2)食材經適當的包裝後，註明日期，才可放入儲存	☐	☐		
	(3)不可任意擺放個人物品	☐	☐		
	5.其他（請列出）	☐	☐		
	_____				
	_____				

（續）表6-1　夏天餐廳店務例行檢視表

日期：＿＿＿＿＿＿＿＿　檢查人：＿＿＿＿＿＿＿　店長（店經理）：＿＿＿＿＿＿＿

區域	檢查項目	檢查結果		改善說明（請修事項）	備註
		是	否		
八、廚房部分	1.人員服裝儀容、衛生等	☐	☐		
	(1)廚師帽、制服、工作鞋等	☐	☐		
	(2)不可留鬍子、不可留指甲	☐	☐		
	(3)工作中不得抽煙、嚼食檳榔	☐	☐		
	(4)隨時維持手部的清潔	☐	☐		
	(5)個人物品一律置放於置物櫃，不可將之帶至工作場所	☐	☐		
	(6)其他（依據公司禮儀手冊）	☐	☐		
	2.工作環境衛生	☐	☐		
	(1)水溝排水暢通、無臭味，不孳生蟑螂、老鼠、蚊蟲等病媒	☐	☐		
	(2)地面保持清潔，不積水	☐	☐		
	(3)天花板、牆面、門窗保持清潔無裂縫或破損	☐	☐		
	(4)通道維持暢通，不可堆置雜物	☐	☐		
	(5)工作台、置物架、爐台用具與食材排放	☐	☐		
	(6)冰箱、工作台、爐台底下與角落容易髒亂處加強清理	☐	☐		
	(7)垃圾不可在廚房內滯留過久，不得有殘留垃圾在廚房過夜	☐	☐		
	3.刀具、砧板、抹布保持清潔，並區分用途，避免混用。	☐	☐		
	4.煮好的菜餚未能及時供應時，應加蓋或覆以保鮮膜，不可置於地面。	☐	☐		
	5.冷藏、冷凍庫（冰箱）衛生管理	☐	☐		
	(1)溫度應控制在冷藏7℃以下，冷凍-18℃以下	☐	☐		
	(2)食材經適當的包裝後，註明日期，才可放入儲存	☐	☐		
	(3)生、熟食應分開儲存	☐	☐		

（續）表6-1　夏天餐廳店務例行檢視表

日期：＿＿＿＿＿＿＿　檢查人：＿＿＿＿＿＿　店長（店經理）：＿＿＿＿＿

區域	檢查項目	檢查結果		改善說明（請修事項）	備註
		是	否		
	6.其他（請列出） ＿＿＿＿＿＿＿＿＿＿＿ ＿＿＿＿＿＿＿＿＿＿＿	☐	☐		
九、消防／安全相關設施部分	1.逃生門（梯）是否乾淨、淨空	☐	☐		
	2.監控系統是否完整、運作正常及備份資料是否完整儲存	☐	☐		
	3.逃生路線指標是否明確	☐	☐		
	4.緊急照明設備是否保持完整且運作正常，另外需注意置放於 "on" 開關上才可正確運作	☐	☐		
	5.滅水器是否保持完整、在有效期限內且運作正常	☐	☐		
	6.煙霧感應器是否保持完整且運作正常	☐	☐		
	7.消防水管及噴頭是否保持完整且運作正常	☐	☐		
	8.緊急發電機是否保持完整且運作正常	☐	☐		
	9.瓦斯偵測器是否完整且運作正常	☐	☐		
	10.受信總機是否完整且運作正常	☐	☐		
	11.緊急廣播系統是否保持完整且運作正常	☐	☐		
	12.逃生用的自動緩降梯是否保持完整且運作正常	☐	☐		
	13.電梯及菜梯運作是否正常	☐	☐		
	14.冷氣是否滴水	☐	☐		
	15.公司防災編組是否訓練及運作	☐	☐		
	16.其他（請列出） ＿＿＿＿＿＿＿＿＿＿＿ ＿＿＿＿＿＿＿＿＿＿＿	☐	☐		

二、服務方面

在制定服務方面的檢視表中，應該首重顧客的感受而非餐廳內部管理或作業方便，以避免造成服務人員操作重點失焦，而引起不必要的顧客抱怨。

表6-2 秋天餐廳服務品質檢視表

日期與時段：＿＿＿＿＿＿＿ 當區主管：＿＿＿＿＿＿ 店長（店經理）：＿＿＿＿＿

階段	服務項目	檢查結果		改善說明（優缺點）	備註
		是	否		
一、訂位部分	1.電話是否於三聲之內接聽	☐	☐		
	2.自動介紹自己與餐廳（使用公司標準的電話禮儀及用語）	☐	☐		
	3.確認訂位的資料	☐	☐		
	4.登錄訂位相關資訊	☐	☐		
	5.重複顧客訂位所有訊息	☐	☐		
	6.向顧客致謝及提醒相關的細節	☐	☐		
	7.其他（請列出）＿＿＿＿＿＿＿＿＿＿＿＿＿＿	☐	☐		
二、帶位／迎客部分	1.迎客櫃台的整齊度	☐	☐		
	2.符合公司規定的服裝儀容	☐	☐		
	3.面帶微笑且精神飽滿地站立於櫃台旁	☐	☐		
	4.五秒內迎賓並說：「歡迎光臨，請問是否有訂位？」	☐	☐		
	5.查看訂位表並迅速為顧客安排適合的座位（依據公司座位安排制度）	☐	☐		
	6.確認顧客喜歡的區域，例如：「請問兩位窗邊不吸煙的位置可以嗎？」	☐	☐		
	7.是否有提供顧客貼心的服務，例如：「請問需要幫您提這些東西嗎？請問您的大衣是否需要幫您掛起來？請問蛋糕是否需要幫忙冰起來？」	☐	☐		
	8.帶位時是否隨時注意顧客的速度，提	☐	☐		

（續）表6-2　秋天餐廳服務品質檢視表

日期與時段：＿＿＿＿＿　當區主管：＿＿＿＿＿　店長（店經理）：＿＿＿＿＿

階段	服務項目	檢查結果		改善說明（優缺點）	備註
		是	否		
	醒各種狀況如：「小心地滑！小心台階！請向右轉！」				
	9.協助顧客拉出座椅使其容易入座	☐	☐		
	10.其他（請列出）＿＿＿＿＿＿＿＿＿＿＿＿＿＿＿＿＿＿＿	☐	☐		
三、提供熱毛巾及上茶水部分	1.客人坐定位三十秒內上熱毛巾／茶水	☐	☐		
	2.毛巾是否乾淨及溫熱	☐	☐		
	3.茶水品質及溫度是否符合公司要求	☐	☐		
	4.正確地使用托盤	☐	☐		
	5.確實地遵照公司規定端茶及上水	☐	☐		
	6.適度地介紹當區的服務人員	☐	☐		
	7.完整遞送菜單／飲料單等資料	☐	☐		
	8.適切地介紹公司的餐前酒、主廚推薦菜單或各種促銷活動	☐	☐		
	9.隨時注意顧客的動靜	☐	☐		
	10.其他（請列出）＿＿＿＿＿＿＿＿＿＿＿＿＿＿＿＿＿＿＿	☐	☐		
四、提供顧客點菜部分	1 觀察顧客有點菜的舉動即自動前往	☐	☐		
	2.面帶微笑且精神飽滿地站立於座位旁	☐	☐		
	3.向顧客適切地推薦及建議菜餚	☐	☐		
	4.眼睛注視顧客並點頭表示	☐	☐		
	5.清楚地記錄顧客的點菜並確認相關的資訊，例如：「請問您的牛排幾分熟？請問您點的青椒牛肉是否要辣？」	☐	☐		
	6.顧客點完後一分鐘之內複誦所有的點菜內容	☐	☐		
	7.是否有用心地計算顧客點菜的份量並給予專業的建議，例如：「請問您目前已經點了六菜二湯，份量應該夠了！是否還要加點呢？因為您們只有三	☐	☐		

（續）表6-2　秋天餐廳服務品質檢視表

日期與時段：＿＿＿＿＿＿　當區主管：＿＿＿＿＿　店長（店經理）：＿＿＿＿＿

階段	服務項目	檢查結果		改善說明（優缺點）	備註
		是	否		
四、提供顧客點菜部分	個人，份量都幫您們點小盤的不知道可不可以？」 8.有技巧地介紹適當的飲料 9.點收菜單並向顧客說明大概的出菜時間 10.其他（請列出） ＿＿＿＿＿＿	□ □ □	□ □ □		

三、菜餚方面

一般而言，許多餐廳的主廚通常會自行以多年的經驗檢視上桌前的菜餚整體呈現，但是如果可以將其文字化，除了可以協助主廚簡化工作，更可作為外場人員複查的依據，再次確認所有事項的完備。

表6-3　冬天餐廳菜餚檢視表

日期與時段：＿＿＿＿＿＿　當區主管：＿＿＿＿＿　店長（店經理）：＿＿＿＿＿

內容	檢查項目	檢查結果		改善說明（優缺點）	備註
		是	否		
一、前菜部分	1.冷盤的份量 2.冷盤的排列及裝飾 3.新鮮度 4.味道 5.賣相 6.其他（請列出） ＿＿＿＿＿＿	□ □ □ □ □ □	□ □ □ □ □ □		

（續）表6-3　冬天餐廳菜餚檢視表

日期與時段：＿＿＿＿＿＿＿　當區主管：＿＿＿＿＿＿＿　店長（店經理）：＿＿＿＿＿＿＿

內容	檢查項目	檢查結果		改善說明（優缺點）	備註
		是	否		
二、湯部分	1.所有配料的適切度	☐	☐		
	2.份量	☐	☐		
	3.溫度是否符合規定（65-75℃）	☐	☐		
	4.賣相是否合宜	☐	☐		
	5.煮食及出鍋的時間控制（一小時內）	☐	☐		
	6.其他（請列出）＿＿＿＿＿＿＿＿＿＿＿	☐	☐		
三、沙拉部分	1.所有青菜的新鮮度	☐	☐		
	2.份量	☐	☐		
	3.佐料的口感及適合度	☐	☐		
	4.溫度是否冷涼（冷藏溫度在7℃以下）	☐	☐		
	5.盤飾的情況	☐	☐		
	6.裝盛的器具是否合宜及冰冷	☐	☐		
	7.其他（請列出）＿＿＿＿＿＿＿＿＿＿＿	☐	☐		
四、麵包部分	1.麵包的種類是否與主菜搭配	☐	☐		
	2.份量	☐	☐		
	3.溫度是否溫熱（現烤不可超過30秒上桌）	☐	☐		
	4.搭配的奶油／果醬等是否符合規定	☐	☐		
	5.其他（請列出）＿＿＿＿＿＿＿＿＿＿＿	☐	☐		
五、主菜部分	1.盤飾的賣相及吸引力	☐	☐		
	2.裝盛的器具是否可突顯主菜的價值	☐	☐		
	3.新鮮度	☐	☐		
	4.味道	☐	☐		
	5.溫度	☐	☐		
	6.主菜的烹煮及刀功等	☐	☐		
	7.其他（請列出）	☐	☐		

（續）表6-3 冬天餐廳菜餚檢視表

日期與時段：_____ 當區主管：_____ 店長（店經理）：_____

內容	檢查項目	檢查結果 是	檢查結果 否	改善說明（優缺點）	備註
	_____ _____				
六、餐後甜點部分	1.盤飾及器具的合宜度 2.溫度是否合宜、冰冷 3.份量 4.外購甜點的製造日期 5.氣味及口味是否與主菜搭配 6.其他（請列出） _____	☐ ☐ ☐ ☐ ☐ ☐	☐ ☐ ☐ ☐ ☐ ☐		
七、餐後飲料部分	1.裝盛的器具是否合適 2.份量 250C.C.或九分滿 3.溫度是否合宜（85-90℃） 4.味道及香味 5.泡製的時間是否符合公司規定 6.所附的配料如鮮奶油、糖包等 7.其他（請列出） _____	☐ ☐ ☐ ☐ ☐ ☐ ☐	☐ ☐ ☐ ☐ ☐ ☐ ☐		
八、酒類部分	1.裝盛的器具是否合適及其清潔度 2.份量（八分滿） 3.溫度是否冰冷（視酒精特性而定） 4.搭配裝飾品（櫻桃或橙片等）是否合宜 5.味道的吸引力 6.其他（請列出） _____	☐ ☐ ☐ ☐ ☐ ☐	☐ ☐ ☐ ☐ ☐ ☐		

第五節　問題與討論

本章中探討了許多提升餐廳服務品質的技巧，但在實務面上，餐飲業卻存在許多爲消費者所詬病的現狀。以下列出最常發生的「趕客人」狀況及其相關因應之道。

個案研究：餐飲業趕客人的方法無奇不有

李三與幾位旅館同業到某五星級旅館用餐，因爲抵達的時間比較晚，所以迎面而來的是一張領台的「僵硬笑臉」。而接踵下來的是令人啼笑皆非的待遇，例如四人點的六菜一湯在不到十分鐘內全部上齊、服務生不再加水及茶水、也不換骨盤等。但是，讓四位從事餐旅業十多年經驗主管最爲噴飯的是：晚上九點一到（該餐廳九點三十分打烊），因爲沒有其他桌的客人，所以服務生居然把所有的燈全部關掉，只留下該餐桌頂上的燈，趕客人的企圖十分明顯，但是因爲李三等人是「巷內的人──行家」，所以決定繼續留下觀察看該餐廳人員的因應之道。接下來的三十分鐘，該名服務生使用激將法：打電話給別的單位大聲抱怨客人拖台、他爲什麼那麼倒楣是晚班的還要留下來、現代的人爲什麼都不會體會別人呢？好不容易等到客人用餐完畢，該餐廳居然沒有人向顧客致意，更不要說禮貌的送客了！此案例的結果是：「非常不幸的，李三是該旅館新任的經理人，隔天這個服務生就自然消失了！」

另外，同樣的空間轉移到別家五星級旅館，也是因爲顧客拖台且超過了營業的時段，所以該餐廳服務人員非常生氣地將餐桌上顧客的所有筷子全部收起來，更是眞情流露地向顧客表白：「你們這些人太會講了吧！吃飯就吃飯，不想想別人也要回家，晚來就要認份快一點吃才對！」當然，在消費者意識高漲的時代，本案例的「苦主」立即向該旅館值班主管投訴，服務人員也被公司記過處分了！

個案分析

　　以往餐飲業常面臨到顧客拖台的狀況，現場人員因為上班時間的考量，都不願接待太晚到的顧客，所以有許多餐廳通常會採事先訂位並告知顧客到店時間的相關規定，反倒容易處理現場突發的狀況。

　　但是目前因為餐飲業不景氣，許多經營者往往會告知現場主管，只要有客人上門，廚師還沒有下班前，一律不可輕易拒絕上門的客人！所以就衍生了許多「暗示性」的行為來「適當地提醒」客人盡速用餐，比較常見的方法有：

1.以廣播來提醒客人「本餐廳營業時間為……」，以避免顧客因為談話而忘了時間。

2.以快速上菜的方法，讓客人盡快結束用餐而沒有時間談話。

3.服務迅速並不時提醒客人是否還有點菜的需要，因為廚房即將於某時間休息等。

4.其他沒有顧客的區域，當區的服務人員已經開始收拾台布、擺設餐具，甚至開始打掃吸塵等。

5.關掉其他區域的燈、空調等，當區的服務生陸續下班。

6.其他方法：例如一直在旁邊收拾餐桌上的用具、在餐桌旁走來走去、服務生在旁聊天、向顧客先行結帳（原因往往是因為櫃台要下班了。）

　　如果以上的方法都趕不走顧客，也可以試一試上述案例的激烈手法，或者直接上餐桌趕客人！

　　餐飲服務業針對顧客晚到消費的行為，必須要有一套因應的對策，例如訂位時告知顧客相關的規定及餐廳營業的時間，讓顧客可以斟酌消費時段的可行性，千萬不可接了訂位，待顧客上門後再告知，讓客人有受騙的感覺。顧客如果很晚才上門，應該很有禮貌地告知餐廳結束營業的時間、尚可提供的餐及飲料內容、結帳的最晚時段等規定，千萬不可以讓顧客入座後再告知上述狀況，而徒增顧客的抱怨。因為只要是接受顧客進門就必

須要提供完善服務的理念，是餐飲服務業最基本的精神！

問題與討論

　　李美美擁有十多年的餐飲管理經驗，自覺對於許多餐飲經營及專業技巧專精，所以常常不自覺地站在經營者的立場來接待顧客，雖然少數顧客對於她是又愛又恨，但是多數的客人都還蠻喜歡她的專業及細心。不過前一週的經驗卻讓她久久不能釋懷，並對於自己的專業產生懷疑。

　　那是一桌常客的聚餐，因為主客遠從美國歸國，大家都喝的有點多，也拖的很晚。平時李美美都會陪到最後，但是那天因為人有一點不舒服，所以匆匆交代了當班的主管後就離開餐廳。第二天才聽說因為當班主管趕客人而與顧客產生糾紛，雖然事後想盡辦法地想要補償客人，但是客人卻是撂下狠話，從此不再踏入餐廳一步，並帶走許多她介紹的客人！

　　請問如果妳是李美美，妳應該如何積極與該消費者協調，重新挽回這位常客的心呢？

註　釋

❶William B. Fisher, *S.E.R.V.I.C.E.-Nation's Restaurant News*, 15(3)(1995), p.39.

❷陳文敏著，《穿上顧客的鞋子──POS非常服務給您非常成功》（台北市，天下遠見，2002年），11-12頁。

❸Robert Christie Mill原著，吳淑女翻譯，《餐館管理》（台北市，華泰文化，2000年），39頁。

❹Paul R. Timm, *Customer service：career success through customer satisfaction*, 2nd.ed (Prentice-Hall, Inc., 2001), p.67-80。

Chapter 7

餐飲服務作業

照片提供：忠品國際教育訓練機構。

如果說正確服務觀念及優質品質檢視技巧是餐飲業吸引消費者的基礎，那麼服務技巧就是一種重要的溝通工具及手段。以往的餐飲業者重視餐廳的華麗裝潢、高昂設備、食物用材的講究及華而不實的服務技巧，但隨著顧客的需求不同及消費習慣的改變，貼心及平實的餐飲服務程序，也漸漸取代了昔日讓客人心生畏懼的「餐飲服務特技」。

本章中將探討目前在餐旅業最常提供的各種餐飲服務種類、中西式（或是混合型）的作業流程及各種實務狀況的問題或案例分析。

第一節　各種餐飲服務種類

各家旅館及餐廳依據開店的設定標準及程序，制定了管理理念、經營的特色及重點、服務理念、客層的設定、裝潢特色、菜單的種類後，如何將經營者精心策劃的餐點，禮貌及有效率地傳送到顧客的面前，就是所謂的「外場服務／服勤方式」。

現代化的餐飲服務除了業者在餐桌上所使用的器皿（如布巾、餐盤、杯具、刀叉等）呈現的美感外，其主要的精髓為服務人員在提供顧客餐飲時所展現的禮儀、服務的風範、作業的流程及感謝的心意等。

傳統及制式的餐飲服務包含許多不同的型態，如美式、法式、俄式、英式、櫃台式及自助式服務等，不同經營型態及種類的餐廳有不同的設定，並無好壞之分，只有合不合適。通常其被設定的原因有：餐廳的類型、經營者所要呈現給消費者的印象、市場的狀況和需求及主要客源所喜好的特質等。

以下簡單說明各種餐飲服務種類及其優缺點的分析：

美式服務

美式服務（American service）又稱為持盤式服務。目前台灣餐飲業使用最為頻繁的餐飲服務方式不外乎是「美式服務」，除了多年前美式餐飲

的流行風潮外，最重要的是符合管理者經濟效益的原則。因為其簡單有效率的服務方式，讓餐廳只需要少數的人員，就可以快速在營業量多及翻台率高的餐廳中服務大量的顧客（見表7-1）。

表7-1　美式服務的特色及優缺點

美式服務的特色	美式服務的優點	美式服務的缺點
1.用餐的順序：開胃菜、麵包、湯、沙拉、主菜、甜點及咖啡或茶。 2.上菜的方向：麵包、奶油及主食由顧客左側供應；飲料及點心類則由顧客的右側供應。 3.收拾餐具：一律由顧客的右側收拾（左上右下）。	1.動作迅速確實不拘謹。 2.作業設定簡單，一人可以服務多桌，管理人員易控制人力成本。 3.服務技巧養成容易，服務動線及空間不浪費。	1.無法顧及每一位顧客的特殊需求。 2.服務的質感不精緻，並不適用高級餐廳。 3.無法進行分菜及桌邊的相關服務。

法式服務

　　法式服務（French service）又稱為餐車式服務（gueridon service）❶。以往台灣餐飲業服務技巧的最高指標為「法式服務」，除了其專業訓練的嚴格養成、技巧要求高及服務人員的水平普遍高等因素外，更是五星級旅館餐飲服務人員最重要的職場目標。但是隨著消費者的需求及市場的趨勢走向變動，傳統的法式服務也逐漸的沒落，漸漸市場興起的是「改良式的法式服務」，不再堅持所謂的手推車或是餐車式服務，將其改為一律由廚房提供，但是具有噱頭的菜餚（如凱撒沙拉、火焰咖啡或是火焰甜點等）仍保留由服務人員在現場的餐車上烹調完成，不但可以縮短服務的時間更符合顧客用餐的期望，同時也可以節省專業人員養成的時間及業者的經營成本（見表7-2）。

表7-2　法式服務的特色及優缺點

法式服務的特色	法式服務的優點	法式服務的缺點
1.用餐的順序：開胃菜（酒）、麵包、湯、主菜、沙拉、甜點及咖啡或茶。 2.上菜的方向：麵包、奶油及沙拉碟由顧客左側供應；其他餐食及飲料等由顧客的右側供應。 3.供食方式：餐食於廚房中由廚師先行處理成半成品狀況，再由專業的服務人在顧客餐桌旁的手推車中完成最後烹調或加工。 4.收拾餐具：一律由顧客的右側收拾（右上右下）。	1.可為旅館或餐廳提升整體對外形象。 2.兼顧每一位顧客的特殊需求及整體服務的精緻度。 3.動作優雅讓顧客感受到用餐的氣氛及尊榮。 4.對於顧客而言，不但有美味的佳餚，更有專業的烹調技巧滿足感官的需求。 5.對於從事法式服務的餐飲服務人員有較專業的服務技巧及優越的成就感。	1.作業設定繁瑣，一人只能服務一、二桌，人力成本控制不易。 2.服務的效率不高並不適用營業量大的餐廳。 3.服務技巧養成不易，服務動線需求高，限制到餐廳整體空間的設定。 4.用餐時間過久，不適合各種客人的需要，且翻台率低，影響餐廳收入。 5.消費金額過高，與目前消費的趨勢不合，無法增加來客率。

■ 法式服務的餐桌擺設：左手邊是麵包盤及奶油刀，依次是沙拉叉、餐叉，中間擺口布，口布右手邊依次是餐刀、湯匙、沙拉刀，口布前面則是點心叉及點心匙，最後是水杯及酒杯。

俄式服務

　　傳統俄式服務（Russian service）在美國稱為銀盤服務（platter service），國內學者也有人稱其為「修正式的法式服務」。多數被運用於宴會上，雖不像法式服務的華麗，但卻快速而不失優雅。主要是因為這種服務的方式，不但可以像美式服務的動作流暢又快速的提供熱食，又不會犧牲與顧客接觸的機會，特別適合於必須同時為多位顧客提供服務的宴會（見表7-3）。

表7-3　俄式服務的特色及優缺點

俄式服務的特色	俄式服務的優點	俄式服務的缺點
1.服務的基本原則：一般而言，以一位服務人員服務一大桌客人。 2.餐桌擺設方式：出菜前，服務人員由顧客右側以順時鐘方向擺上空盤子。 3.上菜的方向：由服務人員以左手端大銀盤，右手操作服務叉匙由顧客左側供應；酒及飲料等由顧客的右側供應。 4.供食方式：餐食於廚房中由廚師先行烹調完成，以大銀盤盛裝，再由服務人員將大銀盤端到顧客餐桌旁。 5.收拾餐具：一律由顧客的右側收拾（右上右下）。	1.俄式服務是一精緻高雅又不失效率的服務方式。 2.服務迅速，人力成本較法式服務低，但又擁有其雍容華貴的供餐氣氛。 3.使用大銀盤讓整體用餐環境質感佳。 4.每位顧客所享用餐食份量固定，不易造成食物的浪費。 5.歐美各國的大型宴會使用率高，顧客滿意度穩定。 6.服務技巧養成容易，服務動線及空間較法式服務簡略。	1.銀盤作業繁重，不是每一位服務人員的體力都可以負荷。 2.投資資金高，因為銀盤的更換頻率高，餐廳需要準備大量的餐盤備用。 3.因為重視餐盤的溫度，所以廚房清洗人員必須不斷地清洗及溫熱餐盤。遇到大型宴會顧客較多時，可能會出現餐盤沒有徹底洗淨及熱盤的情況。

英式服務

　　英式服務（English service）[2]通常適合運用於餐廳的獨立廂房、特別的團體晚餐或是當筵席中需要較快的服務時等場合。其運作的方式為服務人員事先將烹煮完成的食物擺設好，然後以大銀盤由資深人員或領班托出，分配給顧客食用（見**表7-4**）。

表7-4　英式服務的特色及優缺點

英式服務的特色	英式服務的優點	英式服務的缺點
1.服務的基本原則：一般而言，以一位服務人員服務多桌客人。 2.上菜的方向：由服務人員以左手端大銀盤，右手操作服務叉匙由顧客左側供應。 3.供食方式：餐食於廚房中由廚師先行烹調完成，以大銀盤盛裝，再由服務人員將大銀盤端到顧客餐桌旁。	1.英式服務是一快速並兼具個人式特色的服務方式。 2.服務迅速，人力成本較低。 3.每位顧客所享用餐食份量固定。 4.所需要的運作空間及器具放置空間不需太大。	1.整體用餐氣氛不夠精緻優雅。 2.沒有秀菜技巧及現場烹調的展現。 3.不適合所有菜餚，例如魚或蛋捲。 4.制式服務無法給予客人驚豔的感受。 5.因為顧客不同的餐點而在桌面堆積許多不同的盛菜盤，給人凌亂不夠整潔的用餐感受。

桌邊服務

　　許多歐美較高級的餐廳常使用這種桌邊服務（table side service）方式，一般而言，這種講求個人專屬的服務需要兩位服務生來遞送及準備食物，一位領班負責帶位及接受點菜，再加上一位專業的酒類服務人員幫客人選擇酒及提供飲酒服務（見**表7-5**）。

表7-5　桌邊服務的特色及優缺點

桌邊服務的特色	桌邊式服務的優點	桌邊式服務的缺點
1.服務的基本原則：一般而言，以多位服務人員服務一桌客人。 2.供食方式：餐食於廚房中由廚師先行半處理的烹調方式，再由服務人員於餐桌旁作相關的處理後，一一端給顧客享用。	1.桌邊服務是一種純個人式的高級服務。 2.服務過程優雅、豪華，顧客滿意度極高。 3.展現高級服務技巧及娛樂性（如切肉、點酒燃燒、現場烹調等）。	1.服務技巧高，人員不易訓練。 2.所需耗費人力成本高。 3.單價高，不易吸引一般顧客。 4.用餐時間長，翻台率低。 5.需要昂貴器具，且因擺設桌邊烹調器具，壓縮整體餐廳的座位空間。

歐式自助式服務

　　一般而言，在台灣餐飲業所稱的歐式自助餐就是瑞典式自助餐服務（buffet service）方式。這種類型的餐飲計價方式是採用人數來計費，其餐飲所提供的內容，依據每家餐廳的設定而不同，但是大略而言可區分為：前菜／小菜／冷盤類、湯、沙拉、主菜、甜點及飲料等。服務作業最大的特色是，業者設定餐台上會有一大型熱烤的肉區（如烤牛肉、羊排等），由專業的廚師負責切割及提供外，其餘的餐食一律由顧客自行取用。目前台灣餐飲業則比較流行另一種服務方式，稱為半自助式服務（semi buffet service）。兩者間的差別為半自助式服務，會將餐前飲料、餐後飲料由服務人員親送至顧客桌上，提供半套的供餐服務（見表7-6）。

表7-6　自助餐服務的特色及優缺點

自助式服務的特色	自助式服務的優點	自助式服務的缺點
1.服務的基本原則：一般而言，以一位服務人員服務一區客人（約八至九桌）。 2.供食方式：餐食於廚房中由廚師先行處理完畢，再由廚師或服務人員視顧客使用狀況，一一補齊餐台上的食物及飲料等。	1.顧客可以依據自己的喜好自行組合菜色。 2.餐台多種類食物的展示，讓整體用餐感受十分豐富。 3.因為是顧客自行取用，不需大量服務人員，可節省人力成本。 4.在很短的時間內就可以提供大量顧客用餐，服務效率高。 5.餐廳並無固定菜單，可以依據時令及材料的成本，隨時調整供餐內容，符合成本控制的效益。 6.用餐的流行度高，容易吸引不同類型顧客上門。 7.自助餐台的設定極具彈性。	1.服務技巧不高，人員工作量大且流動率高。服務方式不如其他服務型式優雅。 2.因為是單一計價方式，顧客有吃到飽撈回本的觀念，往往造成許多食物的浪費。 3.顧客使用率不一，不易管控成本、庫存量等。 4.用餐時間長，幾乎無翻台率。 5.熱門食物製作或補充速度不及顧客用餐速度，容易造成抱怨。 6.餐盤使用率高，因為考慮顧客較多時可能會出現沒有餐盤的情況，必須準備大量的備用餐盤。 7.額外要準備大餐盤、保溫器等相關設備。

簡速自助式服務

　　簡速自助式服務最早為自助餐廳所採用的方式，由顧客自行在餐廳所提供的餐台上取用喜愛的菜餚，最後再到出納處結帳的作業方式稱為自助服務型餐廳，而此種作法最早源於美國，英文稱此類餐飲為cafeteria。一般而言，在台灣餐飲業採用此種服務的多為學校的餐廳、公家機構的員工餐廳或是街頭巷尾的自助餐廳等。

　　目前也出現一種所謂的半套簡速自助服務，此種服務類型採用了自助

型的優點（顧客自主性高、取菜迅速及業者供餐便利）及餐桌服務的優雅及舒適。由餐廳服務人員將餐前飲料、湯、主食或餐後飲料（視各家餐廳的設定）送至顧客桌上，其餘如沙拉、甜點等由客人自行取用的半套服務方式稱之。而其優缺點大致與歐式自助式服務類似。

櫃台式服務

　　目前所有的速食業、小吃店、連鎖型的咖啡店幾乎採用櫃台式服務供餐的服務方式。由櫃台人員接受客人的點菜單後，遞送或經由電腦點菜系統至廚房處，廚房再將菜餚傳送到櫃台，客人取餐的位置則全部在櫃台處，顧客用餐後則自行將用完的餐具及托盤送到回收區，此種服務方式以迅速及方便為主要的訴求（見**表7-7**）。

表7-7　櫃台式服務的特色及優缺點

櫃台式服務的特色	櫃台式服務的優點	櫃台式服務的缺點
1.服務的基本原則：一般而言，以一到二位服務人員服務餐廳櫃台。 2.供食方式：餐食於中央廚房由廚師先行處理成半成品，再運送到各分店，服務人員視顧客需要作烹調或加熱。	1.售價低廉，一般顧客皆消費得起。 2.服務速度快，可節省顧客等候的時間。 3.節省廚房製作空間，不需要聘用廚師亦可運作，人力成本易控制。 4.因為顧客自行到櫃台點用及取餐，只需少數服務人員，人力成本低。 5.在很短的時間內就可以提供顧客用餐，服務效率高。 6.顧客不需要給小費。 7.適合的餐飲類型多，更被多數速食業所採用。	1.服務品質不高，服務方式不如其他類型正式。 2.點用情況無法控制，存貨的控制不易。 3.此類餐廳的廚房面積小，無法提供多種類的餐飲。 4.無法隨著時令更動菜單。 5.因為不是現場烹調，無法吸引對餐食要求高的顧客群。

第二節 西餐作業流程

各家旅館及餐廳因為整體設定、菜餚特色、服務理念等不同的因素外，更因所選擇服勤方式的差異而有不同的作業流程，在此無法一一解說細節，只能就一般性的作業流程及相關的注意事項說明（見圖7-1）。

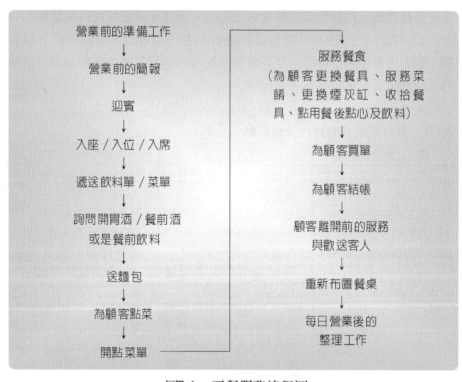

營業前的準備工作
↓
營業前的簡報
↓
迎賓
↓
入座／入位／入席
↓
遞送飲料單／菜單
↓
詢問開胃酒／餐前酒
或是餐前飲料
↓
送麵包
↓
為顧客點菜
↓
開點菜單

服務餐食
（為顧客更換餐具、服務菜
餚、更換煙灰缸、收拾餐
具、點用餐後點心及飲料）
↓
為顧客買單
↓
為顧客結帳
↓
顧客離開前的服務
與歡送客人
↓
重新布置餐桌
↓
每日營業後的
整理工作

圖7-1　西餐服務流程圖

營業前的準備工作

1.前往警衛室領取餐廳鑰匙，開門、開燈、開空氣調節器至適溫（或餐廳規定的溫度）。

2.簽到、檢閱交接簿（工作日誌）的各項交接事項並簽名。

3.依主管工作分配表的指示，分配所屬員工工作區及整理餐廳、服務台及其他準備清潔工作。

4.營業前準備工作依照規定時間完成後，主管以「每日工作檢查表」（如表7-8）上所列的項目一一詳細檢查準備工作是否完成、是否符合公司標準及一切必備品是否均已備妥。

5.檢查無誤後依表上所列的項目一一打ˇ。

6.若發現有未完成的工作或未盡理想之處，應督促所屬員工在規定時間內完成，並追蹤及確認各項標準的達成。

7.逐項檢查完畢後，填明日期、時間、檢查人及當班主管簽名。如有任何附註事件，則在備註欄註記。

8.到餐廳出納／櫃台領取足夠用之連號點菜單以備客人點菜用。

營業前的簡報

1.簡報時間由餐飲主管依實際經營狀況決定時間及次數，基本上最理想的狀況每日應舉行二次（營業前／營業後簡報）。

2.簡報由餐飲經理或副理主持，全體當班人員都必須參加。

簡報內容如下：

(1)每日服裝儀容檢查（依據公司禮儀手冊內的各項規定）。

(2)昨日營業（營業額、食物、飲料平均消費額等）狀況的檢討。

(3)客訴處理技巧（客人的讚譽、抱怨及應如何保持及處理方法等）。

(4)今日主廚所推出特別菜餚介紹、行銷的重點說明。

(5)今日內部訂位的說明（貴賓室的狀況、客人姓名、人數、桌位、顧客特殊習性等）。

(6)公司最新規定、政策等事宜。

(7)營業工作的安排與區域分配的說明。

(8)其他特別注意事項及加強事項。

表7-8　每日工作檢查表

典雅西餐廳營業前檢查表

檢查日期：＿＿ 年＿＿ 月＿＿ 日
檢查時間：＿＿＿＿＿＿＿＿

	是	否		是	否
一、服務員	☐	☐	三、工作台	☐	☐
出勤表	☐	☐	電話	☐	☐
服裝（制服）	☐	☐	花瓶	☐	☐
儀容	☐	☐	煙灰缸	☐	☐
手指	☐	☐	麵包籃	☐	☐
頭髮	☐	☐	調味料	☐	☐
口紅	☐	☐	糖盅（糖包）	☐	☐
鞋、襪子	☐	☐	茶包	☐	☐
紙、筆、打火機	☐	☐	咖啡豆（粉）	☐	☐
			玻璃器	☐	☐
	是	否	瓷器	☐	☐
二、其他			銀器	☐	☐
燈光、空調、音樂	☐	☐	咖啡／茶	☐	☐
白板	☐	☐	保溫器	☐	☐
叫菜板	☐	☐	奶油、麵包	☐	☐
點菜單、飲料	☐	☐	水果	☐	☐
請修單	☐	☐	吸管	☐	☐
領貨單	☐	☐	牙籤盒（罐）	☐	☐
倉庫	☐	☐	杯墊	☐	☐
地毯、天花板	☐	☐	筷子	☐	☐
玻璃、牆壁	☐	☐	菜單、特餐菜單	☐	☐
電話	☐	☐	酒單、飲料單	☐	☐
腳架、燭台	☐	☐	托盤	☐	☐
桌上擺設	☐	☐	口布	☐	☐
桌椅	☐	☐	服務巾	☐	☐
木條、銅條	☐	☐	台布	☐	☐
			訂位表	☐	☐

四、備註

＿＿＿＿＿＿＿＿＿＿＿＿＿＿＿＿＿＿＿＿＿＿＿＿＿＿＿＿

＿＿＿＿＿＿＿＿＿＿＿＿＿＿＿＿＿＿＿＿＿＿＿＿＿＿＿＿

檢查幹部 ＿＿＿＿＿＿＿＿＿　當班主管（經理或店長）＿＿＿＿＿＿＿＿

迎賓

1. 領台人員應熟悉當日訂位的狀況，並隨時注意訂席及餐廳座位的訊息，隨時更新。
2. 當客人進入餐廳時，由負責的人員（領台員）以微笑迎賓，詢問客人是否有訂位、用餐、喝飲料及詢問其姓名後引領入座。例如：
「XX先生、XX小姐，您好！請問您貴姓？是否已經訂位了？請問是三位嗎？有沒有抽煙？喜歡靠窗的位置嗎？」

"Mr.XX / Mrs.XX, may I have your name please? Do you have a reservation? Are there three people in your group? Do you smoke? Do you mind sitting by the window?"

3. 帶位時應隨時回頭，注意客人是否有跟上，動作不急不緩，且提醒客人小心台階等話語。
4. 主動為顧客提供相關的服務，例如掛大衣、雨傘套、寄放物品等。

入座／入位／入席

1. 入座前先行由當區服務人員檢視餐具的數量，依據來客狀況撤走多餘的餐具或加添餐具。
2. 將客人帶至餐桌時，應詢問客人是否對所安排的座位滿意。例如：
「XX先生／XX小姐請問這張桌子可以嗎？」

"Mr.XX / Mrs.XX, is this table fine for you?"

3. 入座時：以主賓／長者／女士優先入座。

拉推椅子的要訣：

(1) 拉開椅子的同時，再確定椅子上是否有髒東西或水漬。

(2) 雙手抓住椅背兩側，借手臂之力輕輕地將椅子稍微提起。

(3) 將椅子順著客人坐姿推入，注意客人反應，試看坐的滿意與否並作適當的調整。

4. 如遇到較小的兒童則必須提供兒童安全座椅，並以安全程序協助兒童入座。

5. 待全部客人就座後，先由主客及女士開始攤口布。由客人左側或右側拿著口布（口布折成三角形，三角朝外）順勢將口布攤開，以不碰觸客人為原則，輕置客人膝蓋上。

6. 領台人員應介紹當區領班／主管給顧客認識，並適時向顧客引退。此時服務人員必須牢記客人姓名及其特徵以便服務時稱呼。例如：
   「XX先生／XX小姐，這位是XX副理／領班，他將為您服務，祝您用餐愉快！」
   "Mr.XX / Mrs.XX, our assistant manager / captain XXX, he / she will serve you today, hope you enjoy your stay."

7. 如當區服務人員非常忙碌，可先代問客人飲料或先送菜單給予參考。
   備註：如果座位為翻過台的座椅，應該在帶位之前先行確認桌面及地面的清潔（留意是否有殘留的麵包屑或小垃圾等物品）。

遞送飲料單／菜單

1. 先幫所有客人倒水，每倒完一位客人應用服務巾擦乾，再為第二位顧客倒水。

2. 先行自我介紹。例如：
   「XX先生／XX小姐，我是法蘭克，今天晚上很高興能夠為您們服務。」
   "Mr.XX / Mrs.XX, my name is Frank, it 's my pleasure for taking care of your table tonight."

3. 有禮地遞送菜單／飲料單。
   (1) 先行檢視菜單是否完整及無破損，另外確認所有的促銷單張或是每日主廚推薦等資料是否完整。
   (2) 拿菜單要用右手肘貼身拿。
   (3) 照客人位數多拿一本（因為要方便翻閱介紹菜色給客人，以免在

客人的手上翻閱而引起顧客不適）。

(4)輕輕打開菜單從客人右側遞送，並向顧客解釋菜單的結構（例如主廚推薦在最前頁、單點在中間，套餐在最後等）。然後迴避一下，但仍要隨時注意顧客的動靜，如客人有任何疑問應隨時向其解說。

詢問開胃酒／餐前酒或是餐前飲料

1.一般西餐的用餐習慣會詢問顧客是否要在用餐前先飲用所謂的開胃酒／餐前酒或是雞尾酒等。例如：

「XX先生／XX小姐，在您們看菜單之前，我想建議XXX。」

"Mr.XX / Mrs.XX, before you look at the menu, I would like to recommend XXX."

2.如果顧客不想要含酒精類的飲料，也可以藉此機會問客人是否需要果汁類／氣泡飲料或是礦泉水等。

送麵包

1.依據客人人數點叫同等份量的麵包，並需注意附上相等數量的奶油。

2.如果麵包為現烤的，應該提醒顧客趁熱食用。

3.部分旅館標榜麵包為點心房師傅親自以手工製作，必須強調其特色來增加顧客對整體用餐食材品質的肯定。

為顧客點菜

1.點菜的工作依據公司規定由資深的點菜人員／領班／副理等來執行。

2.確定客人要點菜時才走向客人。例如：

「XX先生／XX小姐，請問您要點菜了嗎？」

"Mr.XX／Mrs.XX, are you ready to order?"

"May I take your order now?"

3.點菜時站立於客人斜側，以耳朵側向客人恭聽指示，但不可以太靠近客人，以免尷尬。

4.一般而言，通常以主賓／長輩／女士順序來進行，但有時必須依照顧客的要求來點菜。

5.點菜時，說話時口齒要清晰，音量要適中。掌握時機，適時地解釋與促銷菜色，絕不催促與強迫推銷。

6.依照餐廳規定的餐桌順序（例如以主客開始，順時鐘方向逐位點菜，主人為最後一個），如果顧客並沒有一定要誰先點，則可採用依座位編號進行，有助於後續的上菜及各項服務。

7.必須熟悉菜單上的各項菜餚，且有能力正確地回答顧客有關烹調方式、份量、價格及口味等問題。

8.應該隨時詢問顧客點用餐點的相關事宜，不要事後再一直追加詢問顧客。因為這樣不只會增加顧客的不悅，更突顯餐廳人員的專業不足。例如：

「請問您的沙拉要配什麼醬？我們有主廚特調醬汁、凱撒醬、千島醬等選擇。」

"What kind of dressing would you like for your salad? We have chef special, caesar and thousand island."

「請問您的牛排要幾分熟？」

"How would you like your steak?"

9.菜色如需耗費較長的準備時間，或已銷售完畢時，應及早告知客人，使客人能事先了解以便做決定。例如：

「XX先生／XX小姐，您所點的菜已經賣完了，要不要嘗試其他的菜色呢？」

"Excuse me, Mr.／Mrs.XX, the XX is sold out, would you like to change？"

10.點完餐時一定要複誦一遍，以避免上菜時不必要的錯誤。例如：

「對不起，您所點用的是香蒜牛排，七分熟，醬汁是蘑菇醬。」

11.輕輕地逐位收回菜單，並微笑向顧客道謝。例如：

「先為各位送點菜單，您的餐點馬上就會來！」

"It will take about five minutes to prepare your meal, I will be right back!"

「如果有任何需要請隨時交代我！」

"If you need anything, I will be right with you."

開點菜單

1.點菜單（captain order）[3]為餐廳控管各項工作的重要依據，所以填寫時必須完全遵照餐廳的相關規定。

2.點菜單的內容（參考表7-9）：

表7-9　點菜單

典雅西餐廳點菜單			
TABLE NO. / 桌號	COVERS / 人數	DATE / 日期	WAITER / 服務員
QTY / 數量	ITEMNAME / 品名	CODE NO. / 代號	PRICE / 單價
ROOM / MEMBERSHIP 'S NO. 房號 / 會員號碼	PRINT NAME / 姓名		SIGNATURE / 簽名處

第一聯：餐廳出納　　　　第二聯：廚房或酒吧　　　　第三聯：客人自存

(1)桌號（table）：依據餐廳編制的確實桌號填寫。

(2)人數（cover）：依照來客確實人數填寫。

(3)服務員（waiter / waitress）：由當區開單者填寫。

(4)日期（date）：當天日期。

(5)代號（code）：依菜單上每一道菜餚的電腦代號，確實填寫。

(6)品號（item）：填寫菜單、飲料名餐廳慣用或規定的縮寫。

(7)數量（qty）：填寫菜單、飲料的點用數量。

(8)單價（price）：填寫每份菜、飲料的單價。

(9)房號或會員編號（room / membership's NO.）：詢問顧客房號或會員編號以利入帳。

(10)正楷簽名（print name）：請客人簽寫全名正楷。

(11)草寫簽名（signature）：請客人填寫草寫簽名。

3.點菜單的作業流程及相關單據的遞交狀況（參考**圖7-2**）（流程的先後順序視各家餐廳／旅館規定而異）。

4.點菜單為餐廳收入的最重要作業依據，在餐廳的點菜單作業流程上如果不夠周嚴或緊密，不但收入會減少，更因內部人員的疏失或刻意隱藏，而衍生許多管理上的盲點及困難。一般而言，點菜單的作業應注意事項如下所列（或依據各家公司POS的作業流程而定）：

(1)點菜單由相關點菜人員或主管填寫完後交予出納簽字前，必須打上日期及時間，不但可以獲知顧客點菜的正確時段，更可為廚房

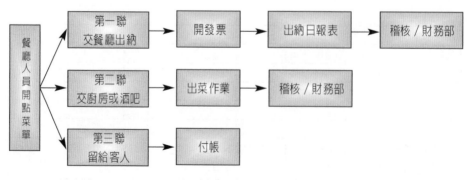

圖7-2　點菜單作業流程圖

出菜是否延誤等的輔證。

(2)餐廳出納簽字後，收下第一聯，立即輸入電腦。

(3)服務員立即將第二聯送交廚房（酒吧）以作為取菜（飲料）等的資料。

(4)第三聯訂在客人的消費卡上，作為客人核對及結帳的依據。

(5)餐廳出納在打出發票前，需先核對第三聯的點菜單與電腦輸入之資料是否相符，如有出入立即與開單者查明更正。

(6)開立點菜單必須清楚，如有塗改必須三聯一起更正，並經當班主管簽字（例如菜餚內容、數量、價錢等的更正）。

(7)作廢的點菜單，必須三聯一併作廢，並經當班主管簽名交給餐廳出納。

(8)如果點菜單中間有不連號的情況，必須事先報告當班主管，並盡力尋找，如未尋獲，當班主管必須記錄該張號碼，以報告方式轉財務部門處理。

(9)外場人員除遞送發票外，手上不得持有發票，現場客人遺留之發票一律交給出納，繳財務部統一處理。

(10)如為餐廳主管招待熟客的小菜、飲料或點心等，必須依據公司規定填寫招待單並將該單據由出納於每日日報表上註明，並與顧客的單據一同轉至財務部門。

(11)如有沒有填寫該菜餚電腦代號，出納應拒收並退回外場請相關人員補齊，廚房及酒吧也不得在補齊前出菜。

(12)如果顧客數人共一桌有先後到達者，而先到者已經開始用餐，應先開點菜單，不可等到其他客人到齊後才開單，以避免漏單。

(13)如客人點用菜單以外的物品，且無設電腦代號的菜餚（飲料），應向財務部索取食物或飲料的開放或暫時代號（open key），並將該菜的用料明細清楚註明在點菜單上。

(14)一般點菜單第二聯交由廚房或酒吧，廚房與酒吧應每日彙總，於第二天交給財務部作成本分析。

服務餐食

一、為顧客更換餐具

1. 當區服務人員必須依照顧客點菜的內容為其放置餐具（依據各家餐廳／旅館的規定而異）。
2. 使用乾淨的托盤拿齊正確搭配的餐具，至客人的右／左後方（美式或法式各有不同）。
3. 視需要先行收起客人在桌上的餐具放在托盤中，再從客人的右／左方放置搭配正確的餐具。例如：
   「抱歉，可以為您更換餐具嗎？」
   "Excuse me, Mr.XX／Mrs.XX, may I change your cutlery?"

二、為顧客服務菜餚

1. 依菜單順序出菜（例如前菜／開胃菜、湯、沙拉、主菜等），順序為主客或女客人優先服務，再依順時針方向一一服務。上菜時應事先告知客人，以免在客人不知情下打擾到客人。例如：
   「抱歉，這是您點的XXX請慢用！」
   "Excuse me, Mr.XX／Mrs.XX, this is your XXX. Enjoy your meal!"
2. 取菜時必須充分掌握每道菜的烹調時間，適時前去取菜；上桌的菜餚必須保有其該有的溫度，熱食一定要熱，冷食一定要冷。另外，如菜餚須附上餐具或附屬物（如沙拉醬汁或沾醬等）應事先檢查是否齊全，以避免增加不必要的服務次數而引起顧客不適。
3. 服務菜餚時，不可詢問客人所點為何，必須用心記憶，或是依據餐廳座位圖及點菜單等工具來協助。
4. 等待菜餚時必須隨時注意顧客是否需要任何服務，切忌與同事聊天或不知所措。
5. 送主菜前，告知客人主菜已在準備，並適時介紹餐中酒。

6.送主菜時，須檢查每道菜內容及盤飾是否備齊，並依規定放置整齊
以增加菜餚的美觀及品質的呈現。

7.顧客使用主菜時，如果水只剩下三分之一時，應主動添加。若酒杯
已經空了，應上前詢問是否再添加一杯。例如：

「抱歉，請問您需要再加點葡萄酒嗎？」

"Would you like to have some more wine?"

8.如果顧客桌上麵包已剩不多時，應上前主動詢問是否要再添加麵
包。例如：

「抱歉，請問您需要再添加一些麵包嗎？」

"Would you like to have some more bread?"

9.於客人用完主菜後，收回大盤、BB盤、奶油麵包籃、胡椒鹽罐，若
桌上有麵包殘屑等物，必須小心清理乾淨。

三、更換煙灰缸

1.當顧客桌上的煙灰缸內有二根（或依據餐廳規定）煙頭時，就應該
主動為其更換煙灰缸。

2.使用乾淨的托盤，將乾淨煙灰缸置於托盤上。

3.左手拿托盤，右手拿乾淨煙灰缸。

4.將乾淨的煙灰缸蓋在已髒的上面，然後移開放置於托盤上。

5.將乾淨煙灰缸放回桌上。

四、添加冰水

1.當顧客水杯上的水剩下三分之一時，就應該主動為其添加。

2.依序以順時鐘的方向（或依餐廳之作業規定）為有需要的顧客添
加。

五、收拾餐具及清理桌面

1.隨時面帶微笑，注意客人進餐時的任何需要。

2.如客人吃完該道菜，即刻詢問是否可為其撤走用畢的餐具。例如：

「抱歉，XX先生／XX小姐，可以幫您收下空盤嗎？」

"Excuse me, Mr.XX／Mrs.XX, may I remove your plate?"

3.在客人右後方用手撤盤，若餐盤在客人的左邊也可以方便為主由客人左邊撤，然後再以順時鐘方向撤完（依據各旅館／餐廳服務規則為準）。

4.取走顧客的餐盤前應該禮貌性地詢問客人是否不用了，如果顧客將刀叉合併置於盤邊或刀叉交叉置於盤中，均表示已經使用完畢。

5.收餐盤應注意事項：

　(1)全程使用托盤收，左手持托盤，右手撤餐用盤，如刀叉不在盤內也要一一收回並放置於托盤中。

　(2)以一個碟為主，專門撥剩菜於上。

　(3)依盤碟尺寸分類依序堆疊。

　(4)刀、叉、銀器分開堆集。

　(5)重物放在托盤中間，輕物放旁邊，才不會重心不穩。

　(6) 收拾時要儘量小心不要發出吵雜聲。

　(7) 不可堆疊太高或太重以免滑落引起危險。

6.把髒碗盤拿回工作台或直接送至洗碗區，並依餐廳規定做好各項分類。

7.如客人暫時離開坐位，可為客人將口布對摺放於椅把上或椅背上。

8.客人仍在座時不可用抹布擦拭桌面上的水漬或麵包屑，應使用乾淨的服務巾擦拭。

為顧客點用餐後點心／飲料

1.當客人已經用完主餐後，適時地向客人推薦餐後甜點，並技巧性地說明餐後甜點的式樣及特色。例如：

「XX先生／XX小姐，請問您飯後要來點甜點嗎？我們的起士蛋糕口感很棒！」

"Mr.XX／Mrs.XX, would you like some dessert? Our cheese cake

tastes delicious!"

2. 為顧客點甜點／飲料時，應該以女士、長者或主客優先，然後依順時針方向一一記錄於table plan上。

3. 重複確認客人所點的甜點直至無誤，咖啡、紅茶要問明冷熱，喜歡加檸檬、牛奶或奶精。例如：

「讓我重複您所點的甜點，您點的是 XXX？」

"May I repeat your order? Your order will be XXX."

4. 開具甜點／飲料單，取第二聯至吧台領取客人所點之點心、咖啡或茶，並且檢視其附屬物品是否都已備齊全。

5. 上甜點之前應先檢視客人的餐具是否正確，一般糕點使用點心匙、點心叉；派皮類點心則使用點心刀與點心叉。

6. 由客人右手邊為客人上甜點或咖啡、茶時應事先提醒客人，以防發生意外或突然中斷客人的談話。例如：

「抱歉，XX先生／XX小姐，這是您的XXX，請慢用！」

"Excuse me, Mr.XX／Mrs.XX, this is your XXX. Enjoy your XXX!"

為顧客買單

一、查對點菜單

1. 檢查餐桌號碼是否正確。
2. 再次確認食物、份量及價格等內容是否正確。
3. 確認所有飲料、酒類的內容數量及價格等是否正確。

二、完成所有帳單紀錄

1. 補齊所有遺漏的項目。
2. 交由餐廳出納員計算全部金額，並再次確認電腦的相關資料是否正確。

三、 呈送帳單

1.將所有相關的單據放入帳單夾中並闔上。

2.將其交給作東的客人,以筆指出其總金額,不需說話。

3.若不知誰為主人或付帳之人,應該將帳單夾放在桌子的中央並稍微迴避,並隨時注意顧客的動向。

為顧客結帳

一、收受現金時

1.檢視客人給的現金與帳單上的數量是否符合。

2.詢問顧客發票(收據)的相關明細,例如統一編號等。

3.將帳單與現金交由出納。

4.檢查出納找的零錢是否正確。

5.將發票與零錢以帳單夾送還客人。

二、收受信用卡時

1.檢視客人給的信用卡是否為餐廳所能接受的卡別,或依據餐廳規定而檢視。

2.詢問顧客發票(收據)的相關明細,例如統一編號等。

3.將帳單與信用卡交由出納。

4.檢查出納發票的金額是否正確。

5.將信用卡、發票與信用卡簽單以帳單來送還客人,並要求客人在簽單上簽名。

6.檢視簽名無誤後,將發票與信用卡以帳單夾歸還客人。

三、住客或會員簽帳時

1.要求客人在點菜單(captain order)上簽名。

2.將點菜單交由餐廳出納以確認其正確性。

3.將第三聯點菜單訂在客人消費卡上，再轉回前台出納或財務部門，
方便住客的結帳及會員的月結帳務。

顧客離開前的服務與歡送客人

一、顧客離開前的服務

顧客離開前的服務（post service）包括：

1.客人不再點其他食物、甜點、飲料或酒時，應為客人添加水或茶、
咖啡、換煙灰缸並視情況給予其他服務。

2.依客人要求為客人結帳，呈送帳單並主動問客人對本餐廳的食物、
服務等滿意嗎，如有讚美，表示感謝並歡迎客人常來；如有抱怨，
專心傾聽後道歉並請上級處理。

二、歡送客人

1.客人離開時幫客人拉椅子。

2.客人如有寄放衣物，須立刻取衣並幫助客人穿上。

3.服務人員應在區域感謝客人光臨，領班（或當班的主管）及接待員
在門口恭送客人並感謝其光臨。

重新布置餐桌

一、放置展示盤或桌墊

1.對齊每位客座的中央位置。

2.離桌沿半英吋或一指的寬度（依據各餐廳餐桌擺設政策而定）。

二、 放置餐刀

1. 離桌墊右沿半英吋或一指的寬度。
2. 離桌沿半英吋或一指的寬度。
3. 刀口向內側。

■ 擺設完整的西式餐桌。

三、 放置餐叉

1. 離桌墊左沿半英吋或一指的寬度。
2. 離桌沿半英吋或一指的寬度。
3. 叉尖朝上可展示把手商標。

四、 放置奶油盤及奶油刀

1. 奶油盤中心點與桌墊中心點必須在同一水平線上。
2. 離餐叉左沿半英吋。
3. 將奶油刀置於奶油盤上，距離奶油盤右沿半英吋或一指的寬度。
4. 刀柄和刀刃與奶油盤等距離。

五、 放置湯匙

1. 離餐刀右側半英吋或一指的寬度。
2. 離桌沿半英吋或一指的寬度。

六、 擺設點心叉及點心匙

1. 點心叉離展示盤沿半英吋或一指的寬度，中央對齊刀柄向左。
2. 點心匙在點心叉上方半英吋或一指的寬度。
3. 點心叉和點心匙對向放，把手向右。

七、擺設口布

1.放在展示盤中央以方便顧客使用。

2.口布正面向顧客。

八、擺設酒杯

1.放在湯匙尖右上方。

2.標誌面向客人。

九、擺設水杯

1.放在餐刀尖上方。

2.方便顧客使用及整齊美觀的功能。

十、擺設煙灰缸

1.放在桌面的中央點。

2.火柴置於煙灰缸上。

十一、擺設胡椒鹽罐

放在煙灰缸後半英吋或一指寬處。

十二、擺設花瓶

放在桌子中央區。

每日營業後的整理工作

1.收拾客人用過的餐具：將所有髒的餐具送至洗碗區，並依不同類別及材質分類好，例如瓷器類為一類，不銹鋼餐具為另一類。其主要的原因為減少餐具的磨損與破損率，也方便洗碗區的作業。

2.清點所有銀器，並集中收入於櫥櫃內鎖好。

3.茶壺、咖啡壺、水杯等擦拭乾淨後放置準備區中。

4.清點蛋糕櫃內的蛋糕，並依據旅館／餐廳規定退回點心廚房或入冰櫃儲存。

5.依據各餐廳的營業後檢查表（如表7-10）一一檢查，並請當班主管簽名。

6.關掉冷氣、所有電源及所有的門窗，並依據旅館／餐廳規定將鑰匙交警衛室或設定保全。

表7-10　營業後檢查表

日期：　　年　　月　　日　　　　檢查時間：＿＿＿＿＿＿

檢查者簽名：＿＿＿＿＿＿＿＿　　主管複核：＿＿＿＿＿＿

說明：完成項目請打 ˇ 、未完成項目請打 ×，並說明不夠標準之處。

檢查項目	內容及區域	完成及說明
電腦關機／印表機／餐廳外部燈光及霓虹燈等	櫃台	☐
POS系統整理／小費箱清點／煙、酒櫃上鎖等	櫃台	☐
咖啡壺／各種溫熱設備	外場	☐
冷氣總開關	外場／廚房／貴賓室	☐
踏腳板／盆栽	外場	☐
瓦斯爐開關／各種加熱設備	廚房	☐
各櫥櫃上鎖	外場／廚房／貴賓室／櫃台	☐
電燈開關	外場／廚房／貴賓室	☐
各項水源	外場／廚房／化妝室	☐
餐廳門窗	外場	☐
垃圾清理及分類	外場／廚房／化妝室	☐
廚餘處理及清運	廚房	☐
其他（請列出）	外場／廚房／櫃台	☐

專欄 7-1　餐飲服務作業制定的標準為何？

　　每家餐廳在開立之初，經營管理者為了展現特有的服務精髓，都會有一套制式的服務流程，就實務操作面而言，無所謂的對錯問題，只有客人接不接受的問題。市場上許多餐廳標榜「高級服務」、「專業法式桌邊服務」、「熱情快速美式服務」、「中菜西吃個人式服務」等不同的作風，而這些風格就是餐廳整體服務的精神指標。

　　雖然如此，每家餐廳的經理人員都有自己一套獨特的想法，該如何設定屬於自家風範的作業流程，是對經營管理者專業及智慧的挑戰！

　　以下列出目前多數業者制定的依據，並加以說明其中的要素。

餐廳的種類

　　西式與傳統中式服務作法上差異極大，為了與整體菜系及特色的搭配，服務流程必須是一種相輔相成的工具。所以，一般快速、親切的餐廳獨愛「美式服務」。

客源的特色

　　許多五星級旅館為了因應外國顧客的需要，推出所謂的「中菜西吃」及套餐式的菜單，相對的服務流程就必須修正傳統的中式作業，融入西式分菜及用餐的服務精神。也有少數西餐廳為了方便顧客，把中式筷子或熱茶服務也放入作業流程中。

經營管理者所欲呈現的獨特風格

　　過去，就傳統中餐而言，很少業者會使用西式口布。但是越來越多的餐廳為標榜「高級中式服務」，捨傳統的毛巾而就口布。

整體餐飲市場的流行風潮

　　目前許多中餐廳將紅、白酒的作業納入整體服務流程中，就是這種流行風潮的影響，中餐的輔餐酒已經不再局限於印象中的高粱、啤酒等。另外，前幾年極為流行的自助式服務也因為顧客的嫌棄，慢慢地被業者修正成所謂改良式的「半套自助服務」。而究竟那一種方法最好，並沒有一定的標準，只有顧客的接受及滿意度才是肯定的答案吧！

第三節　中餐小吃及宴會作業流程

　　如同本章第一節中說明，各家旅館及餐廳因為經營管理的想法、顧客的需求、整體設定、菜餚特色、服務理念等不同的因素，所選擇的服勤方式也會有差異，本節中將就傳統中式作業中的小吃、宴會的流程及相關注意事項作說明（見圖7-3）。

中式小吃／宴會作業流程介紹

　　就目前台灣中式餐廳的作業服務現狀，可區分為小吃、小型宴會、自助餐及大型喜宴等作業，本節中將針對小吃及一般小型宴會的重點作說明，在附錄一及二部分則提供中式自助餐及大型喜宴的作業流程供讀者參閱。

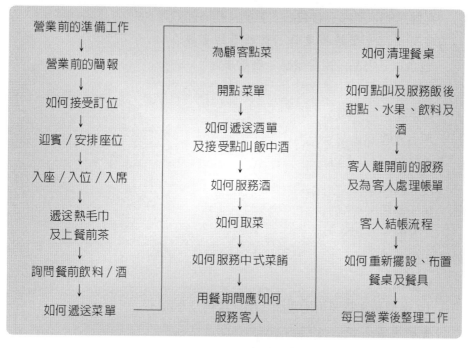

圖7-3 中餐小吃服務流程圖

中式小吃 / 宴會作業程序說明

一、營業前的準備工作

中式餐廳在營業前的準備工作分為下列部分：

(一)服務台的清潔及相關準備工作

1. 服務台（service station）內外必須以清潔劑或酒精擦拭乾淨。
2. 換上乾淨的墊布或桌布。
3. 查看菜餚保溫爐內的保溫盤是否乾淨，髒了要送洗。
4. 補足服務台中所有的餐具，包含骨盤、味碟、湯碗、湯匙、筷子（含筷套）、煙灰缸等。
5. 銀托盤墊上花邊紙或一般托盤墊上墊布。

6.備用的味壺（包含醬油、黑醋及紅酒醋壺等）。

(二) 確認及補充服務推車每一部所需的餐具

包含以下物品（視各餐廳／旅館規定）：

1.服務叉匙。

2.茶匙。

3.小分匙。

4.剪刀。

5.煙灰缸。

6.牙籤筒。

7.餐盤。

8.保溫器。

9.服務巾。

10.準備營業時要用的醬油、醋、辣椒及小菜。

(三) 餐廳清潔工作

1.送洗及請領台布

(1)帶著「台布送洗單」（表7-11）把髒台布、服務巾、口布等送到洗衣房或外洗單位。

(2)領回「台布送洗單」上記錄數量的乾淨台布、服務巾、口布等。

(3)依照尺寸歸位，墊布送至出菜區。

2.吸地毯

(1)把牙籤或不易吸進去的東西先撿起來。

(2)由裡往外吸，並且要把椅子移開。

3.擦拭傢俱

(1)接待台及迎賓區等。

(2)商品展示區、沙發茶几清潔。

(3)宴會廳、走道區等。

(4)貴賓區的展示品及家具等。

4.擦拭酒杯

(1)清出一部服務推車鋪上車巾，放置所有將擦拭的酒杯。

表7-11　台布送洗單

典雅中餐廳布品送洗單

廳別：＿＿＿＿＿＿＿＿＿＿　　　　　　　日期：＿＿＿＿＿＿＿＿＿＿

名稱	尺寸（公分）	標準存量	庫存數量	送洗數量	點收數量	實際數量	備註
白口布	55×55						
紅口布	55×55						
小台布	100×100						
台布	150×150						
白台布	300×300						
紅台布	250×250						
銀台布	50×40						
墊盤布	30×40						
白服務巾	55×55						
紅服務巾	55×55						
小口布	25×25						
轉台套	4"（12人）						
轉台套	6.6"（16人）						
轉台套	8"（20人）						

第一聯：送洗單位
第二聯：布品間或外包商　　　　　　　　　送件者簽名　　　　收件者簽名
第三聯：洗衣房或外包商　　　　＿＿＿＿＿＿＿＿＿　＿＿＿＿＿＿＿＿＿

　　　(2)在有空的VIP room擦拭。

(四)餐桌、餐具的布置及擺設

1.一般小吃餐具擺設

　　　(1)桌、椅：

　　　　　A.平行對齊，椅子可伸入桌內。

　　　　　B.必須事先搖動桌面確認其平穩度。

　　　(2)桌布（又稱為台布）：

　　　　　A.用消毒過的布巾擦拭所有的桌、椅，確定桌面乾淨。

　　　　　B.必須事先測試每張桌面的平穩性。

　　　　　C.在桌面鋪一層桌墊（用毛毯、泡棉橡皮或防滑型桌墊做的）用
　　　　　　來吸水及減少餐具與桌面碰撞及磨擦的聲音。

D.在桌墊上面鋪上乾淨、適當的白色桌布（依據各家公司規定），桌布縫邊向內。

E.桌布邊緣從桌邊垂下約二十五至三十公分以上（視各家公司餐桌高度而定），以剛碰到椅子的程度為宜，且不得妨礙客人入席為主要原則。

(3)小桌布（又稱為頂台布）：

A.在桌布上面鋪上乾淨、適當的白色或素色的小桌布（依據各家公司規定）。

B.舊式的方法為蓋住整個桌面，但是目前有許多公司採用交叉蓋住的方式，一來可以增加桌面的美觀，再者可以維持原有小桌布，防止弄髒台布。

(4)擺設骨盤：

A.置放於整套餐具的中央部分，其盤緣距離桌邊約二指幅寬，而且同桌的所有骨盤間距必須相等。

B.放置盤碟時以四指端盤底，大姆指的掌部扣盤子邊，手指不可伸入盤內。

C.如有餐廳標誌應將商標或字體朝上放。

(5)擺設味碟：置於骨盤正上方（或右上方，視各家規定），標誌或字體向上且距離骨盤約一指寬。

(6)擺設口湯碗及湯匙：口湯碗置於骨盤左上方，湯匙則放置在口湯碗內，匙柄朝左側。

(7)擺設筷架及筷子：

A.筷架放置於骨盤右下方距離約一指寬。

B.置於骨盤右方距離約一指寬，筷子尾端朝上，上方標誌或字體向上，筷子頭離桌緣約一指寬與骨盤平行（筷子必須裝在紙套上，紙套上若印有公司的標誌或字體也必須向上）。

(8)擺設茶杯：放置於筷架的右方距離約一指寬處。

(9)擺設口布：摺疊公司規定的形狀，整齊放置於骨盤上，並檢查口布有無破損、污黑，是否已摺疊美觀。

(10)擺設桌上其他物品：

　　A.煙灰缸、花瓶、火柴置於餐桌中央，火柴放在煙灰缸上緣，上有公司標誌或字體應朝向客人。

　　B.餐廳意見調查表／宣傳卡一律擺在桌面靠牆或同一方向位置。

　　C.帳單夾：每家餐廳的配置不太一定，傳統的方式是將帳單夾／點菜單正面放置於桌面邊緣（靠走道）離桌緣約二指寬處，一律朝同一方向。

2.一般宴會圓桌及餐具擺設

　(1)桌椅擺設：

　　A.鋪上紅色或白色（依公司規定及宴會種類而定）乾淨、適當尺寸的桌布。

　　B.轉台置於桌面正中央並套上轉台套。

　　C.轉台上放置調味料、牙籤，中間放置盆花。

　(2)擺設個人餐具：

　　A.骨盤、味碟、筷子的擺放與一般小吃服務的餐桌擺設相同。

　　B.銀筷架：宴會時通常會擺設銀筷架，龍頭對準味碟直徑的右方。

　　C.銀湯匙：銀湯匙架放在銀筷架的龍頭上，湯匙柄垂直向客人的座位。

　　D.紅酒杯：置於筷架約一公分處。

　　E.白酒杯：置於紅酒杯斜下方。

　　F.紹興杯：置於白酒杯斜下方。

　　G.口布：摺疊形狀置於餐盤正中央，並檢查口布是否有破損、污點或摺疊好。

二、營業前的簡報

　　與西餐廳的簡報程序及重點類似（請參考本章第二節西餐作業流程）。

三、如何接受訂位

(一)中餐接待員事先準備工作

1. 早上上班後打電話給當天來用餐的客人，確定出席人數及時間。
2. 查看「訂席簿」（如表7-12）。
3. 查閱客人檔案資料有無特別習性，如有則予以記錄於「用餐客人資料表」內。
4. 安排訂席客人桌位並予以填入「用餐客人資料表」內。
5. 向領班報告訂席情形，並交待有特殊習性的客人資料，以便做好事先安排工作。
6. 檢查所有菜單、酒單、點心單有無破損或污舊，並將封面擦拭乾淨。所有破損或污舊應向主管報備處理。檢查清潔完畢按規定位置放置整齊。

表7-12　訂席簿

典雅中餐廳訂席簿

午餐／晚餐　　　　　　　　　　　　　　　　　　年　　月　　日

訂位者	主人姓名	人數	時間	房號、電話	備註（特殊要求）	接受訂位者簽名

7.營業前應熟記訂席客人姓名及安排之桌位，以作爲營業後迎賓的準備。

(二)如何接受顧客訂席

1.拿起電話筒前須停止先前的任何對話，電話接通後必須立刻先向顧客問安，並報出公司名稱／部門及自己的姓名。例如：

「早安／午安／晚安，中餐廳您好，我是瑪麗，能爲您服務嗎？」

"Good morning ／afternoon ／evening, this is Chinese Restaurant, Mary speaking, may I help you?"

2.確認客人來電的用意。例如：

「小姐／先生，您需要訂位嗎？」

"Would you like to have a reservation, Madam ／Sir?"

3.如果顧客要訂位，必須按照公司規定的訂席簿格式或是接聽訂席表（表7-13）詳細問清楚。

(1)主人姓名及訂位者姓名／聯絡方式。

(2)訂席人數。

(3)訂席日期／用餐時間。

(4)確認是否爲常客／會員／住客等資料。

(5)是否有任何特殊要求或需要。

(6)接聽電話者需要簽名。

4.重複客人訂位資料直至確認無誤。例如：

「XX 先生／小姐，讓我重複您的訂位，您是訂……」

"Mr.XX ／Mrs.XX, may I repeat your reservation? Your reservation will be..."

5.提醒客人訂位依據餐廳／旅館規定只能保留十五分鐘。例如：

「XX 先生／小姐，您的座位將爲您保留十五分鐘，希望能準時到。」

"We'll hold the reservation for 15 minutes, please do arrive ontime."

6.感謝客人的訂位，而且必須要等客人掛掉電話後，才可掛電話。例如：

「謝謝您的來電，期望您的光臨。」

"Thank you for calling, and expect your coming."

7.接聽電話時應注意事項：

　(1)為了不讓客人在聽筒彼端聽到不必要的噪音，領台附近儘量避免吵雜及過大的音樂聲。

　(2)如被迫與客人暫停對話要立刻向客人道歉並解釋原因，絕不可讓客人等候太久。經常遇到的情況是領台處有顧客等候，這時應該立刻請同事支援帶位，並立刻繼續接聽電話的動作。

　(3)如果接聽電話時就知道客人的姓氏／職稱，在之後的對話中應尊稱其職稱及姓名。

　(4)如果餐廳有相關的接聽電話標準用語（表7-13），應該完全遵從。

　(5)如果顧客來電是屬於大型宴會時，則須依據旅館／餐廳規定，填妥相關的宴會通告（event order）（表7-14），並通告相關部門或單位準備後續事宜。

四、迎賓／安排座位

　　與西餐廳的迎賓／安排座位程序及重點類似（請參考本章第二節西餐作業流程）。

五、入座／入位／入席

　　與西餐廳的入座／入位／入席程序及重點類似（請參考本章第二節西餐作業流程）。

六、遞送熱毛巾及上餐前熱茶

1.為客人攤開口布，依照顧客的人數，撤走多餘的餐具並調整適當的距離讓顧客用餐時更舒適。

2.使用毛巾專用盤並以左手拿托盤送上，右手拿毛巾夾送上熱毛巾，將其整齊地擺放在毛巾碟上，請客人使用。例如：

表7-13　接聽訂席表暨標準用語

1.請問尊姓大名／公司寶號？（May I have your name please？） 　Mr.／Ms.
2.總共幾位？（How many persons in your party？） 　人數：
3.請問筵席／餐宴是今天嗎？（Is this for today or another day？） 　日期：
4.午餐或晚餐？（At what time please？） 　午餐：　　　　　點　　　　／晚餐：　　　　　點
5.您是我們旅館／餐廳的會員嗎？（Are you our Hotel's／Restaurant's member？） 　是：　　　　　　　　　　否：
6.請問您的會員號碼？（May I have your membership's number？） 　會員號碼：
7.您的聯絡電話？（May I have your phone number please？） 　電話號碼：
8.請問您的筵席／餐宴是否需要一些特別的安排？ （Would you need any special requests？） 　特殊要求：
9.備註（remarks） 　說明：
10.謝謝您的來電 _____ 餐廳期望您的來臨。 　Thank you for calling _____ Restaurant, and expect your coming.
11.接訂人員（reservation taken by） 　接聽人員簽名_____

「爲您上熱毛巾，請小心燙！」

3.上餐前熱茶：

　(1)使用托盤托拿熱茶壺。

　(2)以右手持茶壺，左手以茶壺墊或服務巾，逐一爲顧客倒熱茶水。

　(3)將茶壺／茶壺墊／茶底盤（或溫茶器，視各家餐廳規定）放置於餐桌旁，以利後續爲顧客加熱茶。

　(4)提供單杯中式茶的作業：

　　A.把適量的茶葉放置茶碗裡。

表7-14　宴會通告

	file no. ＿＿＿＿＿＿＿＿＿
宴會通告	booked by：
宴會名稱	
聯絡人：	電話：　　　　　　　　　傳真：
地址：	
宴會日期：	宴會時間：
宴會型式：	宴會場地：
食物費用：	保證金：
預定人數：	場地費：
保證人數：	其他費用：
付款方式：	負責主管：
菜單	其他注意事項：
	場地要求　（set up）
	櫃台／前台迎賓事宜　（F.O.／cashier）
	美工海報／布置　（art）
	房務部宴會花布置　（H.K.）
	工程部麥克風／燈光／音響　（ENG.）
	安全／停車人員　（security／parking）

   B.沖進熱水約七至八分滿。

   C.上茶時需帶一個小茶杯。

   D.熱水一壺。

   E.第一次茶碗的茶倒入小茶杯之後，茶碗需要再沖熱水。

  (5)若客人要求冰水時的作業：

   A.右手持水壺，左手拿清潔口布，摺成長方形墊在壺下，然後用右手從客人的右側倒水，倒滿四分之三即可，應保持全桌水杯的水高度一致。

B.倒水時不可拿起杯子，如便於倒水可在桌面移動杯子到適當的位置再倒。

C.如因倒水而使客人不便之處，應道歉並請客人原諒。

D.每倒完一位客人的水應用口布將水壺擦乾，再接著為第二位客人倒水。

E.倒完水後水壺應隨時加滿水，如為冰水尚須加入冰塊。

F.客人的水只剩下三分之一時，即須自動補充添加。

(6)逐一為顧客拔筷套：

A.從筷套尾端倒出，手不可碰到筷子夾菜的部分。

B.然後放置於筷架（如有筷架）或桌面。

七、詢問餐前飲料及酒

(一)接受點叫餐前飲料或酒

1.領台或領班先介紹餐廳的飲料及飯前酒，然後由女主人或女士開始依順時針方向一一點餐前飲料，其次為男士，最後為男主人。

2.儘量推銷或介紹客人點飲料。

3.將所點之飲料寫在事先準備好的座次平面圖上。

4.開具一式三聯「飲料單」後交出納打上時間（依據各餐廳／旅館規定）。

5.一聯「飲料單」及座次平面圖交服務員到酒吧或櫃台憑單領取飲料或酒，二、三聯由出納保存及入帳（依據各餐廳／旅館規定）。

(二)服務餐前飲料或酒

1.飲料或酒準備好後，必須盡快服務客人。

2.依平面圖所示服務客人，服務順序為：

(1)如為一對夫婦或情侶，以女士優先服務。

(2)如為宴會團體，以女主人或女士優先，然後依順時針方向服務女士、男士，最後為男主人。

(3)從客人右側用右手將飲料或酒放置於緊靠水杯右下方四十五度處。

(4)客人用完飲料或酒後，應主動趨前問客人是否再來一杯。

(5)從客人右側撤走飲用完的杯子。

八、如何遞送菜單

1.拿菜單時應用右手肘貼身拿，不可夾在腋下。

2.呈遞菜單時從客人的右側輕輕的將菜單打開來送到客人面前。

3.原則上每位客人一份菜單，小孩可免，如果長輩要求時則例外。

4.成對的夫婦先遞給女士，如宴會時先遞給女主人或女客人，然後再延著餐桌以順時針方向依序遞給客人。

5.菜單遞送完畢暫時離開客人桌位，讓客人有時間詳讀菜單或彼此討論。

6.依據旅館／餐廳規定，由領班級以上幹部介紹及推薦菜餚。

九、為顧客點菜

1.要如何給予顧客滿意的點菜及推薦，幹部級主管必須在營業前與主廚聯繫研究，充分掌握當日菜餚的狀況（缺貨或想要促銷的項目）。

2.觀察顧客的動靜，當顧客看完菜單有點菜的需求或趨勢時，立刻向前接受點叫。

3.一般點叫順序：

(1)如為夫婦或情侶以女士為先點菜。

(2)如無法分辨主人則可視誰先準備點菜，然後由該客人開始依順時針方向逐次點菜，或由年長者開始點菜。

(3)宴會團體先從主人開始，然後依順時針方向逐次點菜。

4.中式菜餚的菜單內容，通常可分為筵席及小吃兩類：

(1)小吃可依據餐廳的性質及服務的方式，分為一般的點菜及特別安排的套餐方式。

(2)如果為筵席類的菜，原則上可以依據聚會的性質加以建議，或是以主人的喜好來推薦。

5.點菜時恭敬挺直的站在客人左側，手持點菜單，不可放在客人桌

上，以十五至二十度的側面稍彎傾聽點叫。

6.爲客點菜時可推薦或介紹特別菜及精美菜餚。

7.客人不懂菜單時須解釋菜餚內容、如何烹調……等，依顧客所問一一回答。如有無法回答的問題，應請示廚房或上司正確回答，不可輕率地回答，以免引發不必要的客速或消費糾紛。

8.對於中菜的烹調特色應事先加以深入了解，例如蒸、炒、炸、燴、滷、燉、烤、煮等各種方法。

9.儘量利用技巧請客人多點些菜，但是必須掌握適當份量的菜色安排，不可讓顧客多點或讓其有餐廳想要占便宜的誤會。例如小吃的點菜可以依據主菜、湯、中式點心、甜點及水果等項目，依照來客的人數加以調配。

10.如點某些菜餚需要特別注意的事項，應詳細問明記載。例如「不油」、「不辣」、「多蒜」等。

11.按出菜順序詳細記錄於一式三聯「點菜單」上並逐一複誦之以確定無誤，如有特殊指示也應詳細記錄。若遇較大宴會團體，可先記錄於「座次平面圖」上，再予以記錄於「點菜單」上。

12.如果顧客點用須耗費時間的特殊菜餚，必須清楚地向顧客解說。例如「不好意思，您所點的這一道菜餚XXX需要先蒸過然後再處理，所以可能需要約三十分鐘，這樣可以嗎？」

13.點菜完畢輕輕收回菜單，並向客人道謝。

14.菜單清點無誤後，歸位放置整齊。

十、開點菜單

與西餐廳的開點菜單程序及重點類似（請參考本章第二節西餐作業流程）。

十一、如何遞送酒單及接受點叫飯中酒

1.介紹並推薦飯中酒，依客人要求呈送酒單，遞送酒單方法與遞送菜單相同。

2.點酒程序與點餐前酒相同。

3.儘量推薦較好或與顧客點用菜餚相配的酒，如客人所點的為牛肉可推薦「紅酒」；家禽或海鮮可推薦「白酒」；如同桌客人所點的菜色不一，可推薦「玫瑰酒」或一般國人比較喜歡的酒類。

十二、如何服務酒

(一)紅酒

1.客人點紅酒時，服務員憑點菜單至酒吧或櫃台憑單取酒，紅酒有沉澱物要小心端進餐桌，不要上下左右搖動。

2.取酒時須注意酒的溫度應保持在室溫下約二十二度。

3.在服務開酒之前，須讓主人親自品驗酒的品質：

(1)從主人右側將酒籤向著客人使其過目，先行徵求其認可後才可以開始進行驗酒的動作。這個步驟非常重要，不可輕忽，因為如果服務主管或人員聽錯或拿錯酒時，就可以馬上更正過來。

(2)驗酒時必須特別小心，不要輕易搖動，使瓶中的沉澱物攪亂。

(3)如果誤解客人的意思而拿錯了酒，經客人發現應立刻更換。

4.開瓶：

(1)用小刀將軟木塞及瓶口交接處的錫箔紙割一道細口，然後剝開，注意絕對不使用指甲剝除。

(2)使用乾淨的餐巾擦拭軟木塞及瓶口部分，因陳年的酒在瓶塞上面常發現生霉。

(3)用手指輕輕將軟木塞往下推，以便打破軟木塞及瓶子的封口。

(4)用開瓶器的螺旋鑽垂直插進軟木塞正中央，需要很小心地用恰好的力量往下鑽，以免軟木塞破損。

(5)等開瓶器的尖端觸及瓶邊時，緩緩拔出但不可傾斜，以免碎軟木塞屑掉入酒瓶中。

(6)拔出至二分之一處，用手輕晃取出，不可發出過大響聲。

(7)再度把瓶口附近擦拭乾淨。

(8)軟木塞拔出後須確定是否受損，並聞聞看酒是否變質（如發酵、

變酸等）。

(9)確定軟木塞無不良情形後，將軟木塞放在六吋盤上，置於主人酒
　杯右邊給客人品驗。

5.試酒：

(1)試酒之前，必須先行使用乾淨的餐巾或服務巾，擦拭瓶口上面所
　遺留的軟木顆粒及其餘夾雜物。

(2)將酒緩緩倒入主人或點酒客人的酒杯中約四分之一杯，請其試酒
　嚐一嚐，經過同意後才可倒酒。

6.倒酒：

(1)成對的夫婦或男女，先給女士倒酒。

(2)對於宴會團體先給主人右邊的客人倒酒，然後按照反時針方向逐
　次倒酒，最後才輪到主人。

(3)倒酒時右手持酒，而酒瓶的標籤對著客人容易看到的位置。

(4)倒酒時直接倒進餐桌上的酒杯中，不要用另一手舉杯，因為手的
　溫度將會增加酒杯的溫度，而影響到冰冷紅酒的風味。

(5)倒滿酒杯二分之一時，把酒瓶轉一下，使最後一滴留在瓶口邊
　緣，不使其滴下來而弄髒桌布。

(6)所有客人的酒杯都倒滿酒之後，把酒放置於主人右側的服務車
　上，除非客人點新酒或離開才可拿走。

(7)隨時注視餐桌上的酒杯，等客人杯內沒有酒時，須主動前往詢問
　倒酒。

(8)倒酒時，酒瓶內的酒不可完全倒完，以免倒出沉澱物。

(9)酒快沒有的時候，須輕聲詢問及建議主人點第二瓶酒。

(10)舊空瓶暫時保存在服務台上。

(11)服務第二瓶酒時，開瓶前仍須給主人驗酒、試酒，特別注意試
　酒應換新酒杯，以保存紅酒的最佳氣味。

(12)服務紅酒時，若是使用酒籃，不管在服務主人驗酒、開酒及倒
　酒的過程中，酒瓶都必須擺在酒籃內。

(二) 白酒及玫瑰酒

1. 客人若於用餐時點白酒，服務員憑點菜單至酒吧或櫃台憑單取酒。

2. 白酒及玫瑰酒須事先冷卻，溫度應保持於七度至十二度。

3. 在服務之前可先置於冰桶內，冰桶盛裝四分之三冰塊及水，事先冷卻十五至二十分鐘。

4. 冰桶上面用乾淨疊好的餐巾或服務巾蓋著，然後拿進餐廳。

5. 將冰桶置於點酒的客人（主人）右側服務車上。

6. 開酒之前須給主人（點酒的客人）驗酒：

　(1) 領班從冰桶內取出酒，用冰桶上的餐巾或服務巾包著（酒的標籤必須露出）拿給客人過目，標籤要向著客人。

　(2) 驗酒時不可將服務巾包住酒瓶的標籤。

　(3) 如果誤解客人的意思而拿錯了酒，經客人發現應立刻更換。

7. 驗酒完畢將酒放回冰桶內。

8. 酒杯事先冷卻，並依旅館或餐廳餐桌擺設規定位置擺放（一般為水杯左下方點）。

9. 試酒：

　(1) 試酒前，先使用乾淨的餐巾或服務巾擦拭瓶口上面所遺留的軟木顆粒及其餘夾雜物，且左手拿著餐巾擦拭酒桶外面的水分。

　(2) 緩緩倒少許在主人或點酒的客人杯中約四分之一杯，請其試酒嚐一嚐，經過主人同意後才可倒酒。

10. 倒酒：其服務程序與紅酒相同。

(三) 香檳酒

1. 服務作業程序

　(1) 與白酒及玫瑰酒同。

　(2) 但倒酒時的動作是兩次，先倒大約酒杯容量的三分之一，等到泡沫消失時，再倒滿三分之二至四分之三。

2. 開瓶

　(1) 因為香檳酒中有壓力，所以軟木塞外另有一鐵絲網。

　(2) 開瓶時，先把瓶頸外面的小鐵絲圈扭彎，一直到鐵絲帽裂開為

止，然後把鐵絲及錫箔剝掉。

(3)拿酒瓶時應用餐巾包著酒瓶，以保持酒應有的溫度。

(4)以四十五度的角度倚著酒瓶，用左手姆指壓緊軟木塞，右手將酒瓶扭轉，使瓶內的氣壓從軟木塞打出來，使軟木塞緩緩地鬆開。

(5)等到酒瓶中的氣壓彈出軟木塞後繼續緊壓軟木塞（以免它由瓶中射出，傷害到客人及其他同事），並繼續以四十五度的角度拿酒瓶。

(6)慢慢地取出軟木塞，並須聞聞看是否變質，然後將軟木塞放在六吋盤上置於主人杯子的右邊。

(7)用布巾擦拭瓶口附近。

(四)啤酒

1.必須先行確認啤酒冷藏的溫度，夏天約在六度至八度之間，冬天則在十度至十二度之間。

2.由冰箱中取出冰涼的啤酒杯，並先檢查杯子是否潔淨、無任何破損。

3.斟酒時應先緩緩地倒入杯中，再來盡速倒至八分滿後，輕輕抬起瓶口，將泡沫慢慢倒入。

十三、如何取菜

1.隨時注意客人的動靜，如果需要或主人指示上菜時，至廚房出口處按「叫菜燈」或通知「叫菜」的師傅準備（依據各家公司規定）。

2.應熟知每道菜所需烹調時間或廚房的作業時間及程序，適時前去取菜，以保持菜的最佳品味溫度，並把握「熱食物一定要熱，冷食物一定要冷」的上菜原則。

3.菜餚端出廚房後：

(1)核對與「點菜單」所記錄及備註說明是否一致。

(2)檢查每道菜內容及配飾是否備齊，並依據餐廳規定位置放置整齊。

(3)如菜餚須附上餐具或其他附屬物品，應檢查是否備齊，熱食物須

用熱的餐具，冷食物須用冷的碗盤。

4. 拿掉廚房專用的菜夾，須隨時注意餐盤是否有汁液流出，如有，須使用乾淨的服務巾或紙巾擦拭乾淨才能上托盤。

5. 菜餚須放在托盤上時，應注意較大較重的菜餚放在中間，較輕較小的菜餚放在旁邊，托起托盤時須注意托盤是否平穩，並以很平穩的方式托進餐廳。

6. 菜餚放置服務推車（服務台）上，順便把收下來的餐盤撤走。

十四、如何服務中式菜餚

1. 服務菜餚之前將客人桌上不必要的餐具撤走，以保持桌面乾淨整齊。

2. 準備餐盤（碗）由客人右側上桌，置於客人座位中央桌面。

3. 菜餚以雙手端出，從主人右側上桌置於桌子正中央。

4. 必須介紹每一道菜餚，若顧客的座席為圓桌轉盤，則先轉至主人面前介紹，再以順時針方向慢轉介紹給其他客人，最後再轉至主人面前。

5. 為客分菜及服務：

 (1)一般菜餚：

  A.用服務叉、匙分菜，輕輕置於客人餐盤（碗），如碰到麵條、粉絲，可用筷子加以協助。

  B.若圓桌有轉台，可先將客人骨盤（碗）置於轉台上分菜再分給客人。

  C.分菜之多少除斟酌客人人數多寡之外，還要隨時注意賓客的需要或嗜好，每一道菜最好剩下一點菜餚，使用骨盤盛裝起，以滿足部分顧客隨時添加的需求。

 (2)特殊菜餚：

  A.魚翅：魚翅一般而言為宴會中較珍貴的菜餚，所以必須小心分食，比較忌諱將師傅精心擺設在菜餚之上的魚翅與下面的底菜一同打散，因為如此一來排翅變成散翅，其價值感及主人的用

心都在一瞬間化爲烏有。正確的魚翅分法應該將下面的底菜先
行分在每個碗中，再將魚翅平均分配在其上。

B.如須去骨、去殼的菜餚應去除乾淨，再爲客人分菜，服務客
人。

C.供應帶殼的菜餚（例如蝦類或螃蟹類）時，應該隨菜附上洗手
盅以去除腥味。

D.分魚：

　　a.將整條魚及相關的盤飾完整地先向主人展示。

　　b.魚頭朝左側，魚腹朝自己（桌緣）。

　　c.準備二個骨盤，一個放餐刀及服務叉匙，另一個準備放置魚
　　　骨。

　　d.先以餐刀切斷魚頭及魚尾，在沿著魚背及魚腹處從頭切到
　　　尾，使得魚身與魚肉分開。

　　e.取出魚骨放置於事先準備好的骨盤中。

　　f.將完整的魚淋湯汁後轉到主賓面前，開始爲賓客做分魚服
　　　務。

　　g.向主人及貴賓詢問魚頭或魚尾的愛好者，並一一爲顧客分
　　　配。

(3)服務菜餚次序：

　　A.如爲夫婦或情侶，則以女士爲優先服務。

　　B.如爲宴會團體，則從主客或女主人開始，然後依順時針方向依
　　　序服務，最後爲男主人。

　　C.分菜完畢將服務叉、匙放在盤邊。

6.桌邊服務菜餚（中菜西吃）：

(1)先將菜餚端上桌給客人看並介紹菜名。

(2)再將菜餚端至桌邊服務台上分菜。

(3)服務菜餚時，其順序與一般菜餚服務順序相同。

(4)分菜服務完畢請客人慢用，然後輕輕退出。

(5)注意客人是否食用完畢而下菜，下菜之前如有剩菜，應問每位客

人是否要再來點,如有圓桌轉台須將轉台轉至客人面前詢問。

十五、用餐期間應如何服務客人

1. 茶、水剩下三分之一時即應主動添加。
2. 酒杯已空應上前詢問是否再來一杯。
3. 煙灰缸有煙蒂時即上前換煙灰缸,將乾淨的煙灰缸倒扣使用過的煙灰缸(以免煙灰飛揚),同時收回至托盤,再將乾淨之煙灰缸輕放桌上。
4. 客人抽煙應立刻趨前替客人點煙,點打火機時應在客人右後方點著,然後用雙手半掩送至客人面前點煙,並於事先檢視及調整打火機的火源大小,以免過大時燙傷顧客。
5. 運用有利時機推銷酒或飲料(不得強迫推銷,以免引起顧客不悅)。
6. 餐廳的主管應該隨時抽空上前詢問客人是否滿意食物、酒、服務……,並注意人手的運用、客人隨時的動向,儘量提供額外的服務。
7. 客人有任何讚譽、抱怨應報告主管,並記錄於工作日誌簿內。
8. 客人有特殊習性、要求應該記錄於顧客檔案資料內。
9. 隨時撤走不必要的餐具,以維持餐桌的乾淨及美觀。

十六、如何清理餐桌

1. 所有客人主菜吃完之後,當區的服務員必須將桌面上的所有碗、盤、碟、筷、茶杯、調味瓶、罐或其他不必要的物品撤走,以保持桌面的清潔。
2. 撤餐具時,由客人右側用右手撤,如果餐具在客人左邊,亦以方便為主,由客人左邊撤,然後依順時針方向一一撤走。
3. 撤盤時應禮貌問明客人是否已經不再使用該菜餚。
4. 收拾餐具時可用托盤以方便工作:
   (1) 先準備一個盤碟放在托盤邊上,然後在客人後方將盤碟上剩菜撥到該盤上。
   (2) 依盤碟大小、尺寸依序堆疊。

(3)刀、叉、銀器分開整理。

(4)重的盤碟放在托盤中間，輕的餐具放在旁邊，以維持其平衡。

(5)收拾盤碟時應安靜，儘量不發出聲音，亦不可在客人面前堆疊。

(6)將髒的盤碟運送到洗碗區，按規定杯、盤、刀、叉、匙分開擺置。

(7)盤碟收拾乾淨，持一乾淨口布從客人左邊將桌上之雜餘物輕掃至十吋盤上，輕掃的動作以不超過三次為原則。

(8)千萬不可在顧客面前撥弄剩菜，以避免破壞整體用餐的氣氛及感受。

十七、如何點叫及服務飯後甜點、水果、飲料及酒

1.客人吃完主菜後，將桌面清理乾淨，只留下茶水杯及飲料杯。

2.推薦客人並介紹客人點甜點、水果或飯後酒。

3.將所點的開列「點菜單」送出納後，第一聯送廚房或酒吧（依據各餐廳及旅館規定）。

4.服務甜點或水果：

(1)先準備乾淨的盤子及叉子，盤子放在客人座位中間，叉子放右邊。

(2)服務客人其方法與服務菜餚同，如有餐廳／旅館的招牌甜點，必須要向顧客說明，例如：「不好意思打擾您，這是我們這一季的手工點心XXX，請趁熱慢用。」水果必須於甜點之前送，否則嚐不出水果的風味及甜度。

(3)服務飯後酒、飲料與服務飯前酒、飲料相同。

十八、客人離開前的服務及為客處理帳單

1.客人不再點其他食物、甜點、飲料時，將桌面清理乾淨，連同舊茶一併撤走。

2.利用此機會與顧客確認酒水的飲用量，並詢問顧客剩餘酒水的處理。

3.為客送牙籤、換上餐後的新茶，送至客人桌位中間，並問候客人對本餐廳的菜餚、服務等是否滿意，如有讚譽，感謝並保持微笑；如有抱怨，應立刻以誠摯的態度致歉，並報備上級，依據公司規定處理。

4.依客人要求呈送帳單為客結帳，並通知經、副理準備歡送客人。

5.客人離開時替客人拉椅子。

6.客人如有寄放衣物或物品，應立刻取衣物並協助客人穿衣及提物。

7.客人離開座位後，應該馬上注意有無遺失物品，如有，應該馬上將該物品請主管送還給顧客。如果拾獲貴重物品而無法確定是哪一位顧客所有，必須依據公司相關遺失物處理，以避免馬虎而引起不必要的誤會及客訴。舉例說明：

　(1)若有重要錢財物品，須二人以上檢視清查後，交由領班級以上之主管轉交前台（櫃台）失物招領處，依正常招領程序處理。

　(2)另註明桌號、日期、客人姓名（如果認識），寫於交接本內，註明告知餐廳每位員工知道，以節省客人回來尋找的詢問時間。

　(3)若為普通之物品，處理方式亦相同。

　(4)客人來電查詢失物時，應先詢問遺失日期、時間及內容，依日期先查交接簿上的紀錄。不論有無紀錄，都應將處理方式告知客人；當查閱到客人遺失物品的紀錄時，馬上與前台或櫃台失物招領處聯絡，並在交接簿上註明。

8.經理或接待員在門口恭送客人並謝謝其光臨。

十九、客人結帳流程

1.客人結帳時，先問客人要二聯式或三聯式發票，如須三聯式發票時，問明客人統一編號，然後再依下列付款方式處理：

　(1)客人付現金的處理方式：

　　A.結算後將帳單置於付帳的帳夾裡，帳面朝上呈給客人，然後退後至客人右後方等待客人付帳。送至客人桌上時須注意：

　　　a.如為夫婦或情侶用餐，放在男士左方桌上，除非事先知道個

別付帳。

　　b.如爲宴會團體時，知道主人時則放在主人左方桌上；如不知
　　　那位是主人，則放在桌子正中央。

B.客人付款後謝謝客人，並將「點菜單」及錢送至出納處結帳。

C.出納點收無誤後開列發票，然後將應找零錢、發票收執聯置於
　帳夾裡。

D.核對發票、桌號、金額是否填寫無誤。

E.核對無誤，將帳夾放在客人桌上並道謝後，即刻退回服務區以
　利後續結帳。

(2)客人以信用卡付帳的處理方式：

A.領班或服務員先查明是否爲本公司所接受的信用卡。

B.如爲本公司可受理之信用卡，連同帳單送交出納結算。

C.出納查核使用期限及刷卡，並在信用卡簽帳用紙上填寫總額或
　依據各家電腦結帳系統而有所區別。

D.將電腦印出的帳單明細及「點菜單」送給客人，請客人在簽帳
　紙上簽名後再送回出納（依據各家餐廳／旅館系統不同而有所
　區別）。

E.出納查驗簽名無誤印列發票後，再將發票、信用卡客人收執聯
　連同信用卡放在帳夾上一併送回給客人。

(3)房客要求簽帳（旅館作業）：

A.若爲旅館的客人，請客人在「點菜單」上填上房號、姓名並簽
　名（正楷）。

B.請客人出示鑰匙或房間通行證（room passport），並透過電腦內
　的房客資料立即核對，以避免誤簽、跑帳或誤入房務等狀況。

C.核對無誤後，將「點菜單」交由出納查核無誤後即受理。

2.服務人員嚴格禁止向客人要求小費的行爲，如果客人給予小費時應
　誠懇地說聲謝謝，並放回小費箱內。

3.如果不收受支票、外幣，但有該情形發生，應請客人至前台出納處
　更換台幣後始接受付款。

二十、如何重新擺設、布置餐桌及餐具

1. 先行撤走桌面上的所有餐具及附屬物品。
2. 將髒的桌布換下，如果桌墊布也有污漬時必須同時換下（依據各家餐廳／旅館的設備而定）。
3. 持一托盤上放置乾淨桌布，其上放置應備齊的餐墊、餐具、煙灰缸、花瓶或火柴等需要物品。
4. 依規定擺置方法放置整齊（參考本節中的餐桌擺設方法）。
5. 檢查椅面如有雜餘物應輕拍乾淨，並依據餐廳規定排放整齊。
6. 檢視桌位附近地面是否乾淨，如有明顯雜餘物應該撿拾乾淨。

二十一、每日營業後整理工作

1. 收拾整理餐具：
   (1) 客人離開後清理桌面，將所有髒的餐具送洗。
   (2) 收回未賣出的桌面擺設及餐具並予歸位。
   (3) 收拾服務台上的餐具，若髒的送洗、乾淨的歸位。
   (4) 至洗碗區，取回所有清洗乾淨的餐具並予以分類歸位。
2. 收回酒類服務車上的酒水，先予歸位並把冰塊、冰水倒掉。而退冰後的啤酒必須請示當班主管給予適當的處理，以保持啤酒的新鮮度。
3. 清點整理換洗桌布：
   (1) 髒桌布整理清點後放置台布車內。
   (2) 開具「台布送洗單」（如表7-11），填明日期、單位、物品數量，然後送至洗衣房或外包廠商洗滌（視各家旅館／餐廳作業）。
4. 擦拭水杯及酒杯等：
   (1) 準備酒桶並盛裝開水備用。
   (2) 準備乾淨的餐巾或服務巾，先將其用手搓軟。
   (3) 開始擦水杯時，先用餐巾抓牢再將水杯倒放在沸水正上方，使蒸氣籠罩內部以及外層十秒鐘後再倒正過來。左手用餐巾握著杯底，右手再用另一只餐巾的一角徐徐塞入杯內，但要留一角在

外，再用右手輕輕伸入向左轉動，將整個的杯子內部擦拭一遍。確定內部擦淨後，再將布拿出擦拭外層。

(4)一個擦好的杯子，不能再用手碰觸它的任何一面，一定要用餐巾拿起，放置於餐廳指定的地方，再拿起下一個，直到全部擦完為止。

(5)酒杯擦拭潔淨擺在乾淨桌面，等待領班或主管檢查。

(6)領班或主管檢查合格後，取一條乾淨的長條台布輕輕蓋上。

5.整理用餐客人資料：

(1)整理用餐客人資料，記錄於「訂席簿」內。依據餐廳規定填妥以下資料：

　　A.填明時間、姓名、人數、電話號碼或住客的房間號碼。

　　B.客人如有飲酒，則在「備註」處填上飲用酒名及數量。

(2)重新核對「訂席簿」內已訂席客人的資料，是否有取消或資料不正確的，必須予以更正及登錄原因。

(3)客人如有特別習性、要求等事項或是重要的顧客等，則記錄於「用餐客人資料表」內，填明姓名、年齡、公司名稱、電話、特徵、習性等個人重要的資料，以確定掌握餐廳顧客的回流率。

6.銀器的保管及維護：

(1)一般而言，多數的五星級旅館中餐廳使用銀器的種類為：點心叉、湯匙、服務叉／匙、醬汁匙、小刀、小分匙、中分匙、大分匙、小筷架、大筷架、酒壺、紹興杯、醬油壺、魚翅碗、牙籤筒、醬油架、四熱盤、銀盤、蛋糕刀、鏟等。

(2)中餐廳使用銀器類，每天中午以及晚上營業完畢，由主管指定專門服務員清點。

(3)所有銀器平時一律鎖入櫃子內，每天使用時才由主管拿鑰匙打開，取出使用。

(4)中餐廳使用銀器類，每月接受餐務部清查盤點，若因特殊宴會不夠使用必須向餐務部借用或領出。

(5)任何銀器類若有損壞，一律退回餐務部請修處理。

7.清理服務台並擦拭乾淨：

  (1)清理的程序：

    A.仔細以乾淨的抹布清理台面、抽屜及隔板。

    B.在抽屜中放置乾淨口布或台布。

  (2)在抽屜中擺設用品及器具（依據各家餐廳／旅館的設定）：

    A.放在抽屜中：免洗筷子、筷架、瓷器湯匙、筷套等。

    B.放在抽屜後方：醬油、牙籤、醋等。

  (3)在隔板中放置用品及器具（依據各家餐廳／旅館的設定）：

    A.隔板上層：碟、中式茶杯、中式茶盤等。

    B.隔板中層：水杯。

    C.隔板下層：備用金屬器皿如湯匙、刀叉等。

  (4)備用餐巾紙或口布整理後放置。

8.清理調味醬瓶並擦拭乾淨：

  (1)清理瓶子：

    A.打開瓶蓋並清理。

    B.用微濕的服務巾或乾淨的抹布。

    C.清理瓶頸和瓶身。

  (2)重新裝瓶：

    A.將半瓶與半瓶裝在一起。

    B.保持每一瓶都是滿的。

9.清理及重新配置服務車：

  (1)清理服務車：

    A.清理台面及隔板。

    B.在隔板上放置乾淨口布。

  (2)配置器具：

    A.將服務用叉、匙放在上格內。

    B.將湯杓和醬杓放在下格內。

  (3)放服務巾：將乾淨口布折好，放在服務用叉、匙旁。

10.若有訂桌時，收回餐廳內／外部的海報。

11. 關掉冷氣、拔掉電源插頭、關掉所有廳內之電燈（依據餐廳營業後的檢視表一一檢查所有的項目）。

12. 將餐廳鎖好、鑰匙交安全室登記保管或將保全系統設定完全（依據各家餐廳／旅館規定）。

專欄 7-2　「中菜西吃」的新趨勢

　　台灣以往的中式餐廳，服務的既定模式是採取菜餚整盤上菜後，讓顧客自行夾取。一方面是因為消費者的用餐習慣，同時也是當時市場上的餐廳多數採取這種經濟方便的作業模式。

　　但是，在十幾年前五星級旅館因為接待許多外國旅客，內部的餐廳為了適應外國客人的用餐方式，便將西式上菜及服務的方式帶入中式餐飲中，慢慢形成所謂的「中菜西吃個人式服務」。

　　而這種用餐的趨勢，更在2002年台灣以飛沫傳染為主要傳染途徑的SARS爆發後推到最高點。當時許多消費者改變了到餐廳用餐的習慣，選擇在家吃飯或以外帶方式來因應；真的不得不外食時，也一定會採用公筷母匙或是所謂中菜西吃的套餐式用餐法（服務人員以服務叉匙將菜餚分成一盤盤後，再分配給所有顧客使用的方法稱之）。多數中式餐廳因為生意大幅度下滑，不得不跟進這種既衛生又新潮的用餐方式。

　　更有餐廳不但是以「服務方式」稱為中菜西吃，將許多西式餐飲的用材、盤飾及烹調的方式引入中式菜餚的調製及呈現，也稱為「中菜西吃」。而放眼近年來台灣餐廳的行銷手法，越來越多人應用「中菜西吃」、「中菜西吃的複合式經營」、「中式餐飲西式呈現」等字眼，更說明了這股風潮的流行！

　　然而，是否傳統的中式服務就會慢慢被市場所淘汰？除了以衛生觀點的答案是「肯定」的之外，這個標準也只有依據消費者心中的那把尺才有辦法衡量吧！

第四節　問題與討論

　　過去餐廳／旅館重視高超的服務技巧，許多資深的主管往往將管理重心放在員工的作業流程，卻忽略了服務態度的重要性，所以常為消費者所詬病。此節將針對以上情況作深入之探討及分析相關的因應方法。

個案研究：服務技巧重要還是服務態度受重視？

　　總聯貿易公司的張總經理為了接待今年度最重要的採購客人，精心挑選了一家經常光臨的五星級旅館中式餐廳用餐，事先更是親自到該餐廳實地與經理討論了菜單、服務包廂等重要事宜。但是，所有的努力卻因為一位服務生不經意的態度給破壞了，不但生意沒有談成更因此而得罪了客人，讓張總經理氣憤地當場發飆！

　　吳先生因為忘了與太太的結婚紀念日，臨時聽朋友說一家高級牛排館的服務很貼心，特別在訂位時說明了這個情況，沒有想到該餐廳除了提供了精心及令人感動的服務外，更在當場製造了結婚紀念日的氣氛，不但讓太太原諒了他的粗心，更對這家餐廳的整體表現讚不絕口！

個案分析

　　以上案例說明了一個現象及趨勢，就是台灣消費者對餐廳服務技巧及餐飲從業人員服務態度的觀感及重點所在，給予餐廳經營管理者非常不同於以往的啟示：

一、服務技巧的基本性

　　許多餐廳的主管往往將最大的管理重點，放在規劃不同於別家餐廳的菜餚、服務技巧及相關作業流程等技術層面。當然不可諱言的，一家餐廳

的整體標準作業的精緻呈現，代表了經營管理者的用心及水準，更是餐廳管理的基本要素。除此之外，整體呈現出的消費感受，卻不是這些因素所能影響的，往往讓管理者不知所措！

二、 用心的服務品質呈現

　　每一位客人都是獨特、敏感、挑剔的，也都具有合理服務要求的權利。就上述的案例而言，張總經理幾乎到手的生意，就因為餐廳服務人員不經意的態度，造成不可挽回的局面，更間接損失了張總經理這位常客的生意。

三、 貼心及獨具創意的服務最高境界

　　一家餐廳提供制式的標準服務，是顧客上門最基本的要求；每一位員工用心的將內心對顧客感謝及體貼的心態表現出來，是高級的服務；而真正要得到顧客的忠誠度及青睞，是要對顧客呈現一種體貼入微更甚於家的「家外之家」最高境界！

問題與討論

　　莉姍為星期六餐廳的新上任副理，為了能夠好好運用她在二專及之前餐飲管理的經驗，她特地為了餐廳所有員工寫了個教案——「如何處理顧客抱怨」，雖然緊張，但希望能藉此機會表現自己的能力，所以利用了好幾天晚上，寫下了一個創意十足的訓練分析表，覺得應該可以獲得經理的讚美及核准。怎料經理看了一眼，即批示「本餐廳服務已經非常好，短時間不需要這樣的訓練課程」。莉姍十分驚訝經理的批示，因為她心理比誰都還要清楚，她及餐廳內的主要幹部常常為了應付顧客的抱怨而疲於奔命，為何經理沒有看到這個潛在的危機呢？

註　釋

❶蕭玉倩，《餐飲概論》（台北：揚智文化，1999年），155-158頁。

❷交通部觀光局，《旅館餐飲實務》（交通部觀光局委託台北市觀光旅館商業同業工會編印，1992年），66頁。

❸《員工訓練資料——餐廳結帳作業》，亞都麗緻大飯店。

Chapter 8

餐飲採購、驗收及倉儲

- 採購作業
- 驗收作業
- 倉儲作業
- 問題與討論

照片提供：欣葉連鎖餐廳（日式料理館前店）。

　　本書第一章到第八章，說明了目前餐飲業的特性、組織分類、餐廳設定的前置作業、餐飲行銷、菜單的設計與各種餐飲服務作業的特色及餐飲備製的技巧等。由本章起將進入餐飲後勤管理的重點，而其中影響業者獲益最大的因素就是採購、驗收及倉儲的管理。

　　餐廳的獲利多寡除了依據生意量的大小外，普遍居營業額的百分之20%至30%間的物料成本，通常占有最大的影響力，所以採購部門對於原物料正確性的選擇、食材的新鮮度及是否充分掌握產地價格等的有利條件，就成為餐飲業者是否賺錢的決定性關鍵，所以經營者必須重視這個課題。然而，驗收的嚴謹度及相關的正確作業流程，更是確認貨物品質的重要關鍵；另外，在本章中的最後一節將分析目前餐飲業者所採用倉儲作業的優缺點。

 ## 第一節　採購作業

　　目前餐飲業所使用的採購政策、作業及各項管理制度並無適用之範本，而是視管理者對採購的界定／認知而異。以下就現狀作實務面的說明及分析。

採購作業政策

一、餐飲採購的定義

　　根據中外書籍對於餐飲採購的綜合定義為「依據餐廳或飯店的政策及需要，進行所有原物料的標準設定、來源尋找、選擇及比價、採買、驗收及儲藏等作業」。

二、採購政策

　　採購政策茲以現行餐飲業者的現狀作說明：

1. 公司對外所有物品的詢價、採購等相關作業，均由採購部門負全部責任；使用部門或單位及分店則對於所需物品提出規格、類別、品質等相關要求及具體規劃。

2. 任何物品採購必須經由使用部門或單位填寫請購單，並清楚註明材質、規格、數量、希望交貨日期及其他有關資料，經公司授權主管簽核後交採購部門統一辦理。

3. 一般餐廳及旅館採購的權責劃分（依據各家公司的政策而有所差異，以下僅供參考）：

   (1) 新購物品：指從未買過且倉庫內無存貨資料者，由使用單位提出相關的申購。

   (2) 續購物品：指由倉庫電腦存量控制，而品牌式樣與使用單位訂定且沒有更動者。若倉庫存量不足時，須事先知會使用單位是否繼續採用該物品後，由倉庫依據公司安全存量管理辦法提出規定數量的申購。

   (3) 分店或各部門特殊需求物品：雖曾購買但由各使用分店或部門自行保存者，需另行補充時則由相關使用單位負責申購。

4. 一般餐廳或旅館餐飲採購範圍及申購單位（依據各家公司的設定及需求而異，以下僅供參考）：

   (1) 生鮮食品類：泛指烹調所需的蔬菜、水果、魚肉等物品，由旅館各餐廳（連鎖餐廳的分店）廚房主管申請。

   (2) 食品罐頭及南北乾貨：指一切用於餐飲產品製造及銷售的乾料，由旅館餐飲部門（連鎖餐廳）廚房主管申請。

   (3) 飲料類：指果汁、各式中外酒類，由旅館餐飲部（連鎖餐廳分店）外場主管或經理申請。

   (4) 一般用品：指餐廳營運所需的印刷品、紡織品、瓷器、玻璃、器材設備、清潔消毒物品等，由各使用單位申請。

   (5) 文具：指行政管理所需的各種文具物品，由倉管人員申請及管理（但是一般連鎖餐廳依據公司採買政策，由總倉統一購買或各分店以零用金自行在外採買）。

(6)香煙：指國內外各類菸草，由採購部門負責執行採買。

(7)鮮花、盆景、樹木等裝飾物品：由旅館的房務部門負責申請及管理，採購部門負責執行採買（連鎖餐廳則由現場主管自行採買及管理）。

(8)工程維修專用物品：工程維修之機具、零件及物料用品等，由旅館工程部門申請及管理，採購部門負責執行採買（連鎖餐廳則由分店總務或共同維修部門自行採買及管理）。

三、採購目標

採購目標茲以現行餐飲業者的現狀作說明：

(一)獲取最優惠的價格

透過共同採購的最大優點為以量制價，尤其以大型連鎖餐廳而言，所有的獲利最大的依據就是「大量採購的優勢」。一般而言，在旅館及餐廳的採購部門多數採用「直接採購法」為原則，避免任何物品向中間供應商購買，而降低公司獲利的因素，所以採購人員必須熟知各類貨品供應商的資訊，並且掌握原物料產地的各種來源。

(二)選擇最適當的廠商

目前餐飲業選擇廠商的途徑通常可分為：

1.同業間的比較及資料蒐集：在同業間比較有口碑的廠商，通常交貨的穩定性較高，而且財務狀況的消息也較容易得知。

2.餐飲業食材的新鮮度及品質影響營運極大，所以在選擇廠商時除了特殊的用料外，應以本地（local）交通比較方便的廠商為主，避免廠商因送貨途徑而影響食材的品質及價格。

3.評估供應廠商的各種專業度：供貨廠商除了必須具備食品本身的專業知識外，食品的成分、衛生管理、倉儲的專業等，均會影響食材的品質，所以專業的廠商將可為公司降低不必要的食材浪費及增加價格的穩定性。

4.供應商商譽及與公司的誠信互惠關係：選擇配合的廠商必須事先調查其對外的商譽、購買者對其之口碑，如果都沒有問題才可以請其

提供報價。否則單純比較價格而忽略了廠商的信譽，最後吃虧的往
往是購買者。

5. 建立與長期供應商的合作關係及默契：確保供貨品質、商譽、送貨
速度、服務等均優於其他廠商，如此一來採購及驗收人員的工作負
擔也相對地減輕。

6. 分散進貨風險：有許多經營者認為應該集中採買以降低整體進貨的
風險，雖然以成本的考量而言並沒有錯，但是單一來源的潛在風險
過大，採購人員不得不慎。例如貨源的不穩定、廠商的資金調度及
貨源所在地的天災（颱風、地震或海嘯等），不但無法正常供應，更
有可能因此而斷貨，所以採購部門必須隨時掌握市場的最新狀況，
並慎選多家廠商以備不時之需。

(三)建立規格化的採購物品

　　即建立使用部門的標準化規格，早期台灣餐飲業對於食材的採購，都
靠老師傅的經驗傳承（眼睛觀察、鼻聞氣味、手觸質感等）來判定是否可
以使用。後來西式餐飲在台流行，西餐的科學化管理及經營，也為餐飲業
帶來截然不同的觀念。專業的廚房主管在制定菜單前，一定會先準備好食
材標準規格（food material standardization），依據餐廳特殊需求，對於採
購各項食材作出明確及具體的制定，其內容可參閱表8-1。

表8-1　餐廳食材標準規格表

設定部門或餐廳名稱：國王西餐廳　　食材標準制定人員：王三明行政主廚					日期：2005年2月15日
品名	規格說明	產地要求	重量	使用菜餚名稱	其他說明
美國去油菲力 (U. S. tenderloinw 或0 fat)	方形切塊 (10公分)	美國	每塊重量： 10-150磅	主廚菲力牛排	1.肉色深紅。 2.運輸過程需要適當的冷凍。 3.肉質彈性佳。 4.無異味。 5.訂購三日內送貨。 6.通過國家認證標準。

313

目前業界普遍採用這種較科學的方法，其原因可分析爲下：

1.標準化的採買系統

使用部門將所有物品規格化後，循環菜單的採買只要第一次輸入電腦後，對於使用部門及採購人員而言，就可省略再三的核對規格、品質或注意事項等事宜。

2.驗收的憑證

以往餐飲業的驗收部門常常需要會同使用部門，針對不夠清楚採購單的項目一一地核對，有時因爲主廚沒有在現場親自查核，而產生貨物不對而驗收人員卻無法正確判斷，導致財務或人力的多重浪費。

採購作業流程及標準作業程序

因爲各家餐廳／旅館對於內部各項採購有不同的規範，以下內容將就比較通用的流程及作業程序列出，提供讀者餐飲採購方面的實務知識。

一、使用的申請表格

1.果菜、魚肉使用「生鮮食品請購單」（market list），如表8-2。

2.一般物品使用「一般物品請購單」（general request form），如表8-3。

表8-2　生鮮食品請購單

君臨大飯店

生鮮食品請購單
（此表格只限於生鮮食品採購時使用）

訂單序號（order no.）：　　　　　　　　訂單日期（order date）：

送貨日期（delivery date）：

項目（item）	規格 （size）	需要數量 （wanted Q'ty）	單位 （unit）	廠商 （dealers）
一、豬肉類（pork）				
1.豬腰（pork kidney）				
2.豬肝（pork liver）				
3.豬心（pork heart）				
4.豬皮（pork skin）				
5.豬腳（pork knuckle）				
6.上肉（pork leg boneless）				
7.五花肉（pork belly）				
二、牛肉類（beef）				
1.美國特級沙朗（U.S.top sirloin）				
2.紐西蘭菲力（N.Z. tenderloin）				
3.美國菲力（U.S. tenderloin）				
4.牛腩（beef brisket）				
5.牛小排（beef short rib）				
6.牛骨（beef bone）				
7.牛小腿（beef shank）				
8.牛腱（beef sinew）				
三、海鮮類（seafood）				
1.活大龍蝦（alive lobster）				
2.現流大明蝦（alive king prawn）				
3.現流劍蝦（alive sword shrimp）				
4.活紅蟳（alive red crab）				
5.活花蟳（alive flower crab）				
6.黃魚（yellow fish）				
7.鯧魚（pomfret fret）				
8.活石斑（alive black croupa）				
四、蔬菜類				
1.蔥（spring onion）				
2.老薑（old ginger）				
3.紅辣椒（red chili）				
4.四季豆（spring bean）				
5.白蘿蔔（turnip）				
6.綠蘆筍（green asparagus）				

第一聯：餐飲部（F & B）或主廚（chef）　　　第二聯：驗收（receiving）

第三聯：採購部（purchasing）　　　第四聯：財務部（accounting）

表8-3　一般物品請購單

君臨大飯店

一般物品請購單

（此表格只限於重複採購時使用）

採購序號：

請購部門：＿＿＿＿＿＿＿＿　　請購原因：＿＿＿＿＿＿＿＿　　請購日期：＿＿＿＿＿＿＿

項目	內容或規格	需要		前次採購				詢價比價			
		數量	日期	日期	數量	單價	存貨	廠商名稱	1.	2.	3.
								單價			
								總金額			
								交貨日期			
								付款方式			
								單價			
								總金額			
								交貨日期			
								付款方式			
								單價			
								總金額			
								交貨日期			
								付款方式			

備註：1.請購部門填明項目、日期及前次採購日期數量。

　　　2.採購部門填明比價欄。

　　　3.不同類別之物品請勿使用同一張單據。

　　　4.其他（請說明）＿＿＿＿＿＿＿＿＿＿＿

請購部門主管或日期
＿＿＿＿＿＿＿＿＿

採購人員
＿＿＿＿＿＿＿

採購部門推薦廠商：	財務部門意見：	請購部門意見：	總經理意見：
理由：	□該項目今年有預算申購	□必須申請	□准許申請
□品質良好	□該項目今年沒有預算申購	□可等待明年申購	□延至明年申購
□價格合理	□其他	□取消申購	□取消申購
□固定廠商			□請提供多樣選擇
□長期供應廠商			
□信譽良好			
□能提供所需之物品			
□其他			
採購人員或日期	財務經理或日期	請購部門主管或日期	總經理或日期
採購部經理或日期			

第一聯：採購部　　　第二聯：財務部　　　第三聯：請購部門　　　第四聯：驗收單位

二、採購作業流程及程序

(一)新購物品的請購作業流程

在餐廳／旅館實務作業中，凡是未曾採購或是新開發產品之原物料、乾貨等相關用品的採買，必須要遵照以下作業流程（須視各家規定而異），以眞正掌控餐廳／旅館的採購優勢並避免各項弊端。

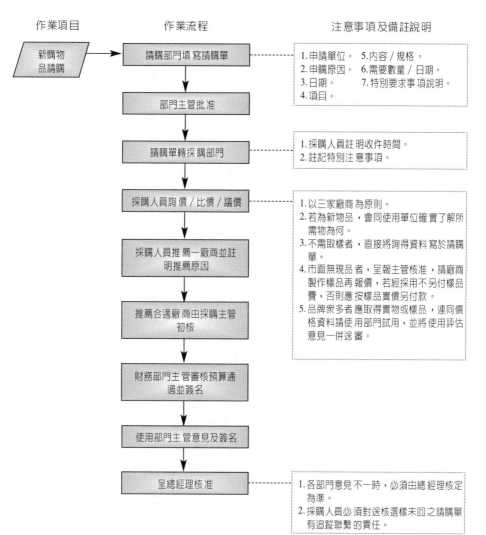

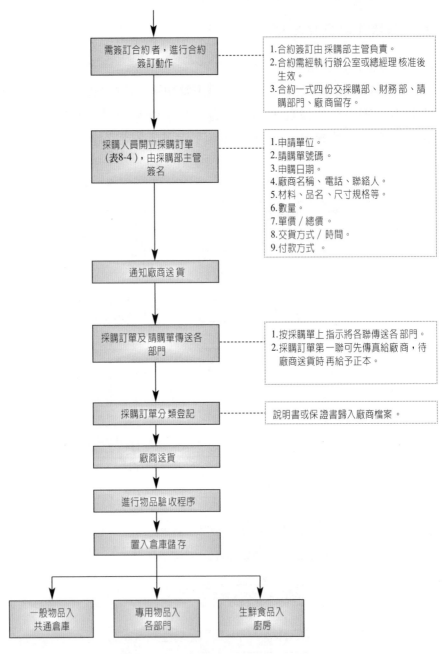

圖8-1　新購物品請購作業流程圖

表8-4　採購訂單

君臨大飯店

採購訂單

號碼：P.R.0001　　　　　　　　　　　　　　　日期：　　年　　月　　日

申請單位		請購單號碼		申購日期	
廠商名稱		廠商電話		聯絡人	

料號	品名	原料或尺寸或規格或形狀	數量	單價	金額

上列訂購總額合計：

交貨方式及時間：

付款方式：

備　註：

採購代表 _____　　　　採購部主管 _____

第一聯：廠商　　　　　　　第二聯：請購部門　　　　　　第三聯：財務部門

第四聯：驗收單位　　　　　第五聯：採購部門

※廠商請注意下列規定，否則拒收（僅供參閱，各家餐廳或旅館有不同的管理規定）：

1. 請攜帶本訂單於約定交貨時間送達本公司指定地點，並經驗收人員辦妥驗收手續，若未完成驗收手續視同未交貨，且無法向本公司財務部門申請相關款項。

2. 送貨時間請於每週一至週五下午13:30-16:30，緊急送貨則另行通知相關的送貨地點及時段。

(二) 重複採購物品的請購作業流程

　　餐廳／旅館對於重複採購物品的管理政策，通常較偏重於倉庫的管理及庫存的控制，對於安全庫存的制定更會依據餐廳現場的需求、資金的現況、倉儲的空間等因素作最適切的規範。

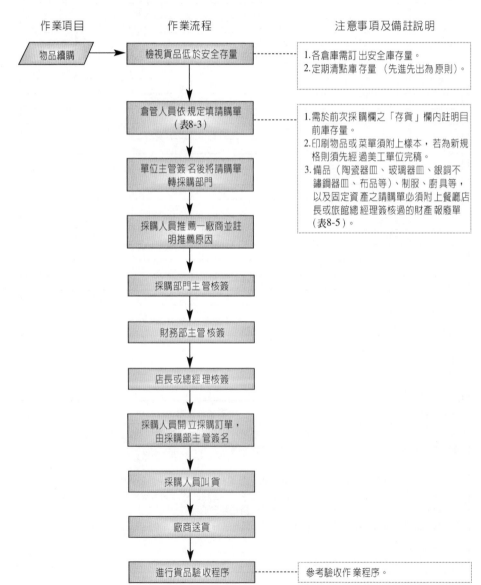

作業項目	作業流程	注意事項及備註說明
物品續購	檢視貨品低於安全存量	1.各倉庫需訂出安全庫存量。 2.定期清點庫存量（先進先出為原則）。
	倉管人員依規定填請購單（表8-3）	1.需於前次採購欄之「存貨」欄內註明目前庫存量。 2.印刷物品或菜單須附上樣本，若為新規格則須先經過美工單位完稿。 3.備品（陶瓷器皿、玻璃器皿、銀銅不鏽鋼器皿、布品等）、制服、廚具等，以及固定資產之請購單必須附上餐廳店長或旅館總經理簽核過的財產報廢單（表8-5）。
	單位主管簽名後將請購單轉採購部門	
	採購人員推薦一廠商並註明推薦原因	
	採購部門主管核簽	
	財務部主管核簽	
	店長或總經理核簽	
	採購人員開立採購訂單，由採購部主管簽名	
	採購人員叫貨	
	廠商送貨	
	進行貨品驗收程序	參考驗收作業程序。

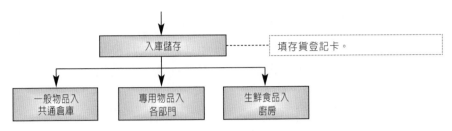

圖8-2　重複採購物品的請購作業流程圖

表8-5　固定資產報廢單

君臨大飯店

固定資產報廢單

日期：＿＿＿＿＿＿＿＿

申請部門：＿＿＿＿＿＿＿＿　　　　　　　編號：＿＿＿＿＿＿＿＿

財物		單位	數量	報廢原因	單價	總價	購置年月	耐用年限	殘值	備註
分類編號	名稱									

填表人＿＿＿＿＿　　部門主管＿＿＿＿＿　　財務主管＿＿＿＿＿　　店長或總經理＿＿＿＿＿

第一聯：財務部門　　　　第二聯：申請部門　　　　第三聯：安全部門

(三)需經美工設計物品的請購作業流程

　　餐廳／旅館許多營運用品、宣傳品等皆須先由美工／外包商設計、打版完成後，由採購部門洽詢適合之廠商，經過公開之比價、議價後，再遵照公司請購程序作業。

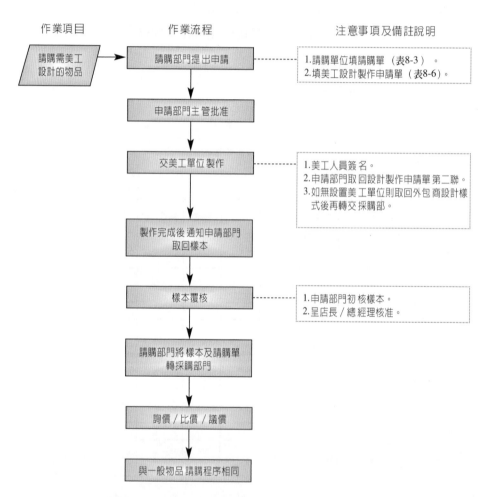

作業項目	作業流程	注意事項及備註說明
請購需美工設計的物品	請購部門提出申請	1.請購單位填請購單（表8-3）。 2.填美工設計製作申請單（表8-6）。
	申請部門主管批准	
	交美工單位製作	1.美工人員簽名。 2.申請部門取回設計製作申請單第二聯。 3.如無設置美工單位則取回外包商設計樣式後再轉交採購部。
	製作完成後通知申請部門取回樣本	
	樣本覆核	1.申請部門初核樣本。 2.呈店長／總經理核准。
	請購部門將樣本及請購單轉採購部門	
	詢價／比價／議價	
	與一般物品請購程序相同	

圖8-3　需經美工設計物品的請購作業流程圖

表8-6　美工設計製作申請單

君臨大飯店

美工設計製作申請單

申請內容 （請∨選）	□海報 □展示櫃設計	□看板 □櫥窗布置	□平面設計 □會場布置	□攝影 □其他請說明
申請日期：　年　月　日	需完成日期：　年　月　日			

申請內容說明：

備註：請將申請各項細節經申請部門主管審核後附於申請單上。

用途：

完成設計日期：

成品完成日期：

特別注意事項：

申請人 _____ 申請部門主管 _____ 美工人員 _____ 美工單位主管 _____

第一聯：美工單位自行保存　　　　　第二聯：由申請部門保存

（四）生鮮物品請購作業流程表

1.廠商依據請購單送貨作業流程

　　一般的餐廳／旅館對於生鮮物品多由信用佳、品牌口碑好的廠商提供，免去相關人員每日採買的繁瑣及辛苦，此作業流程僅就其注意事項及相關的原則說明，至於各種規範及條款則須視公司管理政策而定。

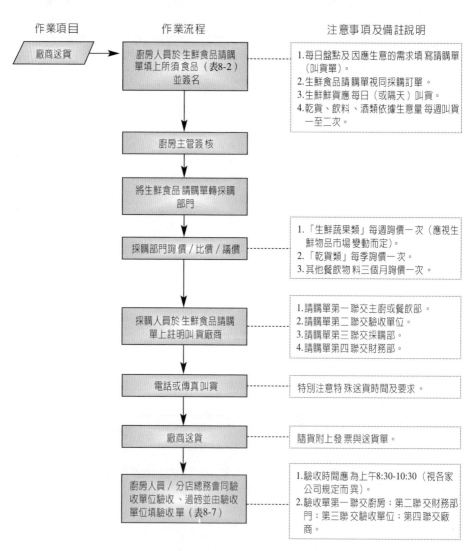

作業項目	作業流程	注意事項及備註說明
廠商送貨	廚房人員於生鮮食品請購單填上所須食品（表8-2）並簽名	1.每日盤點及因應生意的需求填寫請購單（叫貨單）。 2.生鮮食品請購單視同採購訂單。 3.生鮮鮮貨應每日（或隔天）叫貨。 4.乾貨、飲料、酒類依據生意量每週叫貨一至二次。
	廚房主管簽核	
	將生鮮食品請購單轉採購部門	
	採購部門詢價／比價／議價	1.「生鮮蔬果類」每週詢價一次（應視生鮮物品市場變動而定）。 2.「乾貨類」每季詢價一次。 3.其他餐飲物料三個月詢價一次。
	採購人員於生鮮食品請購單上註明叫貨廠商	1.請購單第一聯交主廚或餐飲部。 2.請購單第二聯交驗收單位。 3.請購單第三聯交採購部。 4.請購單第四聯交財務部。
	電話或傳真叫貨	特別注意特殊送貨時間及要求。
	廠商送貨	隨貨附上發票與送貨單。
	廚房人員／分店總務會同驗收單位驗收、過磅並由驗收單位填驗收單（表8-7）	1.驗收時間應為上午8:30-10:30（視各家公司規定而異）。 2.驗收單第一聯交廚房；第二聯交財務部門；第三聯交驗收單位；第四聯交廠商。

圖8-4　廠商依據請購單送貨作業流程圖

表8-7 驗收單

君臨大飯店

驗收單

編號：＿＿＿＿＿＿＿＿＿＿＿＿＿＿ 日期： 年 月 日

☐部分交貨

廠商名稱：＿＿＿＿＿＿＿＿＿＿＿＿＿＿＿＿＿＿ ☐全部交貨

請購單號碼：＿＿＿＿＿＿＿＿＿＿ 請購部門：＿＿＿＿＿＿＿＿

貨品編號	摘要	單位	數量	單價		總價	
					總金額NT$		

驗收人員＿＿＿＿＿＿＿＿＿＿ 部門主管（或店長）＿＿＿＿＿＿＿＿

第一聯：請購單位（或廚房） 第二聯：財務部門 第三聯：驗收單位 第四聯：廠商

2.自行購買作業流程

　　許多餐廳／旅館為了防止不必要的弊端產生，對於餐廳現場緊急狀況的採買及特殊原物料的自行購買，通常有一套嚴格的內規，以下作業流程僅針對一般性管理規定及原則作說明。

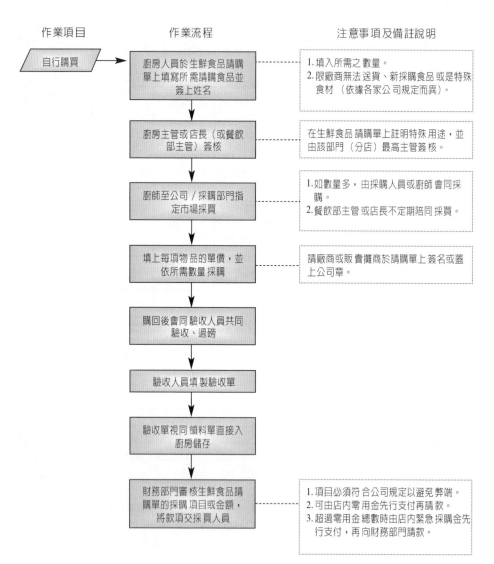

作業項目	作業流程	注意事項及備註說明
自行購買	廚房人員於生鮮食品請購單上填寫所需請購食品並簽上姓名	1.填入所需之數量。 2.限廠商無法送貨、新採購食品或是特殊食材（依據各家公司規定而異）。
	廚房主管或店長（或餐飲部主管）簽核	在生鮮食品請購單上註明特殊用途，並由該部門（分店）最高主管簽核。
	廚師至公司／採購部門指定市場採買	1.如數量多，由採購人員或廚師會同採購。 2.餐飲部主管或店長不定期陪同採買。
	填上每項物品的單價，並依所需數量採購	請廠商或販賣攤商於請購單上簽名或蓋上公司章。
	購回後會同驗收人員共同驗收、過磅	
	驗收人員填製驗收單	
	驗收單視同領料單直接入廚房儲存	
	財務部門審核生鮮食品請購單的採購項目或金額，將款項交採買人員	1.項目必須符合公司規定以避免弊端。 2.可由店內零用金先行支付再請款。 3.超過零用金總數時由店內緊急採購金先行支付，再向財務部門請款。

圖8-5　自行購買作業流程圖

(五)緊急請購作業流程

　　旅館因為是二十四小時營運，所以針對現場緊急狀況的供應自有一套管控的作業（例如安全部門皆配有緊急領貨用的備用倉庫鑰匙）；而一般餐廳為了因應現場緊急狀況的採買，多以限額的零用金小額採買為權衡之計。

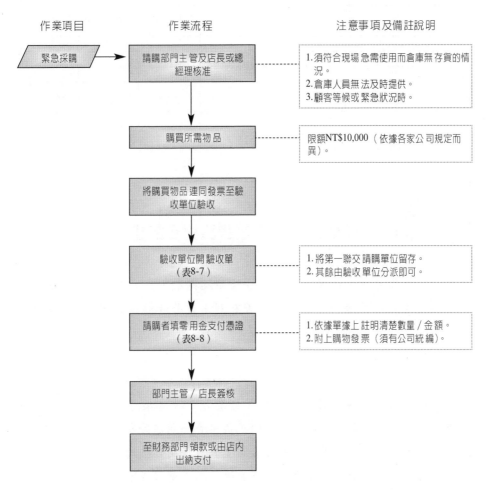

作業項目	作業流程	注意事項及備註說明
緊急採購	請購部門主管及店長或總經理核准	1.須符合現場急需使用而倉庫無存貨的情況。 2.倉庫人員無法及時提供。 3.顧客等候或緊急狀況時。
	購買所需物品	限額NT$10,000（依據各家公司規定而異）。
	將購買物品連同發票至驗收單位驗收	
	驗收單位開驗收單（表8-7）	1.將第一聯交請購單位留存。 2.其餘由驗收單位分派即可。
	請購者填零用金支付憑證（表8-8）	1.依據單據上註明清楚數量／金額。 2.附上購物發票（須有公司統編）。
	部門主管／店長簽核	
	至財務部門領款或由店內出納支付	

圖8-6　緊急請購作業流程圖

表8-8　零用金支付憑證

君臨大飯店

零用金支付憑證

部門：＿＿＿＿＿＿＿＿＿＿＿＿＿　　　日期：＿＿＿＿＿＿＿＿＿＿＿

受款人		金額（大寫）		
用途		品名或貨號	數量或單位	金額

請款人＿＿＿＿＿　部門主管或店長＿＿＿＿＿＿　財務部或出納＿＿＿＿＿＿　領款人＿＿＿＿＿

專欄 8-1　餐廳採購是決定賺錢與否的重要因素

　　依據作者在餐飲業多年的實務經驗及觀察，一家餐廳獲利的最重要因素絕對是採購的各種條件是否有利，經營者應該如何確保採購的最大利益，綜合各種因素分析如下：

聘用可靠的採購人員

　　採購人員在餐廳採購流程中，扮演著資料蒐集者、原物料分析者及監督者多重的角色，採購主管的正直與否，關係著餐廳整體採購系統的運作正常化及可靠性。一般而言，業者多任用自己的親信，雖然是人之常情，但須特別注意其專業度及品德，以避免造成流弊而不自知。

遴選信譽良好的廠商

　　一家具有政府認證的食品廠商遠比來往多年的小廠商來的安心，

台灣近幾年來多次的食物中毒或食品不良的事件，多是取用來源不明的生鮮肉類（例如2004或2005年爆發的病死豬肉事件），對於無法正確掌控良好廠商的餐廳，所造成名譽的損失是無法估計的！

餐廳經營者應隨時掌握各種大宗原物料的市場價格

例如擁有多家日本料理自助餐的「上閣屋」業者，最為自豪之處就是海鮮的來源新鮮及價格低廉，其最重要的原因歸功於業者無時無刻地掌握海鮮原物料的市場價格，相對的餐廳獲利率也因此增加。

現場管理者的專業度

再好的物料品質都有可能因為品管的不用心以及不當的食物解凍、處理及烹調方式而造成食物整體呈現的不佳，所以現場管理者的專業及用心，將是採購流程中最後的保證。

全面電腦化的控管

目前許多大型旅館及連鎖餐廳，為提升整體採購的效益，都全面進入進貨、銷售及存貨一體作業的系統，尤其對於食材眾多的中式餐廳而言，如何有效管理各種材料的進貨及庫存量等繁瑣的細節，更是現代化餐廳不可缺少的監控工具。

採購作業一般性規定及注意事項

1. 所有送交採購部門的各式請購單，必須先由請購部門或該店最高主管參閱簽核後，才可送至採購部門進行後續採購作業；如無請購部門或該店最高主管之簽核，採購人員有權將該請購案退回。
2. 採購部門助理在初步審核上述要件後，註明收件時間、編號並登錄於電腦。
3. 採購人員於接獲請購單後，如為新購物品，必須按照新購物品之規

定進行詢價；若不須取樣者，可直接將詢得物品的價格、規格、交貨日期、付款條件或其他有關之資料，逐一登錄於請購單上，並推薦適宜廠商交主管初核。

4.如果該品項市售產品多而用途雷同者，應向供貨廠商取得實物或樣品隨同價格等資料的報價單，由請購部門測試，並將試用結果報告一併送呈主管作後續的審核。

5.如果市場並無現品者（例如國外進口商品等），可先請供貨商準備類似或製作樣品報價；另外，如須美工設計之產品，則須事先與美工單位（或外包商）取回設計樣品後，再轉交廠商報價。

6.針對各項餐飲物料，採購部門必須負責定期（生鮮蔬果以每週、乾貨以每季、其他原物料則以每三個月為一個週期）作市場詢價，並製成行情表一式四聯：

第一聯：餐飲部門（餐廳）——作為成本控制考量及調整售價的依據。

第二聯：財務部門——作為價格波動及正確性的審核，餐廳獲利的預估及成本計算等。

第三聯：總經理或店長——以專業的眼光審核下單價格的合理性。

第四聯：採購部門——作為各廠商比價的依據及資料的建檔。

7.由採購人員與公司簽約或指定廠商詢價後的請購單，必須先由財務部門主管會簽後，再呈總經理或店長核定後始可生效。

8.若核定採購訂單之數量、交貨時間、付款條件等與請購單上詢價時所擬議不同時，於原請購單上加註說明即可。但是若價格有異動時，必須由請購部門、店長或總經理再次審核後才可下單。

9.請購單會經各部門核准無誤後，採購部門助理應立即繕打採購訂單。分發出之採購訂單登記後，隨同廠商相關保證資料或說明書，歸入各廠商檔案夾，副本分發該採購訂單上的請購部門。

10.採購人員應該負責掌控每一張採購訂單的交貨期，在廠商製造過程中除應積極了解製造進度外，如有需要應親赴現場了解實際情況，並將相關進度隨時報告主管及請購部門。若遇廠商無法準時交貨，

採購人員應詳述原因及其正當理由，並將補救方案事先知會申購部門以利後續情況的追蹤。

11.各式採購合約的簽訂一律由採購部主管負責，並經總經理或店長核准始生效。合約一式四份分由採購部門、財務部門、請購部門、售賣廠商收存。

12.在整體採購系統中，採購員不該或不負驗貨的工作及責任，但必須隨時了解實際交貨品質是否與原訂單上相符，若有差異，應該會同使用部門或驗收單位等商討，必要時必須拒收或重新訂購。

13.採購部門有權要求申購物品部門，隨時將所使用物品的狀況或貨品的品質等通知採購部門，並由採購部門每三個月主動詢問使用部門意見，以作為下次是否續購參考。

14.付款方式（以下規定僅供參考）：

　(1)由採購部門或各店零用金支付者，其相關規定

　　A.廠商要求付現時，而財務部無法開具即期支票者。

　　B.每項採購金額未超過新台幣五千元（金額視各家旅館或餐廳而定）。

　　C.特殊、緊急、臨時採購或符合公司規定者。

　　D.上列各項採購均須按核准之請購單由部門主管或店長簽字支付，並應檢據相關單據及列表向財務部門報銷及登記簿記帳存查。

　(2)由財務部門付款之相關作業規定：必須遵守公司財務政策及相關請款作業流程或辦法施行，但採購部門必須負責居中協調與解釋。

　(3)須付大額現金者：對於部分無法以公司規定辦法付款者且必須支付大額現金的採購案，由採購代表填具借支單（表8-9），經部門主管或店長俱核准後墊支，檢附單據發票依據公司銷帳的程序及辦法辦理。

15.其他注意事項或特別規定（以下規定僅供參考）：

　(1)嚴格禁止接受任何供應商之餽贈、宴請等有關的不當關說、請

表8-9 借支單

君臨大飯店

借支單

借款日期： 年 月 日　　　　　　　　　　借支單（或傳票）號碼：BO00001

金額（國字大寫）：＿＿＿＿＿＿＿＿＿＿＿＿＿＿＿＿＿＿＿＿＿＿＿

借款事由：＿＿＿＿＿＿＿＿＿＿＿＿＿＿＿＿＿＿＿＿＿＿＿＿＿＿＿

　　　　　＿＿＿＿＿＿＿＿＿＿＿＿＿＿＿＿＿＿＿＿＿＿＿＿＿＿＿

預定返款日：＿＿＿＿＿＿＿＿＿＿＿＿＿＿＿＿＿＿＿＿＿＿＿＿＿＿

請款人＿＿＿＿＿ 部門主管或店長＿＿＿＿＿ 財務部或出納＿＿＿＿＿ 領款人＿＿＿＿＿

第一聯：財務部門扣薪、存檔　　　　第二聯：申請部門　　　　第三聯：借款人

託等，若有違反行為立即開除，嚴重者並移送法辦。

(2)本公司（餐廳或飯店）採購人員應本誠信、廉潔的採購信條執行任務。

(3)採購部門對未按程序的任何採購案不得受理。

(4)如有某部門因臨時為服務客人而需緊急採購物品，該部門主管應先獲得上級（事業部主管或總經理）之允諾，再由上級親自告知採購部門作緊急處理，但事後仍應補填請購單並按照正常程序作業以利制度的完整。

(5)採購部門應該每年一次（依據公司規定）就所有經常使用之物品作市場詢價，並分種類列出比較表一份，經總經理核簽後正本自存，另將影印本提供給各使用部門作為預算或費用計算之重要依據。

第二節 驗收作業

驗收的嚴謹與否將關係到整體商品的品質，所以以下內容將就餐廳／旅館實務管理及作業等層面作分析及說明。

驗收作業政策

一、餐飲驗收的定義

　　就餐飲實務管理面而言，餐飲驗收（receiving）的綜合定義為「依據餐廳或飯店的採購精神、政策及作業需要，進行所有原物料的檢驗、接受或拒絕貨品的行為稱之為驗收。」

二、驗收政策

　　驗收政策以現行餐飲業者的現狀作說明。在採購作業流程之後及所有物料採購之後，都必須經過驗收才可入庫，驗收工作必須迅速、確實，但不可為爭取時效或某些原因而草草驗收了事。驗收主要目的在於每批物料入庫前，做品質、規格、重量、大小、形狀、外表、新鮮度、產地及等級的檢驗，要確認採購是否合乎要求。

三、驗收的方法❶

(一)一般驗收法

　　多數驗收人員採取「目測法」，即是憑藉多年的經驗以眼睛驗收，不需要任何特殊技術的驗收過程，但是通常在重量、大小等採購訂單上的規格部分則採用一般性的度量衡器依訂購規定驗收。

(二)抽樣檢驗法

　　因物品採購數量龐大無法逐一檢驗，或某些物品拆封後即不能復原，均多數採取抽樣檢驗法。

(三)專業技術驗收法

　　無法用一般目視鑑定，需要專門技術人員及特殊儀器驗收。

(四)試驗法

　　所謂的「試驗法」通常是指在一般驗收外，還必須進行技術上的試驗，或是需要延聘專家來複驗後才可決定品質的優劣。

(五)委託驗收法

　　通常如遇到國外採購或特殊規格的採購，許多業者會委託相關的檢驗機構或國外的代理人員進行貨品的驗收。

(六)工廠檢驗合格證明法

　　由製造工廠出具相關的檢驗合格證明書，業者是否會再次驗收將由採購或驗收人員或使用部門會同討論後決定。

四、驗收人員

(一)任用條件

　　1.工作時間或休假：八小時／天，依勞基法規範。

　　2.對誰負責：財務部經理或分店店長。

　　3.相關經驗：二年以上旅館（餐飲）驗收相關經驗。

　　4.年齡限制：二十五至五十歲。

　　5.工作能力與專長：熟悉各種餐飲原物料、驗收及倉庫管理等相關事宜。

　　6.工作職責：負責一般原物料、用品、罐頭食品、飲料鮮品等驗收手續。

　　7.儀表要求：主動積極，親切熱忱。

　　8.教育程度：高職以上餐飲相關科系畢業。

　　9.工作性質：一般用品、食品飲料驗收，位置在驗收區或倉庫。

　　10.體位要求：需要充沛的體力，體健耐勞，無傳染病。

(二)職掌說明

　　1.查核所有進入飯店或餐廳的廠商送達物品是否有相關的採購文件，例如採購單（purchase order）、雜貨訂單（grocery list）或鮮貨訂單，並查核其單價與數量是否一致。

　　2.依據採購部門所送達採購訂單的送貨日期，安排每日驗收進度，並不得有延遲或不驗收即放行的不當行為。

　　3.驗收過程中除了查核物品重量或數量外，並且應特別注意該物品的品質是否合乎公司要求或規定。

4. 對於生鮮漁貨等天然產物，不符合訂單上的規格或斤兩等變動因素，應該知會使用部門及採購部門決定是否接收或退貨。

5. 不管物品送到倉庫或直接送到使用單位，都應該隨時注意運送過程中是否有損壞遺失或掉包情形的產生。

6. 對所驗收貨品有任何疑問或不了解時，應該通知部門主管、採購主管或使用單位主管共同協助驗收工作，以確保貨物的品質。

7. 所有外出物品必須查明有適當核准的文件（放行條），遇有屬於廠商押金性質的空瓶更應清點其數量才可放行。

8. 除了填寫驗收單（receiving sheet）外（表8-7），仍應依據各家公司規定填寫相關報表，例如每日鮮貨、雜貨、飲料或一般用品等進貨日報表。

(三)驗收時間的設定（依據各家旅館或餐廳營業時段及作業流程而定）

1. 生鮮貨以每日早上為宜（8：30-11：30）。

2. 一般用品為每週一至二次（依據各家公司生意量而定）為宜，遇國定假日順延。

3. 乾貨、飲料類為每週一至二次（依據各家公司生意量而定）為宜，遇國定假日順延。

(四)驗收地點的選擇

1. 依據採購合約上所規定的交貨地點。

2. 若為廠商送貨方式，則應該選擇人車動線較通暢處，另外也必須考慮距離公司倉庫及使用部門較近處為宜。

驗收作業流程

一、廠商送貨驗收流程

　　對於餐廳驗收作業單位而言，最大量的工作就是廠商送貨的相關驗收，所以公司必須要有一套嚴謹的作業流程，作為保障各種原物料之品質及預防相關人員之疏失、貪瀆的最佳利器。

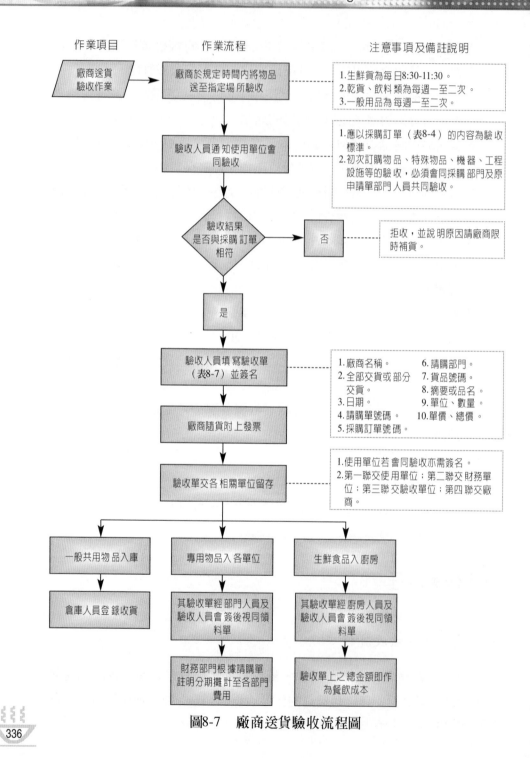

作業項目　　　　作業流程　　　　　　　注意事項及備註說明

廠商送貨
驗收作業　→　廠商於規定時間內將物品
　　　　　　送至指定場所驗收　·····　1.生鮮貨為每日8:30-11:30。
　　　　　　　　　　　　　　　　　　2.乾貨、飲料類為每週一至二次。
　　　　　　　　　　　　　　　　　　3.一般用品為每週一至二次。

驗收人員通知使用單位會
同驗收　·····　1.應以採購訂單（表8-4）的內容為驗收
　　　　　　　　標準。
　　　　　　　2.初次訂購物品、特殊物品、機器、工程
　　　　　　　　設施等的驗收，必須會同採購部門及原
　　　　　　　　申請單部門人員共同驗收。

驗收結果
是否與採購訂單　→　否　·····　拒收，並說明原因請廠商限
相符　　　　　　　　　　　　　　　時補貨。

是

驗收人員填寫驗收單
（表8-7）並簽名　·····　1.廠商名稱。　　　6.請購部門。
　　　　　　　　　　　　2.全部交貨或部分　7.貨品號碼。
　　　　　　　　　　　　　交貨。　　　　　8.摘要或品名。
廠商隨貨附上發票　　　　3.日期。　　　　　9.單位、數量。
　　　　　　　　　　　　4.請購單號碼。　　10.單價、總價。
　　　　　　　　　　　　5.採購訂單號碼。

驗收單交各相關單位留存　·····　1.使用單位若會同驗收亦需簽名。
　　　　　　　　　　　　　　　2.第一聯交使用單位；第二聯交財務單
　　　　　　　　　　　　　　　　位；第三聯交驗收單位；第四聯交廠
　　　　　　　　　　　　　　　　商。

一般共用物品入庫　　　專用物品入各單位　　　生鮮食品入廚房

倉庫人員登錄收貨　　　其驗收單經部門人員及　　其驗收單經廚房人員及
　　　　　　　　　　　驗收人員會簽後視同領　　驗收人員會簽後視同領
　　　　　　　　　　　料單　　　　　　　　　料單

　　　　　　　　　　　財務部門根據請購單　　　驗收單上之總金額即作
　　　　　　　　　　　註明分期攤計至各部門　　為餐飲成本
　　　　　　　　　　　費用

圖8-7　廠商送貨驗收流程圖

二、自行採購驗收流程

對於自行採購的各項驗收作業流程的制定，必須能夠管控餐廳現場主管不當的浮濫，及對自行採購物品的品質認定為最高指導原則。

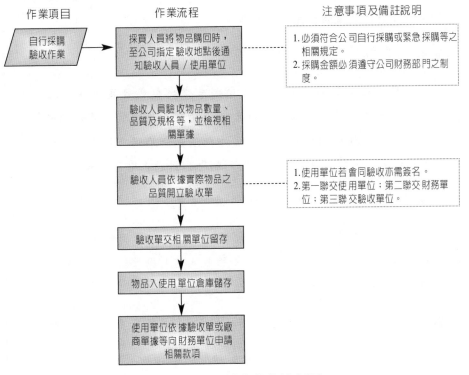

作業項目　　　　　作業流程　　　　　　注意事項及備註說明

自行採購驗收作業　→　採買人員將物品購回時，至公司指定驗收地點後通知驗收人員／使用單位

1.必須符合公司自行採購或緊急採購等之相關規定。
2.採購金額必須遵守公司財務部門之制度。

驗收人員驗收物品數量、品質及規格等，並檢視相關單據

驗收人員依據實際物品之品質開立驗收單

1.使用單位若會同驗收亦需簽名。
2.第一聯交使用單位；第二聯交財務單位；第三聯交驗收單位。

驗收單交相關單位留存

物品入使用單位倉庫儲存

使用單位依據驗收單或廠商單據等向財務單位申請相關款項

圖8-8　自行採購驗收流程圖

專欄
8-2

驗收人員該為原物料不良負責嗎？

正如本節中驗收人員的職責說明中所示，一家有善盡職責之驗收專業人員的餐廳或旅館，是不應該有不良的物料進入倉庫，但就餐飲的實務面而言卻往往不是，綜合各種主客觀因素分析如下：

驗收工作不是專業或專職人員所負責

　　許多餐廳的驗收工作不是由行政人員或是分店主管輪流擔任，因為要降低分店的相關人力成本，所以無法聘用專業的驗收人員。旅館業因為驗收人員負責全館所有部門的作業，通常配置有專職的驗收人員，所以上述狀況的發生機率較少。

驗收人員訓練不足

　　從事餐旅工作的人員，很少會將未來規劃或發展放在驗收的工作，餐旅業目前的驗收人員多數來自外場或是其他單位調來的暫時性人力，也因此往往訓練不夠，以至於無法充分了解日趨複雜的原物料來源或成分，所以無法在第一時間判斷原物料的正確及品質。

採購部門未提供充分的資訊

　　採購人員未能及時將各種餐飲資訊（例如訂單的規格、物品的特質或容易產生的相關問題等），告知驗收人員，導致驗收時忽略上述重點而造成物料品質的落差。

驗收人員沒有足夠的驗收工具

　　餐飲驗收時必備的工具有許多類型，例如磅秤、各種規格的尺等，如果無法有適當的工具，那麼所驗收貨物的正確性將無法精準。

沒有適當的驗收空間

　　一個具有標準照明、寬敞、安全且設計良好的驗收空間，將有助於各種驗收工作的順利完成。反觀目前許多餐廳都是在廚房進行驗收作業，雖然沒有明文規定不可，但是其驗收出來貨品品質是否因此而有所誤差，將是一種潛在的不確定危機。

人謀不贓

　　驗收人員必須要有高規格的道德標準，因為他對貨品有決定接受或拒絕的職責，所以業者在聘用驗收人員通常都會採用自己人，或是以財務單位人員輪流為之，就是要避免人謀不贓的弊病產生。

 # 第三節　倉儲作業

　　由前面二節中的說明得知採購、驗收的嚴謹度將會影響到商品的品質，但是不良的倉儲往往會造成無謂的浪費及資金的閒置，所以餐飲管理人員不得不謹慎制定各項管理規約。

倉儲作業政策

一、餐飲倉儲的定義

　　一般而言，所謂的「餐飲倉儲」（storage）的意義就是「依據餐廳或飯店的各類採購物品的特質，進行所有原物料的保管及維護，以避免因為人為疏失或設計不當，導致物品腐敗、遭竊等引起不必要的損失之一系列管理活動」。

二、倉儲管理的目的

1.儲存管理主要是維護物料庫存安全，避免偷竊、盜賣或食物腐敗所造成的損失。為達此目的，倉庫設計必須要注意溫度、濕度、防火、防滑及防盜等措施，並加強盤點，以防短缺、腐壞等情況的發生。
2.倉庫運輸的動線必須設計良好，才可簡化人員作業的時間。

3.倉庫必須具備適當的服務空間，以方便各項物品的進出。

4.倉儲的條件及系統必須有良好規劃，才可真正保存原物料的品質。

5.各種儲藏物架的設計需要注意符合人體工學原理，以避免因設計不良而產生潛在的作業危機。

6.倉庫的空間設計應該考量外場實際作業的需要，不可太大（以排除因過分積存物料減少資金的流動及呆料的產生）或太小（避免無法適當儲存而產生原物料短缺不敷現場使用的窘境）。

7.應特別注意將有特殊氣味物品隔離存放。

8.運用現代化的電腦倉庫管理系統，以充分達到各種管理的效能。

三、倉庫管理人員的工作職責

(一)倉庫主任

1.任用條件

    (1)工作時間或休假：八小時／天，依勞基法規範。

    (2)對誰負責：財務部經理或分店店長。

    (3)相關經驗：三年以上旅館（餐飲）驗收主管相關經驗。

    (4)年齡限制：三十至五十歲。

    (5)工作能力與專長：熟悉各種餐飲原物料特質及倉庫管理等相關專業知識。

    (6)工作職責：負責倉庫全盤作業的督導及倉庫行政業務等簽核手續。

    (7)儀表要求：主動積極，端莊熱忱。

    (8)教育程度：高職以上餐飲相關科系畢業。

    (9)工作性質：領導所屬完成倉庫管理、存量控制等工作，工作位置在庫房或倉庫。

    (10)體位要求：需要充沛的體力，體健耐勞，無傳染病。

2.執掌說明

    (1)負責餐廳所有物品的進庫，並依據公司制度備妥足夠的文件才可接受（視各家公司規定而異），例如：

A.驗收單。

B.採購單。

C.雜貨訂單。

(2)所有物品必須有適當核准的領料單（requisition form）（表8-10）才可出庫。

(3)根據平常每一物品進出情形加以研究分析，然後定出安全存量及滯銷品報告表（slow moving items report）。

(4)依據安全存量（包括採購時間），填寫請購單補充倉庫存量。

(5)隨時注意倉庫內部問題，舉例如下：

A.物品分區擺設問題。

B.飲料存放方式。

表8-10 一般物品領料單

君臨大飯店

一般物品領料單

日期：＿＿＿＿＿＿＿＿＿＿＿＿＿＿＿＿＿＿＿

部門：＿＿＿＿＿＿＿＿＿＿＿＿＿＿＿＿＿ 申請者：＿＿＿＿＿＿＿＿＿＿＿＿

貨品號碼	貨品名稱（項目內容說明）	單位	申領量	發貨量	單價		總價	
							總金額NT$	

領貨者＿＿＿＿＿＿＿＿＿ 部門主管＿＿＿＿＿＿＿＿＿ 倉管員＿＿＿＿＿＿＿＿＿

第一聯：倉庫   第二聯：財務部   第三聯：使用部門

註：部門公用的相關物品需填此領料單領取，並作為成本計算的依據。

C.倉庫內之濕度及溫度問題（包括冷凍、冷藏庫）。

D.高價值物品存放及安全管理問題（例如鮑魚、魚翅等）。

E.發貨是否依先進先出（first in first out）為原則。

F.進行月底盤點及每季底大盤點。

G.督導倉庫所屬各級人員依公司規定正常運作。

(二)倉庫管理員

1.任用條件

(1)工作時間或休假：八小時／天，依勞基法規範。

(2)對誰負責：倉庫主任。

(3)相關經驗：二年以上旅館（餐飲）驗收相關實務工作經驗。

(4)年齡限制：二十五至四十歲。

(5)工作能力與專長：熟悉各種餐飲原物料管理及配發等相關事宜。

(6)工作職責：負責倉庫收發作業、庫存量管理及倉庫內整潔。

(7)儀表要求：主動積極，端莊熱忱。

(8)教育程度：高職以上餐飲相關科系畢業。

(9)工作性質：一般用品營業器具收發儲存等工作，工作位置在庫房
或倉庫。

(10)體位要求：需要充沛的體力，體健耐勞，無傳染病。

2.執掌說明

(1)負責每月旅館或餐廳內營業用品及營業器具的進出情形。

(2)每月與財務部門核對帳簿記載進貨數量及金額，以免付款時有差
錯。

(3)負責每月定期盤點營業用品一次。

(4)每季或半年（視公司政策）盤點營業器具一次。

(5)負責製作各式管理報表（視各家公司規定而異）：

A.盤點差異表。

B.營業器具耗損率表。

(6)了解部門營業用品消耗表，依此編列傳票輸入總倉庫情況，並隨
時加以抽點，以達到監督及控制績效。

(7)負責研究、了解各種營業用品及營業器具特性，經常到各使用單位去觀察分析，主動提出改善及防止不正常破壞及消耗的建議，以達到節省成本及費用的目的。

四、倉庫設定的主要原則

(一)確定倉庫的種類

一般而言，餐廳爲了要因應營運的需求，多半設有乾貨倉庫、一般用品倉庫、冷藏庫及冷凍庫。

(二)倉庫位置的選擇

1.旅館

因爲作業模式較不同，所以設置有不同部門、目的等的倉庫，舉例說明：

(1)共通倉庫：指的是旅館各部門共同使用的辦公文具、共通表格、印刷品、廚房與清潔人員共用的物品及清潔用品等。因爲是許多部門共同使用的倉庫，所以會選擇在辦公區的相關儲藏室。而共通倉庫的控制與管理通常由旅館的倉管人員負責。

(2)清潔組：布巾室、洗衣房、各廁所的拖布間、男女三溫暖更衣室、儲藏室及備品櫃等。

(3)客房部：各樓層的備品室。

(4)餐飲部：一樓餐廳、廚房、二樓中餐廳外場或廚房、KTV備餐室及會議室等倉庫。

(5)工程部：鍋爐房及工程部辦公室。

(6)賣店：商品販賣區內儲存櫃、大廳櫃台旁側倉庫。

(7)健身中心：櫃台旁及健身房倉庫。

以上物品驗收進入各倉庫後，由各部門主管指派專人負責倉儲控制及管理的相關作業。

2.餐廳

依據一般獨立型餐廳的硬體設定原則，多數餐廳會將倉庫規劃在廚房及驗收處左右，最主要的目的是就近管理，並減少人員要搬動原物料而產

生的額外工作量。但是如果座落在大樓或百貨公司的販賣空間時，則須考量設定在離電梯或貨梯附近處較適合。

(三)倉庫面積設定的原則

　　一家餐廳在設計之初就必須針對以下原則考慮相關的倉庫設定，一般而言，倉庫的面積最好能夠符合可擴充的原理，以免以後因為生意量增加而無儲存空間，影響整體供餐的品質及控管。

1.餐廳的類型

　　就餐飲的類型而言，中式餐飲因為各種生鮮、乾貨及調味品等種類繁多，而且每一類物品所需的數量不等卻往往缺一不可等原因，所以其所需要的儲存空間相對地就比西餐廳來的大。而提供簡式餐飲的速食店、咖啡館及菜式有限的餐廳，因為所需儲存的物品較少，所以所需的倉庫面積自然就不必太大。

2.烹調的方式

　　目前有許多餐廳逐漸將現場烹調的作業模式，更改為半套調理或是直接由中央廚房供應，廚房的功能縮減為加熱而已，那麼冷藏或冷凍的倉庫就會比現場烹調方式的餐廳少。

3.菜單的內容

　　擁有一份種類繁多菜單的餐廳，為了滿足顧客的需求，就必須隨時準備庫存的物料，倉庫就要有一定的儲藏空間。

4.每日營業量

　　通常餐廳主廚會針對每日營業額的預估而計畫三天的生鮮量、兩週原物料的儲存量（視各家旅館及餐廳而定），所以針對座位數、來客數、原物料消耗量及營業額等變動因素，推算出儲存相關原物料所需的倉庫面積是餐飲業界較常使用的方式。

5.採購政策

　　有部分業者講求餐飲材料的新鮮度，訴求所謂的「無庫存」，所以除了乾料或各種調味料外的儲存空間外，僅需少量的冷藏或冷凍倉庫。

(四)倉庫溫度、通風、溼度及照明的設計

　　雖然餐廳經營者都知道要規劃儲存原物料的倉庫，但是最後往往因為

整體營運面積的掙扎，犧牲掉不是營運場所的空間，例如員工休息室、辦公室或倉庫等。要不然倉庫位置就在許多管道經過的畸零空間，因此很少業者會針對倉庫內儲存的物品所需的溫度、通風、溼度及照明等條件作最適當的設計，相對的為原物料本身的品質埋下許多變數。

1.倉庫的溫度設定❷

　　(1)乾貨倉庫：乾貨的定義極廣，包含原物料不須冷藏、冷凍者，另外因為烹調而須添加的許多調味料以及罐頭食品等。台灣氣候潮濕且溫熱，如果倉庫可以選擇在一個涼爽、乾燥、黑暗的地方，將會是理想的儲存位置。保持在最佳溫度（華氏四十至六十度，攝氏四至十六度）左右的情形，可以延長罐頭食物或乾貨的儲存期限，過熱會使得許多食品加速腐壞。

　　(2)一般用品倉庫：因為儲存的內容物較不受溫度之影響，所以一般業者皆以室溫的狀況來儲存物品。

　　(3)冷藏庫：定義上是一具有制冷裝置，可維持庫內溫度於四度以下，且能維持產品溫度於七度以下、凍結點以上之能力的儲存庫。其可保存食品於零下五度至攝氏十度之間的溫度。

　　(4)冷凍庫：就一個標準的冷凍庫而言，是指具有制冷裝置可維持庫內溫度於零下二十三度以下，且能維持產品溫度於零下十八度以下之能力的儲存庫。其可保存食品於零下二十五度至零下十五度之間的溫度。

　　低溫倉庫（一般指冷藏庫及冷凍庫）應避免低溫食品溫度過度變化，為降低上述情況發生的頻率，物品存放不宜設定在出入門扉及人員進出頻繁的附近區域。低溫倉庫內部宜裝置警鈴、警報系統，以利作業人員在危急狀況或故障時，可迅速對外求救。低溫倉庫宜裝設溫度異常警報系統，一旦制冷系統發生故障或溫度異於所設定的警戒界限時，可迅速由專業人員加以維修和處理。同時應備有緊急供電系統，以便於停電、斷電、跳電等突發狀況發生時，維持低溫倉儲的正常運作及食物品質的確認。

2.倉庫的溼度設定

　　(1)台灣溼度較高，許多物品保存不易，所以倉庫最好可以設定有二

十四小時溫濕度控制系統（溫度攝氏十八至二十度，相對溼度55%至65%之間）。

(2)倉庫內每一儲存空間（區域）均應設準確的溫度測定裝置（準確度一度），且擺設位置應能正確反映該區域之平均空氣溫或濕度，並依餐廳或旅館的需要記錄庫溫的變動，以利隨時掌控原物料的品質。

3.倉庫的通風

(1)倉庫應設棧板並與牆壁相隔五公分距離，且隨時保持清潔、良好通風。

(2)倉庫可依照旅館或餐廳儲藏物品的特性，設定自然通風（如氣窗）、抽風機、除濕機或中央空調等通風設備。

4.倉庫的照明要求

(1)倉庫應有適度的照明，照明設施應要有安全及省電設計。

(2)如倉庫只是一般性的儲存物品性質，其照明設備應該在可明辨物品細微處為宜（約在兩百燭光，採局部照明）；但如果倉庫本身設置有倉庫管理員辦公室，那麼就必須符合法規對勞工工作環境的照明要求（約在三百燭光以上且設置有局部照明及全面照明兩種設備）（參閱表8-11）。

倉儲管理及作業

一、餐飲倉儲管理的一般性原則

1.庫房應經常保持清潔，每週配合廚房及餐廳做消毒工作，避免病媒孳生。

2.開封後之原料（如：麵粉、糖等）需置於緊密的容器內，以防止病媒污染及偷食。

3.啟用後的所有原物料應置於緊密容器內，依據食品特性加以保存。

4.每日盤點，如發覺倉庫內之原料有異味或變質情形應丟棄勿使用，

表8-11　一般工作環境照明要求

照度表		照明種類
場所或作業別	照明 米燭 光數	場所別採全面照明 作業別採局部照明
室外走道及室外一般照明。	20米燭光以上	全面照明
一、走道、樓梯、倉庫、儲藏室堆置粗大物件處所。 二、搬運粗大物件，如煤炭、泥土等。	50米燭光以上	一、全面照明 二、全面照明
一、機械及鍋爐房、升降機、裝箱、粗細物件儲藏室、更衣室、盥洗室、廁所等。 二、須粗辨物體如半完成之鋼鐵產品、配件組合、磨粉、粗紡棉布及其他初步整理之工業製造。	100米燭光以上	一、全面照明 二、局部照明
須細辨物體如零件組合、粗車床工作、普通檢查及產品試驗、淺色紡織及皮革品、製罐、防腐、肉類包裝、木材處理等。	200米燭光以上	局部照明
一、須精辨物體如細車床、較詳細檢查及精密試驗、分別等級、織布、淺色毛織等。 二、一般辦公場所。	300米燭光以上 500至1000米燭光以上	一、局部照明 二、全面照明
須極細辨物體，而有較佳之對襯，如精密組合、精細車床、精細檢查、玻璃磨光、精細木工、深色毛織等。	1000米燭光以上	局部照明
須極精辨物體是否對襯不良，如極精細儀器組合、檢查、試驗、鐘錶珠寶之鑲製、菸葉分級、印刷品校對、深色織品、縫製等。		局部照明

資料來源：勞工安全衛生設施規則第313條。

並通報公司處理。

5.送來之原料有腐敗或不新鮮時，應拒收並通報公司處理。

6.低溫倉庫應定期清掃，庫內不得有穢物及食品碎片；高相對濕度之低溫倉庫應避免其內壁長黴。

7.低溫食品倉儲業者應同時依先進先出原則，並考量產品有效期限排定出貨順序。

8.食物放入冷（凍）藏庫前應洗淨，並按照使用份量分開包好，以免使用時反覆解凍影響食物鮮度，可加蓋及標示顏色管理。

9.所有食材需離地存放，不可直接接觸地面，離牆離地五公分，必要

時需設棧板,移動物品需以台車裝載。

10. 食材送達廚房時,需將魚、肉與蔬菜分開放置清理。蔬菜先行處理切割,浸於水槽中十分鐘後,再經過兩道水槽清洗,以確保衛生與安全。

11. 冷凍庫應經常除霜,以免耗電,並影響冷凍效果。其內物品置放量以70%為原則,以利冷氣流通。

12. 倉庫管理應注意事項:

(1) 各物品儲藏位置應依類別排放並編排物料號碼以茲辨別。

(2) 每一儲藏位置應貼有編號標籤,並隨時保持倉庫貨品排列整齊及清潔。

(3) 每一物品進出及存貨應有正確的紀錄,並隨時檢查庫存量是否與存貨卡(參考表8-12)所記載相符。

(4) 物品放置時應注意將舊有存貨放置於前面或上面,新品放置於

表8-12　存貨登記卡

君臨大飯店

存貨登計卡　　　　　　　　　　　　　九十四年度

貨號:＿＿＿＿＿＿＿　　名稱:＿＿＿＿＿＿＿
編號:＿＿＿＿＿＿＿　　單位:＿＿＿＿＿＿＿

月	日	憑證名稱	摘要號碼	收入			發出			結存		
				數量	單價	金額	數量	單價	金額	數量	單價	金額

倉管員＿＿＿＿＿＿＿　　　部門主管＿＿＿＿＿＿＿

裡面或下面，如有日期則依日期先後放置。

(5)隨時檢查貨品流動情形，若發現有久未領用損壞變質或過期食品、物品，應立即提出，填寫辦理報銷手續予以報銷（表8-13）。

表8-13 報銷單

君臨大飯店

報銷單

部門別：_____ 員工姓名：_____
日　期：_____ 時　　間：_____
項　目：_____ 數　　量：_____
單　價：_____ 總　　價：_____
報銷物品事由及說明：
_____
_____
_____

填表人 _____ 部門主管 _____

第一聯：報廢部門 　　　第二聯：則務部門 　　　第三聯：倉庫建檔

倉儲作業流程

一、一般性倉儲作業流程

　　旅館／餐廳的倉儲重點是一般性倉庫的作業及管理，所以嚴謹的管理及有系統的作業，是保障公司各種原物料之品質及避免不當倉儲所產生的損失或缺口。

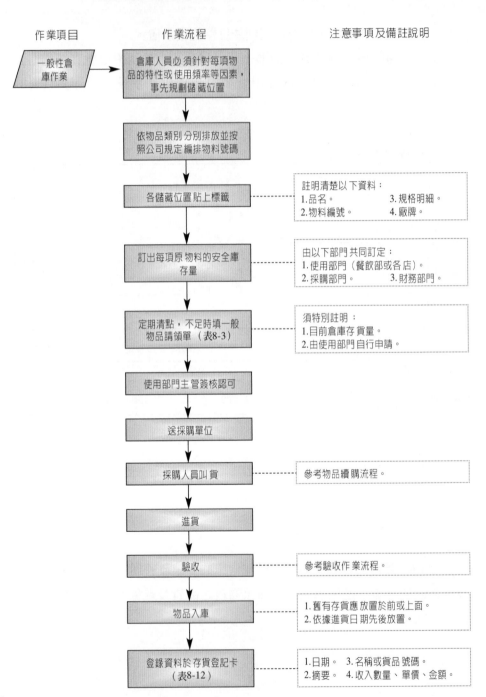

作業項目　　　　　　　作業流程　　　　　　　注意事項及備註說明

一般性倉庫作業 → 倉庫人員必須針對每項物品的特性或使用頻率等因素，事先規劃儲藏位置

依物品類別分別排放並按照公司規定編排物料號碼

各儲藏位置貼上標籤 ┈┈ 註明清楚以下資料：
1.品名。　　　3.規格明細。
2.物料編號。　4.廠牌。

訂出每項原物料的安全庫存量 ┈┈ 由以下部門共同訂定：
1.使用部門（餐飲部或各店）。
2.採購部門。　3.財務部門。

定期清點，不足時填一般物品請領單（表8-3）┈┈ 須特別註明：
1.目前倉庫存貨量。
2.由使用部門自行申請。

使用部門主管簽核認可

送採購單位

採購人員叫貨 ┈┈ 參考物品續購流程。

進貨

驗收 ┈┈ 參考驗收作業流程。

物品入庫 ┈┈ 1.舊有存貨應放置於前或上面。
2.依據進貨日期先後放置。

登錄資料於存貨登記卡（表8-12）┈┈ 1.日期。　3.名稱或貨品號碼。
2.摘要。　4.收入數量、單價、金額。

圖8-9　一般性倉儲作業流程圖

倉庫發貨作業

一、倉庫發貨原則

　　就餐飲管理觀點上，爲求有效控制餐飲成本，須由採購嚴格地控制相關的作業流程，所有採購入庫的原物料，都必須依照物料本身性質，分別儲存於乾貨倉庫、一般用品倉庫、冷藏庫及冷凍庫內。凡物料出庫，必須依規定提出領料申請單由各部門主管核准以及倉庫管理人員簽章的出貨單出庫。每天分類統計記載於「存貨紀錄卡」帳內，每日清點核對庫存量，以確實掌握物品的發放及管理控制工作。

二、倉庫發貨一般性管理

1. 一般物品發貨時間（依據各家旅館或餐廳之制度）：每星期二、四 14：30-16：30。
2. 各部門專用物品的驗收單經使用部門及倉管人員會同簽收後，即視同爲「領貨單」，憑該單直接發貨至部門倉庫。
3. 旅館或各店共同使用的物品：各單位需提領共通物品時，應塡寫一般物品領料單（參考表8-10），經使用部門最高主管簽核後，憑簽核同意之單據向倉庫領取貨品。
4. 倉庫人員在發貨時注意採取「先進先出」原則，以保持各種食物的新鮮度。
5. 每一次發貨前，倉庫管理人員必須確實檢查領料單上有部門主管簽名始可發貨。
6. 每日發貨應按照公司申請領料手續發貨及於規定發貨時間內發貨。
7. 若使用部門有緊急之使用無法於發貨時間內領貨，應依據公司緊急申請領貨之規定及辦理相關手續始能發貨。
8. 每日計算結存數量並塡入存貨登記卡內「結存數量」處，結存數量計算方法舉例如下：

上次結存數量
$$+）本日收貨數量$$
$$-）本日發貨數量$$
結存數量

9. 各部門專用的物品如為「資產」，應於進貨時先會同財務部門將其登列財產目錄後，再行發貨予各單位使用。財務部門將根據貨品相關資料註明使用期限，分期攤計至各部門（各分店）費用，若為固定資產則按照法定年限提列折舊。

10. 物料管理簡易流程：訂出庫存量並定期清點→庫存不足時續訂物品→填寫請購單→倉庫驗收→物品入庫上架→在存貨登記卡上填入進貨之數量及日期→發貨→填寫存貨登記卡（數量及時間等明細）。

三、倉庫緊急領貨規定

1. 倉管人員下班後的各項緊急領貨，仍應填寫一份一般物品領料單，說明使用原因、填妥數量，再請主管簽核，由旅館安全人員陪同至倉庫領貨。一般餐廳如有緊急使用，通常會以零用金外購為主，或請廠商或倉庫管理人員臨時支援。

2. 提領原物料者須會同安全人員至安全室取倉庫預備鑰匙，雙方均須在鑰匙紀錄簿上簽名登記。

3. 取物後把簽核過之領料單留在倉庫內之辦公桌上，以方便次日倉庫管理員作業。

4. 離開倉庫前必須確定門、燈全部關妥。

倉庫發貨作業流程

一、一般物品（共通品）發貨作業流程

所有旅館／餐廳發貨的最重要原則，就是先由倉儲本身的特性（如乾貨倉庫、一般用品倉庫、冷藏庫及冷凍庫內）分類原物料的管理。而一般物料出庫及發放，必須依公司相關規定提出申請單，由各部門主管核准以

及倉庫管理人員簽章的出貨單出庫。

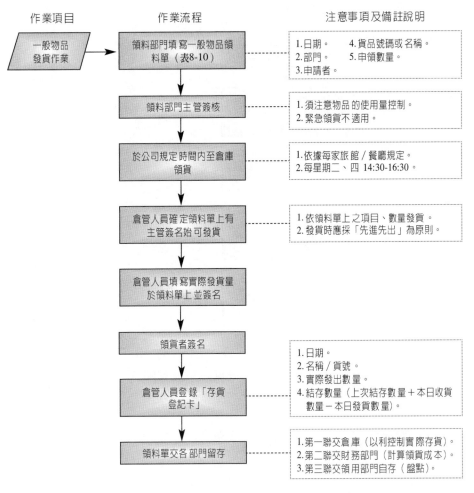

作業項目	作業流程	注意事項及備註說明
一般物品 發貨作業	領料部門填寫一般物品領料單（表8-10）	1.日期。　4.貨品號碼或名稱。 2.部門。　5.申領數量。 3.申請者。
	領料部門主管簽核	1.須注意物品的使用量控制。 2.緊急領貨不適用。
	於公司規定時間內至倉庫領貨	1.依據每家旅館/餐廳規定。 2.每星期二、四 14:30-16:30。
	倉管人員確定領料單上有主管簽名始可發貨	1.依領料單上之項目、數量發貨。 2.發貨時應採「先進先出」為原則。
	倉管人員填寫實際發貨量於領料單上並簽名	
	領貨者簽名	1.日期。 2.名稱/貨號。 3.實際發出數量。
	倉管人員登錄「存貨登記卡」	4.結存數量（上次結存數量＋本日收貨數量－本日發貨數量）。
	領料單交各部門留存	1.第一聯交倉庫（以利控制實際存貨）。 2.第二聯交財務部門（計算領貨成本）。 3.第三聯交領用部門自存（盤點）。

圖8-10　一般物品（共通品）發貨作業流程圖

二、緊急發貨作業流程

　　一般而言，所有物品發貨應該依據公司規定之領貨時間，但如果使用部門有緊急（例如顧客臨時性之需求或餐廳本身庫存不夠，而顧客在等待的特殊情況），應依據公司緊急申請領貨之規定及辦理相關手續始能發貨。

作業項目　　　　　作業流程　　　　　注意事項及備註說明

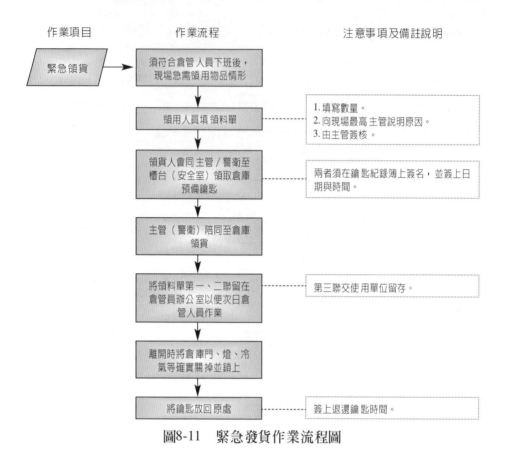

圖8-11　緊急發貨作業流程圖

第四節　問題與討論

　　驗收作業是原物料管理中非常重要的一環，如果用人不當或制度不完整將造成公司嚴重的損失。以下實務案例的探討及分析，將提示餐飲管理人員應該如何防止各種不當情況的產生。

個案研究：驗收可否睜一隻眼閉一隻眼

　　馬克是一家五星級旅館的驗收人員，原本倉庫管理並不是他的志願，

但是因為這個職位讓他可以接觸到許多餐廳外場無法得知的訊息,所以就欣然的接受公司的安排及相關的訓練。另外,因為他正直的個性讓財務主管或餐廳經理非常放心地將許多重大的驗收案交給他負責。

但是在他轉調驗收工作的第三年卻遇到一件不幸的事件,某天晚上,在他回家的途中,遇到不明的歹徒將他痛打一頓並嗆聲說:「驗收人員沒有什麼了不起,擋人財路最不該!」馬克當下心知肚明,一定是他在驗收過程中不小心得罪了哪一家廠商,才引起這場倒楣的風波!待傷勢復原後,他馬上向財務主管提出辭呈,原因是自己的個性及不善溝通等原因不適合這一份工作。

如果你是旅館的財務或人事主管,請問你要如何留住這樣一個好人才,並重新建立他的自信心?

個案分析

此案例說明了旅館或餐廳驗收人員品行的重要及其對整體供餐品質的影響,而如何正確地管理、規劃驗收工作後續的效應及廠商的徵信等,都是相關主管必須用心的方向,以避免產生上述案例的不幸。

一、案例解析

(一)驗收標準建立的重要性

建立一套驗收的標準(包含各項生鮮的規格及各種誤差可接受的範圍),並清楚地說明在驗收人員手冊上。

(二)驗收過程的掌控

在餐飲管理的實務面上,驗收人員往往扮演著「黑臉」的角色,但是這樣的情況往往陷驗收人員於不利,相關會驗的主管(採購主管、餐廳店長或主廚等)也必須參與,讓廠商得知驗收過程的公平性,而不是將所有的責任都聚集於一個人的身上。

(三)退貨的處理

遇到貨品不佳的狀況,旅館或餐廳必須要有一套退貨的標準程序,讓

驗收人員可以遵循,並由驗收部門的主管負責向廠商說明及追蹤後續的狀況。

二、後續追蹤

1. 此案例驗收部門的主管應該主動知會旅館的安全部主管,並向警察機關備案以保障員工的人身安全。
2. 由採購部門與所有廠商開會,布達公司對所有驗收的標準程序,並建立在採購訂單及驗收人員手冊上。
3. 旅館的各部門主管應將上述情況當作個案討論,除了不讓類似的情況再發生外,更要對驗收人員進行相關的在職訓練。

問題與討論

　　吳山山由中餐廚藝科畢業已經四年多,在學校最專精的是內場,也是自己設定未來將走的路,但是在五星級旅館實習二次的經驗並不快樂,讓吳山山產生了對往內場發展的不確定感。畢業前找到一家連鎖餐廳內場廚務工作二年後,因為表現良好,主管建議他再加強餐飲管理基礎,所以總公司將他調往採購部門,負責廚房各項原物料採買。

　　經過二年多的採購經驗,因緣際會地認識一家新餐廳老闆,該餐廳老闆十分賞識他的專業,希望他能跳槽,負責新餐廳的開店,吳山山知道這是一個難得的機會,因為可以自己負責新店的開發,同時又非常徬徨,一方面捨不得培養他多年的主管,也害怕新的挑戰,請問如果你是他,將做如何的抉擇?

註　釋

❶陳堯帝，《餐飲管理》（台北：揚智文化，2001年），174-175頁。

❷楊明全，《低溫食品物流管制作業指引〈草案〉暨業者自主管理查檢表與說明》（台北：中華國民CAS優良食品發展協會，2002年）。

餐飲衛生與管理

☕ 餐飲衛生的管理

🍴 餐飲安全的管理

🍸 問題與討論

照片提供：亞都麗緻大飯店（台北領事館）。

　　本書第一章到第九章充分地說明了旅館及餐廳的前置規劃、作業、服務等專業性內容，但是只要在餐飲衛生及安全管理上出了差錯，所有前面的努力往往會毀於一旦，所以經營管理者必須時時刻刻掌控所有的細節及過程，包含採購食品的安全無虞、嚴謹的驗收程序、符合各種標準的儲藏方式、製程的安全及衛生掌控、所有供膳服務人員、過程的無污染等，才有辦法提供消費者一個安全衛生無虞的用餐場所，避免引發不必要的污染及食物中毒事件，最終保障公司財產及名譽。

　　本章中將說明旅館及餐廳的餐飲食品衛生、安全維護等項目各種作業標準。

 # 第一節　餐飲衛生的管理

　　專業的餐飲衛生管理，應該由整體作業過程中作全面性的掌控，才有辦法防範於未然。其中包含了多方面的規劃：

製作及生產人員的衛生管理

　　建立一套廚房人員管理守則（下例僅供參考，各家旅館、餐廳可依實務需要另行修改）：

1. 廚房工作人員每年應依據相關法令規定，取得醫療院所的體檢合格證明。例如供膳人員體檢項目應包括：A型肝炎檢查、梅毒血清反應、胸部X光檢查、糞便檢查、皮膚病檢查、傷寒帶原、眼睛檢查等。如檢查出有以上疾病，若處於發病期間，應立即停止與食品接觸之有關工作。
2. 工作人員應養成良好的衛生習慣，保持個人清潔衛生。
3. 工作人員工作服、鞋、帽等應該經常消毒。
4. 進入工作場所時應穿戴整齊清潔的工作衣帽，以防止異物落入食品中，造成污染食品的情形。

5.工作時不得配戴戒指等飾品及留指甲、擦指甲油,或足以發生污染
　之物品。

6.養成工作前、如廁後用肥皂或清潔劑洗手的習慣。在休息室或洗手
　台附近牆上張貼提醒員工洗手的標語,例「如廁後請洗手」。

7.工作時要有良好的工作習慣,不隨地吐痰或在廚房吸煙、飲食、嚼
　檳榔、摸頭髮、口、鼻等。

8.手指受傷必須包紮,務必戴手套後再處理食物。

9.從業人員不得在廚房留宿或將私人衣物留置於廚房內。

10.廚房人員工作中不得有飲食及其他有可能污染食品的行為。

11.廚房人員調理時須戴口罩及帽子,儘量避免談話,以免造成污染。

12.廚師調理熟食時應戴手套,不得使用炒菜之大匙或手指來試口味,
　　應用隨身自備之小湯匙,用後立即清洗。

13.廚房工作人員上班時,應在指定之更衣室換穿戴工作服及鞋、帽。

14.未經允許不得將食材及器具占為己有,否則以偷竊行為論處。

廚房環境的衛生管理

一、建立一套廚房檢查表

1.表9-1僅供參考,各家旅館、餐廳可依實務需要另行修改。

2.每日由店長、主廚等主管親自檢查。

3.每週會同安全衛生管理員、總公司人員、執行辦公室主管共同檢視。

二、一般性管理原則

1.食物從選購、儲存、前處理、調理加工、供膳時都須合乎安全衛
　生。

2.餐廳與廚房需通風、排氣及採光良好,應經常保持乾淨清潔。

3.刀和砧板需兩套以上,分別處理生食、熟食。切割不再加熱即可食
　用之食品及水果,須使用塑膠砧板。

表9-1　廚房檢查表

君臨大飯店
廚房每日檢視表

受檢餐廳：＿＿＿＿＿＿＿＿　　受檢人員：＿＿＿＿＿＿＿＿　　日期：　年　　月　　日

檢查項目	日期					
油煙	1.排油煙機及其周圍環境應隨時保持清潔，以避免油污污染食品，並防止危險事故。 2.排油煙機的設計，應依爐灶耗熱量為基準，須有能力排出油煙及熱氣。						
垃圾處理	1.垃圾桶、廚餘桶、資源回收桶應加蓋密封，並保持桶子及四周清潔。 2.垃圾收集至八分滿時，即應將塑膠袋封口、紮緊，於清運前妥善存放，以免孳生蚊蠅。 3.垃圾暫存場所應與調理場所隔離。 4.垃圾應確實分類包裝處理。 5.廚餘桶應確實依據法規分類。						
排水衛生	1.排水溝應隨時保持暢通，不得將殘渣廢棄物倒入排水系統中。 2.排水溝應裝設防止病媒入侵設施，並經常維護清潔。 3.餐廳廚房應設置截油設施，並每日至少清潔一次。						
病媒防治	1.出入口門窗和其他通道應裝設紗窗、紗門、自動紗門、空氣門、塑膠簾等病媒防治措施。 2.供餐場所內不得有病媒存在，每月應請專業消毒公司至少消毒乙次，並請配合廠商提出相關證明文件。						
環境衛生	1.倉庫應設置棧板、貨架，並應定期清掃，保持良好通風及溫、溼度控制。 2.廁所內須放置有蓋腳踏式垃圾桶，且應經常打掃、清洗，保持廁所整潔。 3.廚房地板應具充分坡度，不得積水，經常保持乾燥與清潔。 4.牆壁、支柱、天花板、燈具、紗門、紗窗等應經常保持清潔。 5.調理場所應通風良好，其照明應在二百燭光以上，並有燈罩保護，以免污染。						
餐具	1.應使用經評鑑合格之衛生紙製免洗餐盒容器。 2.不得使用塑膠製（含保麗龍）免洗餐具。 3.使用可重複清洗餐具業者，應接受餐具澱粉性及脂肪性之檢驗，不合格者應立即改善。 4.餐具應洗滌乾淨，並經有效殺菌，置於餐具存放櫃，存放櫃應足夠容納所有餐具，並存放在清潔區域。 5.凡有缺口或裂縫之炊、餐具，應丟棄，不得存放食品或供人使用。						
其他	1.每日應確實依據檢查表自行檢查並妥善建檔存查。 2.每日應確實依據所有物品儲藏的特性，檢視／測試所有冷藏／冷凍的溫度，並詳實記錄。						
附註	1.環境衛生安全等事宜，須遵守本公司相關單位所制訂之相關法令規定。						

填寫方式：〝∨〞代表合格，〝×〞代表不合格。
督導單位：勞安室／餐飲部辦公室。

4. 倉庫須有良好通風及溫、溼度控制，並應防止病媒之污染且保持清潔。

5. 乾料庫房應獨立設置，以防病媒侵入。

6. 前製備區的設置必須具備以下條件：

(1) 包括生鮮食材之洗、切、整理、調理等作業。

(2) 至少設置三槽且分類清楚之生鮮食物洗滌槽。

(3) 設置數量足夠之食物處理台，並應以不銹鋼材質製成。

(4) 設置刀具及砧板消毒設備。

7. 烹調區及熟食處理區：

(1) 與前製備區有效區隔。

(2) 爐灶上須裝設排油煙罩及濾油網。

(3) 設有供廚房工作人員洗手專用之洗手設備，該設備應含洗手專用之水槽、冷熱水龍頭、清潔劑、擦手紙巾或其他乾手設備。

8. 供應區：餐廳及廚房出入口，應設置自動門、空氣簾或塑膠簾等設施，以防止室內外之溫度交流及蚊蠅侵入。

9. 大量食物製備，盛裝食物餐具、器具及容器的材質，熟食一定要使用不鏽鋼；而生食除了不鏽鋼外也可使用其他材質。另食品接觸表面應該保持平滑、無凹陷或裂縫並保持清潔。有缺口或裂縫之餐具，不得盛放食品供人食用。

10. 餐具的消毒如使用氯水，應該立即使用清水再次沖洗以避免殘留，若非立即使用則要充分風乾後再使用。

11. 剩餘之菜餚、廚餘及其他廢棄物應使用垃圾桶或廚餘桶適當處理。

12. 四周環境應保持整潔，排水系統應經常清理保持暢通，並應有防止病媒侵入之設備。

13. 所有廚房從業人員必須完成公司所有的衛生教育：

(1) 新進員工於一週內完成所有的基本衛生教育。

(2) 每年舉辦四次廚務人員安全衛生講習。

(3) 每三個月舉辦一次衛生教育訓練，並針對公司發生的狀況做案例分析及檢討。

　　(4)所有廚房人員必須具備法規上所規定的證照及相關講習證明。

　　(5)貫徹 7S 運動與舉辦 HACCP 課程訓練。

各種原物料儲藏／生產過程的衛生管理

一、驗收部分

1. 檢查貨車或冷藏車是否清潔及符合法規規定。
2. 各種原物料的包裝上，日期是否在有效期限內。
3. 使用專用的溫度計測溫，並隨時測試其可信度。
4. 充分檢查產品本身的品質。
5. 進貨區需要隨時保持整潔及明亮。
6. 事先安排妥善驗收時間，並儘量避免在尖峰時段驗收過多的物品以確保品質。

二、採用正確的各種食品儲存方法

(一)肉類儲存法

1. 必須要符合法規規定的肉品，例如獲得CAS（中國農產品標準，Chinese agriculture standard）優良肉品。
2. 選擇冷藏肉應注意觸感柔軟、肉色正常、游離水少，但少許濕度且以保鮮膜封好。
3. 冷凍肉品應堅硬如石，包裝袋內之冰結晶少，包裝牢固密封，有明確標示，無乾燥泛白現象。
4. 正確溫度設定（冷藏七度、冷凍零下十八度）。
5. 肉類儲存時，應包在塑膠袋內或固定的容器；若是一大塊肉，且無法一次烹調完，要分小塊分數包包裝，但最好二十四小時內烹煮食用，否則就必須放置在冷凍庫中。
6. 冷藏時應該分開生肉及即可食用的食品。
7. 切勿大量將肉品冷凍，應該是先將其處理分裝於清潔的塑膠袋或容

器內。

8.解凍過的食品（通常避免在室溫下解凍，最好能在冷藏室中以低溫慢速解凍比較安全）應該盡早使用，避免再次凍結儲存。

9.燻肉、醃肉火腿亦應該放冷藏。

10.蛋白質食物如肉、魚最易腐壞，應放冰箱內最冷的部位冷藏。

(二)海鮮儲存法

　　海鮮類若儲存不當，其品質比一般肉類更容易劣變，魚類則最容易由鰓和腹部起變化，所以最好先作前處理再儲存。

　　1.前處理：

　　　(1)去鱗、鰓和內臟，並以自來水清洗乾淨。

　　　(2)按營運所需份量分開包裝好。

　　　(3)所使用器皿、刀具、砧板、容器均應清洗乾淨儲存。

　　2.採取正確的儲存方式：

　　　(1)兩日內食用者置於冰箱冷藏室（七度以下）。

　　　(2)儲存更久者置於冷凍庫（零下十八度以下）。

　　3.注意加工、烹調的過程：

　　　(1)儘量避免生食海鮮。

　　　(2)應充分煮熟，尤以冷凍庫取出者更應注意。

　　　(3)避免生食、熟食間之交互污染。

　　　(4)自冰箱取出之海鮮在烹調前避免在室溫下長久放置。

　　4.解凍的魚、貝、介類不宜再行冷凍，易使肉質劣化。冷凍品應在保存期限內用盡。

專
欄
9-1　如何正確地選擇新鮮的海產？

　　由於台灣四面環海，國人偏愛新鮮海產，而海產的來源不外乎遠洋、近海漁船的捕獲品及養殖或沿岸魚貨等。所以由生產業者到消費

者手中的漁獲物處理、保鮮、分級、包裝、儲藏和運輸等過程，必須隨時保持在低溫狀態，才有辦法確保其鮮度和品質。

　　目前銷售市場中魚貝類的低溫流通體系，是以鮮魚的冰溫冷藏和冷凍魚的凍結冷藏爲主。在整個低溫流通系統中，爲保持魚貝類的鮮度，使用專業的低溫設備，如冷藏庫、冷藏車、冷凍貨櫃車、零售店和家庭用冰箱或冷藏展示櫃。因此選購魚貝介類時，可根據下列特徵來挑選，才有辦法保障自身消費的權益。

魚類

一、膚色

　　新鮮魚保有魚體本身特有之色澤，腐敗後則失色澤（褪色），且腹面色澤漸變紅。新鮮魚之鱗不脫落，反之則鱗易脫落。

二、腹部

　　新鮮魚的內臟完整，故腹部堅實；若不新鮮甚至腐敗時，內臟有明顯的分解現象，內臟中的消化酵素作用使肉質軟化，甚至腹部破裂，流出濃液或內臟外露。

三、氣味

　　新鮮的魚略帶海藻味，隨出水時間的增長，腥味與氨臭味均增加，以鰓及腹部之氣味較其他部位爲強。

四、肉質

　　新鮮的魚肉有彈性，肉質若軟化則表示鮮度下降。

五、魚鰓

　　新鮮的魚鰓成淡紅色或暗紅色，且無腥臭味。隨著鮮度下降，鰓之色澤漸成灰褐色或灰綠色，有黏液出現，且有刺激性之惡臭，最後變成完全腐臭。

六、眼

　　新鮮魚眼球微凸透明，黑白清晰，且在正常位置。腐敗後漸次出血成混濁，且內凹終至消失，與新鮮時之眼睛有明顯的差異。

蝦類

一、肉質

如新鮮的魚肉質結實、有彈性，新鮮的蝦也是如此，在鮮度下降時肉質會變軟而缺乏彈性。由於蝦的消化器官在頭胸部，因此若未經適當的冷藏或冷凍而暴露於常溫一段時間之後，頭部的肉質會被分解，甚至成為「缺少頭部」的現象，或者有頭胸部與腹部斷離的現象。

二、光澤

新鮮的草蝦殼為灰綠色，斑節蝦有紅褐斑紋，紅蝦則是生蝦就已呈紅色。各種蝦殼顏色雖不同，但有一共同點，即在新鮮時都具有光澤，而且頭及胴體的顏色都很一致。

三、黑變

生蝦的殼在儲藏中顏色會變黑，最先產生黑變的部位是頭部，之後腳的末端也會變黑。這種現象與削了皮的馬鈴薯或梨暴露在空氣中變黑的原因相同，都是因為本身含有一種酵素，與空氣接觸後開始作用，如果沒有冷藏或冷凍，放置的溫度又高，則黑變的發生就更快，因此由蝦的黑變可以推測它儲藏的溫度不夠低或是放置的時間比較久。

四、白斑

由於消費者對食物的選擇容易受顏色的影響，一些漁民及魚販就任意灑佈亞硫酸氫鈉於帶殼生蝦上以防止黑變，量過多時蝦殼會失去光澤，甚至有白斑，觸摸時有滑膩如肥皂的感覺。

五、豔紅

除了最近產量激增的紅尾蝦具有天然的豔紅色外殼外，有些魚販會將大頭紅蝦染上紅色以掩蓋黑變的現象，但這類染紅的蝦顏色雖鮮豔，卻缺乏如新鮮紅尾蝦的亮麗光澤。

貝類

一、牡蠣

注意選擇形狀完整、不黏手、液汁不混濁、鮮豔有色彩及肉質具有彈性者。生食之牡蠣必須特別注意衛生，若其生長水域或採收後，浸泡用水不夠清潔，則會受細菌污染，可能導致食用者中毒。以目前國內的狀況，熟食較為安全。

二、花枝

新鮮花枝之皮稍帶有褐色，沒有臭味；不新鮮者皮會變白，並且帶有紅茶色，發出臭味。

三、蟹、龍蝦

活蟹的足部應該還會活動。活的龍蝦，其尾部應捲起而不垂下。當煮熟時，應為鮮紅而無令人生厭氣味。輕輕掀起殼蓋時如有臭味，即為不新鮮。

四、文蛤

銷售時以活貝為主，少數為冰藏或凍藏。煮食前先將文蛤浸在鹽水中吐沙，文蛤浸鹽水中約可活一星期，若未浸鹽水則僅可活二至三日。文蛤死後鮮度迅速下降，故選購時若觸摸之亦不閉殼，或殼已開啟，表示文蛤已死，不宜購食。

五、蜆

俗稱蜆仔。一般以活貝方式銷售，浸於水中可活存約一個星期。購買時仍以選擇活貝為佳。

六、剝殼的貝類

如蚵仔（牡蠣），新鮮者形狀完整，不黏手，液汁不混濁，鮮豔有光彩，並有彈性。

(三)蔬果類的儲存法

1.室溫儲藏

(1)根莖類的蔬菜如：洋芋、洋蔥、胡蘿蔔、白蘿蔔等可放在屋內較

陰冷之處，僅能存放一週。

(2)香蕉與未熟的番茄可在室溫繼續成熟，枸櫞類水果可在室溫內儲存一週。

2.冷藏儲存

(1)蔬果應該事先除去塵土（但不要洗滌）、污物及已經腐敗的根葉，保持乾淨，用紙袋或多孔的塑膠袋套好，放在冰箱下層或陰涼處。

(2)蔬果應趁新鮮食用，儲存越久營養損失越多，且賣相越差。

(3)冷凍蔬菜應注意保存溫度與保存期限，已解凍者不可再冷凍。

(四)五穀類的儲存法

1.選購小包裝白米（如為大包量的包裝，倉庫應該事先分裝以利保持新鮮）等製品並注意製造日期與保存期限。

2.應儘量存放在密閉、乾燥容器內，置於陰涼處。如果放置場所為光照、濕熱的環境，容易加速穀類的腐敗、發霉與脂肪劣變產生自由基。

3.全穀類（如糙米等）與胚芽製品，可存放在密閉、乾燥容器內放入冰箱下層。

4.甘藷、馬鈴薯等根莖類，儲存溫度太高（超過十八度易發芽），溫度太低（十度以下）則容易凍傷，可將其先去除表面的土或污物，用紙袋包裝好，放在冰箱最底層儲藏。

(五)蛋與豆類的儲存法

1.蛋類

將蛋的外殼污物洗淨或擦淨，尖端向下放在冰箱蛋架上，三週（或保存期限）內用完。

2.豆類

(1)豆腐、豆干用冷開水清洗後瀝乾，裝入容器放入冰箱下層冷藏。應盡快用完以避免儲存越久，其中的脂肪越容易氧化酸敗。

(2)盒裝豆腐應注意儲存溫度與保存期限，開封後應盡快用完。

(3)乾豆類應該放在適當的密閉容器並放置於倉庫陰涼處，避免放置

於光照、濕熱的環境。

(六) 乳製品的儲存法

1. 罐裝煉乳、奶粉及保久乳類，應該放置於倉庫陰涼處，並須避免直接日曬。奶粉應該選擇顏色白淨且沒有成塊狀，罐裝或不透明袋裝的產品。

2. 鮮乳的包裝標示應完整、無破損、內容物無酸味、無分離沈澱及黏稠的現象。

3. 鮮乳因為容易吸收其他食物的味道，應存放於密閉容器中，放入冷藏室上層儲藏，並要隨時注意保存期限（一般為七天）與儲存溫度（約為五度）。

4. 鮮乳只能冷藏，不能冷凍。

5. 開封過的鮮乳最好一次喝完。

三、嚴格控制各種供餐的衛生

1. 正確的保存溫度（熱食應該趁熱供應，其供餐的溫度約為六十五度以上，冷食則注意正確溫度約為五度）。

2. 保持良好的個人衛生習慣，並且避免以手直接接觸烹調完成的食材及包裝。

3. 避免造成交叉污染。

4. 供應餐食者如果身體不適時，應該在家休息以保護自己及消費者。

5. 供餐者應注意經常洗手，並在以下情況下務必清潔雙手後才能工作：
   (1) 工作前、如廁後。
   (2) 打噴嚏及咳嗽後。
   (3) 更換工作區。
   (4) 清潔工作環境及倒垃圾後。

6. 若有就醫時所服用的藥物必須遠離食材。

7. 手若因工作受傷有傷口務必確實包紮，並確實戴好手套，以避免食物受到污染。

8. 供餐食者如規定戴手套者需要經常更換，以保持食物的衛生狀況。

第二節　餐飲安全的管理

　　餐飲業的安全管理重點在於兩個層面：食物的安全管理及餐廳各種事故防止、後續處理。故在本節中將就這兩個重點，說明其應注意的事項及各種安全的預防性作業。

食物安全管理

一、認識各種食品中毒引起原因

(一)食品中毒事件的定義❶

　　食品中毒係指因攝食污染有病原性微生物、有毒化學物質或其他毒素之食品而引起之疾病，主要引起消化及神經系統之異常現象，最常見之症狀有嘔吐、腹瀉、腹痛等。

　　依流行病學及美國疾病防用之定義，即二人或二人以上攝取相同的食品，發生相同的症狀，並且自可疑的食餘檢體及患者糞便、嘔吐物、血液等人體檢體，或者其他有關環境檢體（如空氣、水、土壤）中分離出相同類型（如血清型、噬菌體型）的致病原因，則稱為一件「食品中毒」，但如因攝食肉毒桿菌或急性化學性中毒時，雖只有一人，也可視為一件「食品中毒」。

(二)食品中毒的病因

　　依據行政院衛生署統計的資料顯示，在台灣引發食品中毒的原因很多而其中「不明原因」占的比率最高，再者「細菌性食品中毒」次之。詳見表9-2。

表9-2　1981年至2004年台灣地區食品中毒案件病因物質分類表

單位：件

病因物質／年別	1981至1990年	1991年	1992年	1993年	1994年	1995年	1996年	1997年	1998年	1999年	2000年	2001年	2002年	2003年	2004年	總計
總計	679	93	88	77	102	123	178	234	180	150	208	278	262	251	274	3077
病因物質不明合計	342	46	33	20	34	44	50	54	63	54	80	92	138	138	178	1368
病因物質判明合計	337	47	55	57	68	79	128	180	117	96	128	86	124	113	96	1726
細菌共計	299	42	49	54	62	75	122	177	114	91	116	78	111	105	88	1583
腸炎弧菌	144	12	20	25	35	46	105	160	102	75	84	52	86	82	64	1092
沙門氏菌	23	3	3	0	5	8	9	4	5	7	9	9	6	11	8	110
病原性大腸桿菌	40	0	4	0	2	7	1	0	0	0	1	0	0	0	0	55
金黃色葡萄球菌	96	23	18	24	13	12	7	14	3	6	22	9	18	7	9	281
仙人掌桿菌	44	13	15	12	12	11	7	15	12	12	5	8	4	11	7	188
肉毒桿菌	7	0	0	0	0	0	0	0	0	0	0	0	0	0	0	7
其他	7	1	0	2	0	4	1	0	0	0	0	3	1	0	0	19
化學物質	12	3	2	2	1	2	0	0	0	1	2	1	2	3	4	35
天然毒	26	2	4	1	5	2	6	3	3	4	8	7	11	5	11	98

(三)食品中毒依致病原因分類

1.細菌性食品中毒

　　(1)感染型：

　　　　A.沙門氏菌：多數的病菌來源體爲牛、老鼠及蛋。

　　　　B.腸炎弧菌：來源通常爲海鮮類。

　　(2)毒素型：

　　　　A.葡萄球菌：膿瘡、人體鼻、咽喉及皮膚表層。

　　　　B.肉毒桿菌：來源通常是土壤及動物的糞便。

　　(3)中間型：

　　　　A.產氣莢膜桿菌：土壤、人類及動物之腸道中。

　　　　B.病毒性大腸桿菌：來源通常是人及動物。

2.天然毒素食品中毒

　　(1)動物性：來自有毒的魚介類、河豚毒。

　　(2)植物性：毒菇、發芽的馬鈴薯、毒扁豆、油桐子等。

　　(3)黴菌毒素：長黴的花生及玉米等。

　　(4)過敏物質：不新鮮的魚類。

3.化學性食品中毒

(1)化學物質：來自農藥及有害物品添加物等。

(2)有害金屬：砷、鉛、汞、鎘中毒等。

二、認識細菌性食品中毒病因物質的特色及預防方法

依據表9-2顯示台灣地區的食品中毒比率最高者為細菌性食品中毒，所以餐飲經營管理者必須了解其種類及特性，以利餐廳整體的衛生管理及預防的相關措施。

依感染致病之方法又可分為感染型、毒素型及中間型。

(一)感染型之食品中毒

為微生物經由食品被攝食進入人體，於體內大量繁殖引起疾病，因此必須要有足夠之活細胞繁殖，且可克服體內之免疫抵抗系統。此類食品中毒原因菌包括腸炎弧菌、沙門氏桿菌等。

1.腸炎弧菌

(1)特色：存在於沿海海水中，在適宜的生長環境下（三十至三十七度）繁殖速度快，可在十二至十八分鐘內繁殖一倍，所以食物只要經少量的腸炎弧菌污染，在適當條件下，短時間內即可達到致病程度。發病潛伏期二至四十八小時（平均十二至十八小時），主要症狀為噁心、腹痛、水樣腹瀉、微發燒。主要原因食品是受污染的水產品，然而腸炎弧菌亦可透過菜刀、砧板、抹布、器具、容器及手指等媒介物間接污染食物而引起中毒。

(2)預防方法：

A.清洗：本菌為好鹽性，在淡水中不易存活，故可利用自來水充分清洗以除去該菌。

B.生鮮魚貝等海鮮類以自來水充分清洗後冷藏（本菌對低溫極敏感，在十度以下不但不生長且易致死），以抑制微生物繁殖生長。

C.本菌不耐熱，在六十度經十五分鐘即易被殺滅，故在食用前充分加熱煮熟是最好的預防方法。

D.熟食及生食所使用之容器、刀具、砧板應分開,勿混合使用。

E.確保烹調的海產食物須經過一百度煮沸充分加熱,儘量避免生食。

F.手、抹布、砧板和廚房器具於接觸生鮮海產後,均應用清水徹底清洗來避免二次污染。砧板、刀具及容器應標識區別生食或熟食用。

2.沙門氏桿菌

(1)特色:食用沙門氏桿菌污染的肉品、蛋、乳等高蛋白質之食品後,出現噁心、腹痛、嚴重腹瀉、發燒等症狀;除了幼兒、老人或免疫能力較差的人外,一般情況下很少會引起死亡。

(2)預防方法:

A.沙門氏桿菌在六十度加熱二十分鐘即被殺死,所以烹調食品應充分加熱煮熟,在加熱烹調後立即供食。

B.防止媒介病菌的鼠、蠅、蟑螂等侵入或將其撲滅,也不得將狗、貓、鳥等動物帶入食品調理場所。

C.充分洗手:烹調食品前以自來水用肥皂將手指及手掌充分洗滌乾淨。

D.食品的保存:食品如未及早食用,應保存於冰箱(五度以下),以防止細菌繁殖並防止受到鼠、蠅、蟑螂等污染。

(二)毒素型的食品中毒

食品於食用前,病原菌已於其中大量繁殖並產生毒素,且此種毒素不被酵素分解消化,也不會因消化道之環境而破壞。此類食品中毒包括肉毒桿菌、金黃色葡萄球菌等。

1.金黃色葡萄球菌

(1)特色:此類的菌種常存於人體的皮膚、毛髮、鼻腔及咽喉等黏膜,尤其是化膿的傷口,因此非常容易經由人體而污染食品。中毒原因為受污染之肉製品、乳製品、魚貝類、生菜沙拉等,主要症狀為嘔吐、腹痛、下痢、虛脫,死亡率幾乎為零。

(2)預防方法:

A.身體有傷口、膿瘡、咽喉炎、濕疹者不得從事食品之製造調理工作。

B.調理食品時應戴衛生之手套、帽子及口罩，並注重手部之清潔及消毒，以免污染食品。

C.食品如不立即供食時，應保存於五度以下。

2.肉毒桿菌

(1)特色：是一種芽孢的厭氧菌，因為最適合的生長溫度為三十七度，所以往往在加熱過的罐裝、瓶裝食品中，其孢子仍能生長並繁殖產生毒素引發中毒。主要症狀初期有嘔吐、噁心，繼而腹部膨脹、便秘、四肢無力，最後因呼吸麻痺而死亡，致命率是所有細菌性食品中毒的第一位。

(2)預防方法：

A.低酸性之瓶裝、罐裝食品必須完全殺菌。

B.臘腸、香腸及火腿等食品適量且均勻的添加亞硝酸鹽。

C.注意食品在食用前「應充分加熱」（至少應在一百度，加熱十分鐘）。

3.仙人掌桿菌

(1)特色：是一種好氣性的產孢菌，存在於土壤中，因為孢子在煮沸的食物中可以維持數分鐘至數小時。仙人掌桿菌在多數煮過的食物中皆生長良好，例如肉類、醬汁、布丁、湯、飯、馬鈴薯和蔬菜。其主要的症狀為噁心、嘔吐（嘔吐型仙人掌桿菌所產生的毒素）、腹痛、水樣下痢（下痢型仙人掌桿菌所引起的毒素）等症狀。

(2)預防方法：

A.食品應盡速在短時間內食畢，如未能馬上食用，應保溫在六十五度以上。儲存短期間（兩天）內者，可於五度以下冷藏庫保存，若超過兩天以上者務必冷凍保存。

B.製作食品時應依據衛生法規之規範，戴衛生之手套、帽子及口罩，並注重手部之清潔及消毒以免污染食品，且避免接觸到已

經烹調完成的食品。

C.定期清理並保持冷藏庫、冷凍庫清潔，避免食品儲存冰箱中受到污染，並須注意儲存容器之消毒情況。

(三)中間型的食品中毒

其細菌為介於感染型與毒素型中間，主要發病原因為病原菌進入人體後於結腸等器官大量繁殖，並產生毒素導致中毒症狀之發生，台灣地區最常見的為病原性大腸桿菌及產氣莢膜桿菌。

1.產氣莢膜桿菌

(1)特色：菌種多數被發現於土壤、人類及動物之腸道中，因為此菌為產孢菌，一般之調理時間及溫度無法殺菌。中毒的主要症狀有腹痛、產氣、高燒、冷顫、脫水、頭痛等。

(2)預防方法：

A.因為此菌會分布於灰塵、水及許多食品中，所以應該注意食品之保存，避免病媒入侵。

B.這種腸毒素在六十度，十分鐘內被破壞，所以食品應該保存於二十度以下或六十度以上。

C.隔餐之食品若要繼續供食應加熱完全。

D.烹調食品時應注意個人衛生。

2.病原性大腸桿菌

(1)特色：本菌分布於人體或動物體腸管內，藉由已受感染人員或動物糞便而污染食品或水源。一般性的症狀為水樣腹瀉、嘔吐、脫水，偶而會腹痛、發燒。

(2)預防方法：

A.被感染人員勿進行任何食品之調理工作。

B.食品器具及容器應徹底消毒及清洗。

C.飲用水及食品應經適當加熱處理並定期實施水質檢查。

食品中毒統計數字下所代表的意義為何？

　　根據歷年來台灣地區食品中毒原因分類統計表（請參閱表9-3），明顯地顯示出每一食品中毒後所代表的同一因素——人為疏失。所以各家餐廳／旅館的現場主管及料理調理人員，都必須對所有食品中毒原因有相當程度的認知。

　　根據行政院衛生署所提出食品中毒的預防方法：

食品處理三大原則

一、清潔
　　食物應徹底清洗，調理及儲存場所、器具、容器均應保持清潔。

二、迅速
　　食物要盡快處理、烹飪供食，做好的食物也應盡快食用。

三、加熱與冷藏
　　超過七十度以上細菌易被殺滅，七度以下可抑制細菌生長，零下十八度以下則不能繁殖。所以食物之調理及保存應特別注意溫度控制。

養成良好習慣

1. 養成個人衛生習慣，調理食物前徹底洗淨雙手。
2. 手部有化膿傷口，應完全包紮好才可調理食物（傷口勿直接接觸食品）。
3. 勿食用發黴的食品。

發生食品中毒的正確處理

1. 迅速送醫急救。
2. 保留剩餘食品及患者之嘔吐或排泄物，並盡速通知衛生單位。
3. 醫療院（所）發現食品中毒病患，應在二十四小時內通知衛生單位。

表9-3　1996年至2004年台灣地區食品中毒原因分類統計表

單位：件

導致食品中毒原因／年別	1996年	1997年	1998年	1999年	2000年	2001年	2002年	2003年	2004年	總計
冷藏不足	27	21	13	5	0	0	3	2	1	72
熱處理不足	30	43	52	80	84	55	35	72	73	524
食物調置後於室溫下放置過久	25	47	31	20	11	7	28	15	8	192
嫌氣性包裝	0	0	0	0	0	0	0	0	0	0
生、熟食交互污染	14	112	84	76	82	59	42	58	63	590
被感染的人污染食品	7	44	19	13	30	13	21	12	10	169
設備清洗不完全	9	10	43	6	1	0	2	4	0	75
使用已被污染之水源	1	1	0	1	1	0	0	0	1	5
儲藏不良	12	23	16	5	0	0	3	6	6	71
使用有毒的容器	0	0	0	0	0	1	0	0	0	0
添加有毒化學物質	0	0	0	1	2	1	2	3	3	12
動植物食品中之天然毒素	0	4	1	4	7	6	3	2	11	38
*其他	0	76	62	58	82	96	131	129	171	865
**總計	60	234	180	150	208	178	262	251	274	1,915

*其他包括廚房地面濕滑、積水、未設紗窗、清洗設備不全、有病媒出沒痕跡及原因不明等。
**食品中毒案件多由數個原因共同引起，因此本表之總計為各年案件數總和，並非以原因件數之總計。

餐廳安全管理

　　餐廳及廚房中充滿著各種潛在的危險因素，如何保護從業人員的生命及保障顧客的安全消費環境，是每一位經營者及管理人員最重要的責任。以下列出各項餐廳常發生的突發事件及其處理作業流程。

一、建立旅館、餐廳的安全衛生管理制度

　　在旅館、餐廳的安全管理上，員工自身工作安全作業程序是餐廳最基本的管理，因此必須針對旅館、餐廳本身的環境來制定相關的安全守則。最重要的是能讓員工有安全的規則可遵守，二來可預防各項意外事故的發生。

　　所有餐廳的從業人員為減少危及自身及顧客安全的狀況發生，都要建立正確安全作業程序，更要有安全的意識以避免意外事故的發生。

(一)一般性安全守則

1. 依旅館、餐廳規定的安全設備，每位員工應遵守事項：

   (1)不可任意拆除或破壞使其失去保護功能。

   (2)如果發現該設備被拆除、破壞或失去運作功能，應立即報告主管人員或雇主請修。

2. 各單位的物品材料，必須置放固定位置，不能傾斜，不可堆積過高，以避免危險，並以不堵塞通道為原則。如果堆積物有危險時，要禁止閒雜人等進入該場所。

3. 離地面高度超過二公尺以上作業，必須設工作台，台上要有護欄裝置方可作業。

4. 容易引起火災的危險場所，不可使用明火或在現場抽煙。

5. 決不可帶危險物品或易燃物品進入工作場所（尤其是廚房）。

6. 隨時保持工作及服務區域整潔，經常檢查地面是否溼滑，並立即作適當的處理。

7. 使用蒸氣、瓦斯、沸水、電器開關，須確定不會發生危險傷害時才可使用。

8. 冰庫、冷凍庫內不得裝鎖，工作人員進出須穿防凍工作衣及止滑鞋。

9. 使用酒精、松香水、瓦斯等危險物品，一定要隔離存放及遠離熱源。

10. 消防栓、滅火器置放處不可堆積雜物（例如餐架或餐具等）或阻塞。逃生門為緊急逃生口，平日應注意不可放置物品阻止通道，更不可上鎖。

11. 員工平時應注意消防器材、滅火器放置位置及有效期限，並學會正確使用方法。

12. 使用工作梯時應注意下列事項：

    (1)不可使用橫桿缺少或有缺點不安全的鋁梯。

    (2)使用工作梯時，不可多人同時站在梯上工作。

    (3)使用活動鋁梯時，要在下面放防滑地墊以減少滑動的危險。

(4)在工作中，梯子架設在門口前要設置警告牌，並須注意行人推門碰撞的危險，必要時要派人看守及指揮或暫時封閉。

(5)使用活動梯時，梯子頂端及落腳點必須穩固，上下端均須固定且不易移動，如果梯子不牢固，使用時一定要有人在梯旁扶著，以防止梯子滑動而產生跌落的危險。

13.在工作時為保護自身的安全及維護餐廳的衛生，應著個人防護具以減少受傷及食品污染的可能性：

(1)頭部：全罩式廚師帽（廚房人員）及衛生防護口罩。

(2)手部：可棄式衛生手套。

(3)身體防護：工作服、圍裙。

(4)足部防護：橡膠底工作鞋（防滑）。

14.搬運東西或抬舉重物時應注意下列事項：

(1)一般舉抬的重物，不可超過本身體重的30%。

(2)舉物時應利用腿的力量，而非靠臂力以免發生危險。

(3)舉物時將雙腳靠近物品，一隻腳稍微在前，可以取得較佳的平衡。

(4)採取較窄的站姿，雙腳大約分開二十五至三十五公分。

(5)告知他人以免碰撞而發生危險。

(6)轉身時需隨時注意後方有沒有人，才不致於有燙傷、撞擊的危險。

(7)可利用工作推車，省時又省力。

15.每一位員工都必須依據衛生法規接受健康檢查。

(二)餐廳工作人員應注意事項

1.作業動線應該儘量避免與顧客動線相衝突，以降低潛在的危險因素。

2.看見不安全的設備、情況，應立即向主管反應，如桌椅、燈光不明等任何不良設備，立即搬離現場或報修。

3.制服要穿著舒適，過窄、過長的衣袖及破舊的鞋面均要避免，以免發生意外。

4.地面應保持清潔乾爽,當玻璃器皿、水、食物掉落地面時應立即清理乾淨,防止發生危險。

5.如有容易絆人的物品倒在地面,應立即清理或扶正。使用過的盤子或玻璃器皿,非常滑膩,端拿時要小心。

6.不可一次端拿過多的餐食,除了避免發生滑落的危險外,更不要讓食品相互接觸發生中毒的危險。

7.不可堆積杯盤,避免破損與意外發生。

8.拿過錢的手可能沾有細菌,不要接觸眼、口及食物,工作及進食前也要先洗手。

9.端拿熱食時需要有適當的保護設備(如防熱手套、厚服務巾等),並且要隨時注意顧客的動向及提醒其注意,以避免產生燙傷的意外。

10.工作忙碌時也不可奔跑,除了避免發生危險外,更不會因此引起顧客的恐慌。

11.舀拿冰塊必須使用冰杓,千萬不可使用玻璃杯或瓷器等易碎品,以避免其殘留物藏在冰中而讓顧客誤食受傷。

12.清理服務區時應豎立警示牌,以避免同事或顧客發生跌倒的意外。

13.清理電器設備時,應事先將插頭拔除(濕手千萬不可碰觸電器設備)。使用電器用品時,勿站在潮溼的地面上,以免發生觸電意外。

14.櫃台應該設置急救箱及相關急救物品。

15.各種清潔用品如抹布、掃把、水桶等,應放在專門儲藏空間,不可留在走道或樓梯口,以免發生絆倒。

16.勿用手撿破碎玻璃、瓷器器皿、刀叉等尖銳利物品,應使用掃把、畚斗清除,放在指定容器內,以免造成割傷意外。

17.所有人員在操作任何的機械設備,一定要遵守標示及說明書,以確保自身的安全。

18.如果割傷或刮傷時,應立即上藥、就醫以免感染細菌或發生中毒意外。

19.工作場所不可抽煙並且遵守公司的相關規定。

20.取用高處用品時,應該使用安全梯,不可以椅子、紙箱等不穩物品墊高,以避免產生跌落的危險。

21.遇到任何危險的情況應該發揮服務業的精神,以疏散顧客為第一優先。

(三)廚房工作人員應注意事項

1.開啓容器或盒子,要使用適當的工具,留下的金屬、木頭、釘子廢物應妥善處理。

2.罐頭食品及其他包裝好的食物要妥善存放,較重、較大的要放在架子底層。

3.儲放於冰箱底層的沙拉點心或其他食物要加蓋,以防止容器底部細菌的孳長。

4.油炸食物時應該先將食品瀝乾或擦乾,下鍋時應該沿著鍋緣輕下,以避免熱油噴出而燙傷。

5.在移動裝有熱湯或熱水的容器前,必須先決定好放的位置及事先勘查所經過的通道是否暢行無阻。

6.炊具把手不可突出放置邊緣,以防止因忙碌時碰撞而燙傷。

7.咖啡壺加熱時,要放置好並抓緊把手,以免熱水流出而燙傷。

8.不可用手直接拿熱器皿,應使用鍋墊。

9.使用絞肉機時,須以棍子將肉推入,不可直接用手推入,以防止絞入危險。

10.使用切麵包機、切肉機時,要等到機器停止後才可用手移動麵包(肉品),並特別注意使用此機器時不可與他人交談,以免分心而發生意外。

11.碟子架不要放在洗碗機周圍,以免手被割傷。

12.破損的玻璃器皿切勿放入碗池或洗碗機內,以免手被割傷。

13.損壞的器皿如鍋盤碟子,不但會影響工作且易發生意外傷害,所以一旦發現應立即反應處理。

14.在清洗鍋盤時應用較緊密的鐵絲絨及銅製墊子,清理後需要注意是否有殘餘的鐵絲屑。

15. 烹調食物時應隨時注意有沒有金屬品、玻璃、污穢物及其他有害的東西掉入。

16. 瓦斯管及點火器要經常檢查，一發現有瓦斯氣味應立即反應處理。

17. 廚房工作人員工作制服及帽子應隨時或定期清洗，以保持廚房衛生。

18. 冷凍庫或冰庫應備有禦寒衣，且要定期保養及更新。

19. 要保持自己及工作場所的安全與整潔，適當的管理可增進效率及安全，工作時地板要隨時保持乾淨。

20. 在廚房中不可將刀具隨便置放，更不可與同事以刀具嬉戲，以免誤傷。

21. 不可徒手接滑落的刀子，廚房人員的工作鞋前端必須要有防刺傷鋼片。

22. 砧板下應有防滑設置，如無，至少應墊濕毛巾以防止滑落。

23. 廚房地板應該隨時保持清潔及不油滑，以防止跌傷。

二、建立旅館、餐廳各種突發事件處理制度

在旅館、餐廳的每日經營中，除了積極性妥善規劃及管理員工各種工作安全作業外，也必須有一套突發事件的處理機制，才有辦法防範於未然，化被動為主動。

以下列出餐飲管理實務中較常發生的狀況及一般性的處理原則，當然也必須參考旅館、餐廳的特色及各項管理規定來做調整。

(一)顧客急病（上吐、下瀉、腹痛等症狀）的處理作業流程

1. 當顧客因突發狀況要求服務人員買藥時，千萬不可接受，並應立即將所發生的情況轉報現場主管處理。

2. 現場最高主管應該主動地先了解身體不適之症狀、發生人數等情節，以表達公司對顧客的關心。

3. 禮貌詢問顧客相關細節，例如其用餐之時間、地點、點菜內容及發病前有無在其他地方吃過哪些食物。

4. 如情節嚴重須送醫院急救時，應該陪同顧客前往並將當日顧客所食

用的物品保留，以防衛生單位檢查及日後責任歸屬的釐清。

5.詳細記錄各項資料並依據公司規定填寫資料。

6.呈報最高主管做後續追蹤及事後檢討。

(二)顧客酒醉的處理作業流程

酒醉問題在旅館、餐廳中經常發生，其應對的方法常因客人發生的狀況不同而有不同的標準。但若遇到酒品不佳的客人，應要特別小心處理，以免發生任何意外及損失。

服務的人員對房客酒醉的處理，應要冷靜且有耐心地依情況處理：

1.若發現顧客已經喝醉時，應該請示當班主管是否不再提供酒。

2.服務人員應請陪同友人共同攙扶醉酒顧客，並代叫計程車。

3.如客人在餐廳內大聲吵鬧或再度飲酒，應通知值班主管會同安全人員委言規勸客人，以避免擾亂其他顧客的用餐氣氛；若其不聽應設法請其離開。

4.若酒醉的客人將餐廳弄髒或損壞設備，應依其污損程度向客人索取相關的賠償費用（依各旅館、餐廳規定）。

5.若該顧客經常發生酒醉鬧事，應將事件詳加記錄，並將該顧客輸入黑名單，以作為接受訂席時參考，或直接拒絕其再度來餐廳消費。

(三)顧客受傷的處理作業流程

餐廳常發生顧客受傷的事件不外乎異物哽塞、跌傷、燙傷及割傷等突發意外，所以旅館及餐廳應該平時就做好員工訓練，以便危急時可以立即應用。

1.一般性處理原則

(1)視狀況先施行急救或立即通知附近相關醫療機構。

(2)若顧客需要住院醫療或準備時，要立即通知家屬，除非緊急情況由急救人員或警察人員在旁才可做簽署動作。

(3)立即連絡家屬，尊重醫生專業，由其判斷是否有住院必要，並積極協助家屬辦理住院相關手續。

(4)若有必要尋求當時的目擊顧客，記錄其身分以便爾後保險／法律相關處理的必要準備。

2.異物哽塞急救法（哈姆立克急救法）

    (1)異物哽塞者之國際手勢：當顧客用餐不慎被食品哽住時，下意識的動作是以手抓住自己的喉嚨，通常傷者會無法說話，可能有呼吸困難及咳嗽的現象。

    (2)施救者手部姿勢與位置：施救者站在傷患後面，一手握拳並以虎口面放在傷患肚臍與劍突之間的腹部，另一手放在拳頭上並緊握。

    (3)重複作壓迫動作：施救者雙手重複作快速往內、往上壓迫的動作，直到傷患將異物吐出或傷患喪失意識為止。

    (4)若傷患喪失意識：

      A.將傷患平躺於地上，施救者跨坐於傷患雙腿旁，雙手手指互扣後翹起，以掌根置於傷患之肚臍與劍突中間處，往下、往前連續擠壓五下。

      B.檢查傷者口中異物：移至傷患頭側，檢查有無異物，若有則挖出。

      C.檢查呼吸及脈搏，視情況實行心肺復甦術。

3.切割傷處理

    (1)在餐廳發生被銳器（破碎的用具、刀叉等）割傷而出血時，應立即使用指壓法先行急救；如為大量出血時應使用止血帶等止血法。

    (2)割傷出血時，先用清潔的水來沖洗傷口。為了保護傷口不受感染，要裹上紗布。

    (3)指壓法就是壓住患處接近心臟的血管，例如手指出血——以另一隻手用力壓住受傷手指的兩側。

    (4)止血帶使用法：指壓法不能夠長時間施行，如果放開後，血還會繼續流出，最好先用止血帶止血。

    (5)若是這樣做還不能止血時，或是血液大量噴湧而出，就要立即請救護車急救，以避免大量出血而危害生命。

4.跌倒處理

餐廳因為提供水或油類產品，如稍有不慎處理，經常會發生從業人員或是顧客跌倒之意外。通常餐廳內部跌倒會產生相當程度的傷害，管理者及現場幹部必須熟知其處理程序，以避免悲劇的產生。茲舉因跌倒而撞擊頭部的處理方式為例：

(1)使患者平臥、頭部墊高，臉偏向一側。

(2)保持頭部安寧，絕勿動搖。

(3)最好冷敷頭及頸部。

(4)若有出血應即止血。

5.燒燙傷處理[2]

大部分在餐廳發生的燒、燙傷是以熱湯、熱油、熱茶、瓦斯火焰、酒精燈膏等引起的，燒、燙傷在醫學上依傷害的程度可分為四種：第一種為一度燒燙傷——僅傷及表皮，皮膚會出現紅、腫、痛的現象。第二種為淺二度燒燙傷——已傷及全層表皮，皮膚會出現水泡。第三種為深二度燒燙傷——已傷及真皮層，傷口癒合之後會留下疤痕。第四種則為三度燙傷——已傷至表皮與真皮層，且已壞死，並且失去痛覺，須接受植皮手術的治療。

處理程序及方法為：

(1)輕微燒燙傷：可以先用冷水沖洗之後，再用冷敷或用冷水泡，其次用碘酒或稀釋的黃藥水消毒傷口，再用繃帶包紮即可。切記傷口的水泡不可弄破，因為細菌感染會造成流膿及發炎。

(2)若是嚴重的燒燙傷，必須依據「沖脫泡蓋送」的第一時間處理原則：

　　A.沖：迅速以流動的自來水沖洗，或將受傷部位浸泡於冷水內，以快速降低皮膚表面熱度。

　　B.脫：充分泡濕後，再小心除去衣物，必要時可以剪刀剪開衣服，並暫時保留黏住的部分。儘量避免將傷口之水泡弄破。

　　C.泡：繼續浸泡於冷水中三十分鐘，可減輕疼痛及穩定情緒。但若燙傷面積廣大，或年齡較小，則不必浸泡過久，以免體溫下

降過度，或延誤治療時機。

D.蓋：用清潔乾淨的床單、布單或紗布覆蓋。勿任意塗上外用藥或民間偏方，這些東西可能無助於傷口的復原，並且容易引起傷口感染，及影響醫護人員的判斷和緊急處理。

E.送：除極小之燙傷可以自理外，最好送往鄰近的醫院做進一步的處理。若傷勢較大，則最好轉送到設置有燙傷中心的醫院治療。

專欄
9-3　　到餐廳打工還要被判刑？

　　女大學生蔡同學於2003年間5月份在台北市一家知名連鎖餐廳打工時，不小心打翻酥皮湯，因而燙傷顧客的腿部造成顧客左大腿、小腿二級燙傷，台北地方法院依業務過失傷害罪名判刑拘役五十五天，得易科罰金，因蔡女沒有前科宣告緩刑二年。顧客除控告蔡女業務過失傷害外，並附帶向蔡女及餐廳連帶求償醫藥費十五萬餘元及精神慰撫金五十萬元，共六十五萬餘元，目前仍由民事庭審理中（蘋果日報，2004年10月5日）。

　　斗大的標題令人震驚，為了打工結果吃上了官司，更有可能因此而有前科紀錄，對於每一個餐廳經營者及打工族都覺得難以置信。

　　而依據報導中之資料顯示，此案例發生的主因，是因為該名服務生端湯準備放置在餐桌時不小心打翻，熱湯灑在顧客左大腿上而造成腿部的二級燙傷。

　　雖然無從得知餐廳在第一時間的處理經過，由報導上的圖片可知顧客受傷的程度不輕，雖然事後兩造（顧客及餐廳）各執一詞，但是傷害（對於餐廳、顧客、服務人員）終究造成了！

　　由以上案例可得知，餐廳的安全對於經營者而言是管理面最重要的。但是在實務上，餐飲從業人員對於危險性的認知不夠，餐廳訓練

的不周嚴以及現場幹部的忽略，都是造成這種結果的直接／間接原因。最後落得員工有前科而餐廳賠了金錢及失去商譽，再再都提醒餐廳經營者不可不面對此一嚴肅的課題！

(四)火災的處理作業流程

　　餐廳因為經常性使用瓦斯烹調食品，發生火災情況比其他行業的機率高，而且餐廳內部裝潢、相關器具也是屬於易燃品，所以旅館及餐廳平時就應該做好員工救火訓練，以便危急時可以減少事故的產生。

　　1.不管是餐廳內外場人員發現濃煙或聞到焦（異）味時，應立刻追查來源，並依火災情況在第一時間內處理，以避免火苗繼續燃燒而擴大。

　　2.如發現失火情況，應立即啟動警報系統或立刻通知總機（旅館），通知總機時務必說明姓名、火場情況及正確的失火地點。

　　3.將火災情況通知總管理處及主管。

　　4.應立刻切斷瓦斯及電源，如火勢不大，可使用最近的滅火器或室內消防栓滅火，以利控制火勢的延燒。

　　5.平時應熟記逃生路線，並不在逃生梯處堆積雜物，保持路線通暢。

　　6.如因高樓火災易造成停電，千萬不可搭乘電梯逃生。逃離火場時，順手將太平門關上，以阻止空氣流通延緩延燒時間，爭取其他人逃生的時效。

　　7.發生火災時疏散顧客原則：

　　(1)如火勢太大無法控制，應立即打一一九報警。

　　(2)利用餐廳的廣播系統向客人告知。

　　(3)現場主管必須負全責打開安全門並穩定外場秩序，最靠近火災處所的顧客（或老弱婦孺）優先從太平梯疏散，並檢查化妝室是否有未逃出的顧客。

　　(4)避免爭先恐後、相互踐踏擁塞於出口，而延誤逃生的時機。

　　(5)千萬不可帶領顧客使用電梯。

　　(6)餐廳其他管理人員應保持鎮定，並保護出納人員攜帶重要的財務

及相關資料離開，其他工作人員最後再循序離去。

(7)千萬不可以顧客未結帳為由阻擋在出口，而延誤了所有人逃生的機會。

(8)一旦疏散至安全地帶後，禁止顧客返回取物。

8.若火勢延燒而導致室內煙霧濃度升高時，不可隨意開窗，以避免空氣流入助長火勢，應迅速使用濕毛巾掩住口鼻，以防濃煙嗆傷。

9.若遇整個樓層已被火包圍，無法由太平梯疏散時，應由餐廳的緩絳機自陽台垂下逃生。

10.到達安全地點後：

(1) 設法清點人數、照顧顧客並撫平其情緒。

(2)如有受傷須立刻通知送醫急救。

(3)協助維持火災現場的秩序，以避免有人趁火打劫或偷竊等。

(4)保持現場完整，勿受破壞，以利後續責任及原因的追查。

11.火災後的處理：

(1)火撲滅後，協助清點餐廳及顧客財物狀況。

(2)經過火災勘查後，協助清理現場及迅速恢復原有舊觀。

(3)由當日火場指揮主管負責將整個事件的經過及處理的結果作成完整報告，以防止類似的情況發生，亦可作成日後員工訓練的教材。

專欄 9-4　「錢」重要還是「命」重要？

1991年12月8日，台北市一家大型連鎖海鮮中式餐廳發生火災造成四名顧客死亡，但是最引起消費者注意的是在該次火災中，店方不但不廣播叫顧客盡快逃生，還要對方先付帳再走，終於造成四死九十三傷（聯合報新聞網，1995年2月28日）。

以上案例說明了旅館、餐廳公共安全的重要性，一個意外的案例

對於公司名譽及社會形象的影響更是不言而諭。而本案例的餐廳經過許多年的形象改變及經營努力，卻始終無法脫離不名譽的陰影。

根據日本消防白皮書的調查顯示，我國北、高兩市平均每百萬人口的火災死亡人數是十九人，比東京的十‧六人、香港的七‧二人都高出很多，顯示我國的公共安全防護能力相當不足❸。

餐廳為了防止火災的意外，除了平時要嚴加訓練員工的安全意識、防災演練、救火訓練等，更要在硬體設備及相關管理制度多下工夫。

1. 餐廳的所在地通常位於商業區，所以如果要防範有人躲在騎樓、樓梯間或門口縱火，餐廳最好的自保方法就是派代客停車、領台等人員在門口小心防範，隨時清掃樓梯間易燃物並保持逃生口通暢。

2. 許多餐廳為了怕顧客跑帳，內部多為單一出口或是將逃生門堵死，一旦起火點在門口附近，逃生無門。台北市最有名的火災案例就是「論情西餐廳縱火案」，雖然火災發生在二樓，但因只有一個逃生門，造成了三十三人死亡的嚴重案件。為了防範於未然，設立第二道門及緊急逃生口，是增加逃生機會的最好方法。

3. 火勢延燒和易燃裝潢有很大的關係，所以餐廳為了內部安全的考量，最好使用防火建材及安全的滅火設備（如自動灑水裝置等）。

4. 許多餐廳業者怕驚動顧客、平白損失營業收入，店員因為店方的教育「自行滅火」，延遲報警與通知顧客逃生的時機，更是以上案例發生的主因。

(五) 地震的處理作業流程

台灣因為地處於歐亞大陸板塊與菲律賓板塊交界處，地震十分頻繁。地震所引起的直接災害如建築物傾倒；間接災害為爐火震倒、瓦斯管線破裂而引發的火災等，對餐廳人命財物造成重大的威脅。

當地震時工作人員一定要保持鎮定且立即停下手邊的工作，隨手關閉使用中的電源及火源等，並要立刻拔掉插頭。

發生火災時，處理及必要疏散顧客原則：

1.顧客一定會驚慌，餐廳工作人員應以平靜的口吻及沉著的態度來安定客人的心。

2.請顧客遠離窗戶、玻璃、吊燈、巨大傢俱等危險墜落物，就地尋求避難點。

3.請客人以軟墊（椅墊）保護頭部，尋找堅固的庇護所，如堅固的桌下、牆角、支撐良好的門框下。

4.若爲強震須逃生時：

(1)要先把避難處門扇打開，以免門扇被震歪夾緊，而導致門扇無法打開，喪失逃生的契機。

(2)指引客人逃生梯位置，千萬不可使用電梯，以避免因停電而受困。

(3)須避免大批人員湧向一個逃生梯、出口樓梯，以免造成人群擁擠傷害，應該分幾個逃生口。

5.地震時其他緊急狀況的處理：

(1)如果發現現場有火災，應該就近以樓層滅火器撲滅，以防止火勢蔓延，並依旅館、餐廳火災處理流程作業。

(2)如果聞到瓦斯味道，千萬不要用火，以免發生爆炸引起火災。應該立刻打開門窗通風，但是不要開動抽風機，因電器火花可能引起爆炸。

(3)避開掉落地上的電線，以避免發生導電的危險。

(4)協助急救受傷的顧客及同仁。

6.地震後的處理：

(1)隨時收聽災情報導，確定不再有地震後才可協助清點餐廳及顧客財產。

(2)經過地震相關單位勘查後，協助清理現場及迅速恢復原有舊觀。

(3)由當日地震指揮主管負責將整個事件的經過及處理的結果作成完

整報告，成為日後員工訓練的教材。

(六) 媒體採訪的處理作業流程

　　通常餐廳的媒體採訪可分為兩種狀況：事先獲得採訪的允諾（例如美食性節目、報章雜誌對餐廳的各種介紹等），或是事出突然（例如發生意外、食品中毒等不利餐廳的情況），管理人員都必須謹慎應對並請示公司做統一發言，其相關處理程序如下：

1. 不管情況多麼緊急，應該隨時保持冷靜，設法緩和緊張的情緒，禮貌性的接待所有媒體工作人員。

2. 先行確認對方的身分，包括單位、職稱、姓名等，了解來訪的主題及訪問的目的，並作必要性的登錄。

3. 立刻聯絡上級主管或通知公司公關主管或發言人，設法拖延時間以便獲得相關的協助。

4. 針對事先約妥採訪的媒體，應該要有充分的準備，預先準備好各種食材及與專業主廚討論相關菜餚的特色等。

5. 禮貌性地告知媒體人員相關人員正在趕過來的路上，並呈上飲料或點心。

6. 未經上級允許，應該禮貌及有技巧地婉拒媒體的隨意拍攝或訪問。

7. 記錄整個過程的起始與結束，最好能同步記錄或錄音等自我保護措施。

8. 所有的員工一定要謹記不可隨意發言或高談闊論，以避免影響餐廳整體的商譽。

9. 應向採訪的媒體要求節目播出影帶，以作為餐廳的宣傳資料或員工教育訓練的來源。

(七) 政府機關（安全衛生等單位）檢查的處理作業流程

　　餐廳為對外開放經營的場所，所以依據政府各種法規的規定及公共安全衛生的考量，經常有事先告知或未告知抽查的事件，如工務局、建設局、衛生局、環保局、消防隊、勞檢所或轄區分局等相關單位。現場主管及管理人員都必須謹慎應對並隨時備妥相關檢查文件，其相關處理程序如下：

1. 針對店內經常性被檢查的文件（例如營利事業登記、安全衛生檢查、員工體檢資料等），應該要隨時準備齊全及檢視其有效性。

2. 先行確認對方的身分，包括單位、職稱、姓名等（政府檢查單位都會有相關證件）。

3. 禮貌性了解來檢查的內容及目的，並作必要性的登記。

4. 適度接待及奉上飲料，禮貌回答相關人員檢查的問題，無法回答或有疑慮處應請求上級主管人員或相關部門協助（例如勞安單位／總公司安衛主管等）。

5. 如非檢查人員要求，不必要自行帶領檢查人員檢視餐廳各角落。

6. 若遇到檢查有不合格處須限期改善之文件，不可隨意簽署。如對方要求必須簽名時應由現場主管（或店長）簽字。

7. 將結果回報上級單位，並由店內主管會整需要改善缺失的計畫，並列出改進事項及後續追蹤事宜。

(八) 餐廳竊盜事件的處理作業流程

　　在餐廳的安全管理中，除員工操作安全、衛生事件、火災、地震等突發事件外，如何預防餐廳發生竊盜（顧客、外部人員或本身員工）的事件，除應建立相關的安全管理制度外，現場主管及管理人員都必須有提高警覺的意識，其相關處理程序如下：

1. 建立員工進出的管理制度

　　(1) 凡為旅館、餐廳的員工或契約性的臨時工作人員，均一律由警衛室或員工專用出入口進出（百貨公司或商場之分店則依據其管理規定遵行之）。

　　(2) 員工進出時均須依旅館／餐廳規定配戴識別證（百貨公司或商場之分店則依據其管理規定遵行之）。

　　(3) 若為因事臨時外出時：

　　　　A. 由主管在「外出通知單」上註明事由簽發，由安全人員查驗後放行（餐廳若有員工外出則應該向櫃台人員登記）。

　　　　B. 登記於員工外出登記簿內，填明日期、外出時間、單位、職務、員工姓名、外出事由。

C.主管須注意員工返回時間,並在員工外出登記簿內寫上返回時間。

(4)員工物品檢查作業:

A.若因公或正當事由,攜帶公物外出時,需要有該部門主管簽核的放行條,並由安全人員(櫃台人員)驗明是否為放行條中的物品。

B.若員工有任何攜入物品應該要登錄其明細(日期、單位、職務、員工姓名、攜入時間、攜帶物品名稱等),待員工下班時,檢查攜出物品是否符合。

2.建立訪客進出的管理制度

(1)應暫留下對方的身分證件或相關證明,經安全人員(櫃台人員)登記及查驗後發給臨時證配戴(依據各家旅館、餐廳規定而異)。

(2)如未帶證件者,則與其業務相關部門主管聯絡,經認可後始可讓其進入。

(3)在訪客登記表內寫明訪客姓名及認可主管的姓名、日期、進出時間及受訪單位人員姓名。

(4)訪客離開時,查明無誤後歸還其證件,並請其繳回臨時證。

3.隨時掌控公共區域安全

(1)隨時提高警覺,注意異味、異聲及可疑物品、人員。

(2)監控室(櫃台)人員必須保持監視系統錄影運作正常,並隨時注意進出及顧客人員的動向,以充分掌控突發狀況並蒐集相關證據。

(3)若有任何突發事件應報警處理,並提供警方人員相關證物(如監視錄影帶)。

(4)建立緊急事件處理程序,並熟記其處理程序,遇有客人鬥毆、滋事、擾亂公共秩序及安寧、意外傷害時,依其發生程度報請相關人員協助處理。

(5)遇有大型活動或宴會時,常有酒醉的客人無理取鬧而造成影響公

共場所的安寧，應由值班主管會同安全部人員／保全人員協同處理。

(6)發現餐廳內部有可疑的包裹或物品，應小心檢視，若無把握時應通知安全部門（警方）人員前往處理。

(7)若有恐嚇者，應記錄對方的口音及背景（必要時要錄音），試圖了解其更詳盡的資料及意圖。

(8)遇到緊急狀況應該暫停營業，並疏散慌亂的顧客，封閉危險現場的四周。

(9)發現從事不法交易的顧客，應將事件詳加記錄，並將該顧客輸入黑名單，不再接受其日後的訂位或訂席。

第三節　問題與討論

本章中的各節內容充分地說明了餐飲業所面臨的各種衛生及安全的狀況，雖然其產生的原因有時是無法事先防範的，但是管理者在面對各種危機的處理態度，往往是成敗的主因。以下案例分析了2004年餐飲業最成功解除危機的處理模式。

戴勝益黃金七天解除企業危機的最佳案例

2004年10月4日台灣餐飲業爆發了所謂「重組牛肉事件」，此新聞令王品集團董事長戴勝益陷入苦戰。

面對危機，戴勝益選擇了直接面對、絕不逃避，且在第一時間研究所有危機作業處理流程，最高的處理原則爲要對外「說清楚、講明白」，並決定重組牛排事件必須要在危機處理的「黃金七天」內落幕！

10月4日當天早上新聞見報後，七點半，戴勝益就召集公司十一個高階主管，決定由陶板屋總經理王國雄擔任對外發言人，並擬出八項緊急決議，包括與肉品供應商聯繫、準備板腱肉進口來源證明、若顧客有反應食

用牛肉後有不適狀況，立刻以公司「0800顧客抱怨步驟處理」，甚至客人徵詢全面停賣板腱肉的問題與回答都事先製作了標準的用語。

10月5日一早，戴勝益寫了一封信給全體員工，強調「大家辛苦了，打斷手骨顛倒勇，王品是因努力而長大，不是被嚇大的；智者沒有擔憂的權利，勇者沒有生氣的時間」與員工共勉及適時地穩住軍心。

10月8日戴勝益為了要增進與外部溝通的管道及效益，花四百萬元一口氣買下六家平面媒體的頭版廣告，刊登一封「以顧客為師」，並告知消費者西堤和陶板屋在「重組肉」事件發生後，不再賣剔筋的板腱牛排而改賣「原塊牛肉」。

這樣改變在隔天週末，立刻獲得消費者的支持，西堤的業績恢復到九成水準，而陶板屋則百分之百恢復「重組肉」危機發生之前的業績，還超出四個百分點。消費者對「原塊牛肉」的滿意度達91%，比過去產品的89%，還多出二個百分點。

處理這個重大危機過程中，戴勝益學到的第一堂課是：消費者的情緒必須在最短時間內獲得宣洩。「那時候，已是不問對錯，只問情緒了，必須先顧慮消費者的感受。」王品集團原燒總經理曹原彰也指出，大眾對重組牛肉觀感已非常差了，甚至跟黑心牛肉扯在一起，「我們決定不能等了，要快砍、快切。」同一時期，行政主廚帶著二十多位廚師開始積極研發處理板腱肉更好的方法。

自嘲想要寫下這個驚爆一百二十小時心力歷程的戴勝益說，這樣的事件讓他與王品集團學習到，員工是企業最大的資源，而顧客則是事業的基礎，企業若要永續經營，一定要「以顧客為師」！

個案研究❹

劉太太於2003年10月份參加朋友在台中市一家有名餐廳的婚禮，劉太太四歲大的小女孩喝完柳橙汁後就一直哭喉嚨痛，劉太太從玻璃杯中掏出許多片拇指般大小的玻璃碎片，她帶小妹妹到中國醫藥大學兒童醫院急診，後來醫師經由X光片中的亮點顯示疑似有玻璃物。

　　此事件起因為喜宴的工讀生未以盛裝冰塊的冰杓裝冰塊，而以水晶碗裝，但不小心打破水晶碗在製冰機中，雖然經過清理，但仍殘留了小碎片在裡面。

　　事後店方極力道歉，並賠償了二十萬元支票給婚宴主辦人，作為受驚嚇親友的賠償金。雖然後來劉太太拿到腹部沒殘留玻璃的報告，但是小妹妹卻從此看到冰塊就懷疑是玻璃不敢碰（幼兒心理恐慌），所以堅持該餐廳應賠償精神損失！爾後經鄉公所調解，餐廳同意賠償小妹妹精神損失，金額保密，雙方達成和解。

　　如果你是該餐廳的主管，應該如何防範類似的情況再度發生？另外，如何因應此事件之後續影響及重拾消費者對餐廳的信心呢？

註　釋

❶行政院衛生署網站資料，2005年。

❷財團法人中華民國兒童傷燙傷基金會網站資料，2005年。

❸聯合報新聞網，1995年2月28日。

❹台灣壹週刊，2004年6月24日。

Chapter 10

餐飲管理概論

- ☕ 餐飲財務管理
- 🍴 餐飲人力資源管理
- 🍸 問題與討論

照片提供：欣葉連鎖餐廳（咖哩匠）。

台灣餐飲市場永遠都是非常競爭的，因為許多經營者的觀念是儘管不景氣，但是消費者並不會放棄對美食的眷戀，因此，一個完整的財務管理及規劃，才有辦法讓餐廳賺取合理的利潤。另外，餐廳經營最根本的基礎是「員工的素質」，所以人力掌控與規劃、工作績效評估、員工專業訓練、生涯發展等四大人資管理項目，將是管理者在永續經營上最重要的投資。

本章中將針對餐飲業的財務、人力資源等管理方面各項作業的重點及標準作說明及分析。

第一節　餐飲財務管理

財務管理是每個企業經營的最重要議題，為了保障投資者有效地獲利，管理人員從事各種餐飲管理都必須以此為最終的目的。餐廳由最初的資本取得、開店計畫、設備及各種生財器具的購買、原物料及人員的徵募等活動，都是成本的耗損，經由產品的設定、行銷活動及顧客上門消費，進而獲取一定利潤過程的各項管控，稱之為「餐飲財務管理」。

餐飲財務管理的目的及各項內容

一、積極地募集資本及掌控各項資金流向

1. 在餐廳開立前做好各種有效益的資本取得計畫，包含各種類資金舉債、成本分析、股東權益及股利分配條件等。
2. 有效性掌控籌措不易的資金流向，不造成任何投資浪費以確保後續經營的利基。
3. 資金的分配得宜，有效地取得投資者的信賴。

二、建立各種財務管理制度

1. 財務部門的主管應該針對餐廳各種管理建立良好的制度，一方面讓現場主管有所依循，而最重要的是防堵各種弊端的產生。
2. 針對各種出納、倉管、成本控制等作業，建立一套有效的程序將是餐廳長期獲利的最有效途徑。

三、有計畫性的預算、費用管理

1. 預算管理是餐飲業對於各種財務預測及未來獲利規劃最為積極的管理制度。一份合理且執行度高的預算，不但給予現場管理者一份未來的期許及目標，更是各種費用管控的依據。
2. 為了達成餐廳各種績效，內部人員的溝通協調有一定的基準點，對於各項費用也有共識，更是各種業務推動的執行標準。
3. 臨時性或是管理者不當決策的重大支出，可作有效的管控。

四、健全財務結構及各種有效率報表

(一)健全財務結構的特色

1.餐廳整體營運資金必須健全

　　近幾年來餐廳獲利毛利有下降的趨勢，營運的毛利若能超過30%就算非常好，但因為目前融資的利息仍在10%左右，再加上人力成本及固定管銷費用增加等因素影響下，「借錢來賺錢」已經會影響到企業的財務結構，所以對於各種資金取得應該要更小心地運用，才是因應對策。

2.營運資金中準備金、週轉金以及零用金比率要正確

(1)準備金：餐廳必須準備「六個月份的固定管銷費用」作為準備金，準備金應以定期存款方式寄存。

(2)週轉金：餐廳必須要有「兩個月份固定管銷費用」作為週轉金，週轉金可存於公司乙存專戶。

(3)零用金：零用金為餐廳當月的零用開支，零用金可交會計或分店出納保管。

　　此外，若經營者想要擴張營業規模時（例如開連鎖店、分店等），除了要準備新增營業點的開辦費用外，更要準備該新增營業點的準備金、週轉金以及零用金。如此一來，如果餐廳本身或新增分店遭受到市場不利因素的影響，公司仍有充分的營運資金可供週轉。

(二)各種有效率的管理報表

1.餐廳財務報表的管理目的

　　在於適時表達餐廳的財務現況及各項經營效益，方便管理階層從各種財務報表中，獲悉各項經營重點及未來趨勢，作為整體餐廳管理、決策或行銷等規劃依據，進而增進餐廳之經營能力及獲利空間。

2.利用各種報表做最積極的管理

　　一般而言，餐廳依據各家公司財務理念設定不同的報表以利各項管理，最常使用的財務分析報表有損益表和資產負債表兩種（表10-1及表10-2）：

　　　(1)資產負債表：資產負債表用以列出會計年度終了日的資產、負債和業主權益來顯示企業的財務狀況。

　　　(2)損益表：顯示此表涵蓋時期的經營成果，無論淨利或淨損。損益表中項目包括收入、成本費用、稅務和稅後盈餘等。

　　　　A.收入包含出售中、西餐食物和各項飲料的收入。

　　　　B.成本則是有關餐飲收入的直接原料（包含食物、飲料等）。

　　　　C.費用包括各種管銷項目，內容有租金、水電費、員工薪資、退休金、稅捐和行銷廣告費用等。

五、有效地開源節流並負責建立各種成本控制的方法

(一)開源節流

　　在各種原物料成本不斷地攀升，房租、人力成本及物價的調整，餐廳如果要永續經營，有效地控管成本及開拓客源是餐飲財務管理的核心工作。

(二)建立各種成本控制方法

　　許多餐廳建立標準食譜及用材，最重要的目的在於將原物料成本精確地控制在預算中，不會因為人為疏失（例如烹調時不當的耗損、錯誤的份

表10-1　資產負債表

典雅餐廳最近五年資產負債表

最近五年度簡明損益表				單位：新台幣仟元	
項目＼年度	2000年	2001年	2002年	2003年	2004年
營業收入	61,636	113,420	209,699	406,502	825,484
營業毛利	27,854	57,506	94,803	139,994	310,273
營業外收入	124	138	269	3,392	3,411
營業外支出	42	6,191	14,823	15,267	23,557
稅前損益	（319）	2,490	5,068	20,199	77,940
稅後損益	（319）	1,877	3,557	14,500	58,919
每股盈餘（元）	（0.19）	1.12	1.15	1.00	2.39
最近五年度簡明資產負債表				單位：新台幣仟元	
流動資產	11,842	11,962	39,042	71,191	169,953
基金及長期投資	-	5	5	5	5
固定資產	242,052	238,973	259,611	671,807	901,870
無形資產	-	-	3,362	22,877	27,140
其他資產	8,774	7,100	4,711	13,391	46,218
資產總額	262,668	258,039	306,731	779,271	1,145,186
流動負債　分配前	4,305	93,199	201,957	286,879	170,878
流動負債　分配後	4,305	93,199	201,957	302,719	483,832
長期負債	40,000	73,000	66,277	173,706	435,508
其他負債	204,300	75,900	-	19,689	32,384
負債總額　分配前	248,605	242,099	268,234	480,274	638,770
負債總額　分配後	248,605	242,099	268,234	496,114	687,094
股本	15,000	15,000	34,000	198,000	320,760
資本公積	-	-	-	82,004	123,584
保留盈餘　分配前	（937）	940	4,497	18,993	62,072
保留盈餘　分配後	（937）	940	4,497	3,153	13,748
長期股權投資未實現跌價損失	-	-	-	-	-
累積換算調整數	-	-	-	-	-
股東權益總額　分配前	14,063	15,940	38,497	298,997	506,416
股東權益總額　分配後	14,063	15,940	38,497	283,157	458,092

表10-2　損益表科目範例

典雅餐廳損益表科目範例

收入	合計	百分比
餐飲收入（含飲料）		
營業總額		
（-）銷售稅額		
營業收入		
（-）折讓		
（-）招待		
其他營業收入（如開瓶費）		
營業淨額		
費用（成本）		
營運費用		
食材（飲料）成本		
水電瓦斯油料		
租金		
修繕費		
大樓管理費		
器皿消耗		
清潔消毒		
保全費		
信用卡手續費		
業務推廣、廣告費		
服裝費		
制服清洗費		
書報雜誌		
旅運費		
郵電費		
產物保險費		
交際費		
雜費		
人事費用		
薪資		
勞健團保及勞退		
人員招募費用		
訓練費		
績效獎金		
員工宿舍費		
加班費		
職工福利		
年終獎金提撥		
折舊攤提		
利息支出		
其他支出		
稅前淨利		

量及員工偷竊等）而導致利潤降低甚至於不敷成本。

六、各種收入及現金流量的控制

(一)建立現金管控制度

　　許多小型的餐廳或連鎖店多以現金交易，所以店舖的現金管理相對地非常重要。現金可說是餐廳收入的血液，倘若公司失血而不自知，可能導致赤字倒閉的困境。

(二)營運現金及各項收入的嚴格控制

　　營業收入的項目要明確地列出並嚴格控制流向，建立各種管理制度，不允許現場主管或人員隨便動用現金收入，更不可由每日營收現金支付費用。不定時抽查及稽查店舖現金狀況，以確保經營的績效。

七、管理各種固定資產

(一)固定資產的管理制度

　　餐廳的固定資產眾多，如土地、房屋及各種生財設備等，財務部門必須建立有效的管理及維護辦法，除了可以延長使用年限，更可保護投資者的財產。

(二)建立有效的保養制度增長資產可用年限

　　餐廳的生財設備如果可以善加保養及珍惜，必可增加其使用率及年限。平時的保養工作更不可馬虎，管理者必須要重視規劃所有生財設備的保養計畫。

專欄
10-1　餐飲成本控制的相關作業

　　許多餐廳為了提升獲利程度，對於成本的控制十分嚴謹，旅館的財務部門也會有餐飲成本控制單位來執行相關的作業，為了利潤的保障，成控單位通常具備專業的餐飲知識及財務的觀念，才有辦法真正

執行，茲將相關作業程序說明如下：

每日餐飲銷售金額核對作業

1. 出納人員應於每日下班前將前一日餐飲銷售日報表印製一份，交由稽查人員或成本控制單位核對並做成紀錄。
2. 成本控制單位人員應每日蒐集各廚房、酒吧出菜單與外場點菜單，並進行交叉比對找出是否有任何短缺漏列或弊端。
3. 每日核對相關的交際費用及內部使用，並依據旅館、餐廳規定嚴格審單，遇有不符合規定者一律退單，請相關部門補齊資料才可核准。

每日餐飲成本記錄核對作業

1. 執行驗收人員應將每日驗收單及憑證彙總送交成本控制單位，由相關人員核對資料之完整性，並由採購部提供的廠商報價單、市場行情表進行交叉比對，以確認進貨成本的正確性。
2. 倉庫管理員必須將每日新鮮食品及南北貨、飲料等原物料，倉庫所發放貨品的領料單送交成本控制單位，並由成本控制人員逐日加總登錄成本紀錄表中。
3. 檢視各廚房、酒吧所開列的轉帳單，並加以計算其成本，逐日加總登錄成本紀錄表中。
4. 檢視各營業單位銷售分析統計表，並以以往銷售紀錄比較其潛在成本與成本紀錄表中反應出的成本差異，找出其中的原因加以分析及追蹤。
5. 提供所有相關資料給部門主管審核及追蹤。

採購、驗收、倉儲、發貨工作的監控及抽查作業

1. 依據採購部門的行情表（或是廠商報價單）核對，至市場做實地調查，查詢各項物品的現價，並作成報告轉知相關部門參

考。

2. 抽查驗收廠商收送貨品與採購單的數量、規格、品質及特殊要求等是否有出入，以防止人為疏失及弊端。

3. 檢查倉庫管理員是否依「先進先出」原則發貨，而所有發貨與領料單上所要求的數量、重量、規格等是否相符。

4. 抽查倉庫架上貨物與存貨紀錄表上所記數量是否相符。

5. 抽查倉庫存貨的有效日期，查出是否有屯積太久的貨品，以確保各種物料的新鮮及可用性。

餐飲準備、製造生產與服務的監控抽查作業

1. 由各廚房、酒吧做出每道菜的標準食譜，並由成本控制單位依其種類、材料的分析，計算求出每道菜成本並輸入電腦。

2. 份量控制（potion control）：不定期至餐飲現場抽查各項食物飲料在製作及服務過程中，是否有未依標準食譜所列標準份量的事情發生，並作成紀錄，由財務部主管通知相關部門限期改善。

3. 不定時抽查餐廳飲料或酒吧的現有庫存量，並與其所提供紀錄加以核對（bar inventory list），如有差異必須立即調查是否有人為損耗或弊端。

4. 每月月底應對各餐廳、酒吧、廚房進行盤點，並作出當月的食物及飲料實際成本報告。

製作各種餐飲成本報表

各種餐飲成本報表依據每家公司管理制度而有所差異。

一、每週餐飲成本報告

每週應將上週各餐廳、酒吧及廚房的實際成本，依其進貨、領貨數字作成成本報告。

二、每月餐飲成本報告

(一)每月銷售分析報告表

其內容應包含各餐飲外場的餐飲營業額、來客數（包含顧客相關資料，例如男女、年齡層、職業別等）、平均消費、預算、實際營業及預算之差異以及其他有利於管理階層做營業分析的資料。

(二)各餐飲外場、廚房、酒吧的盤點報告

其內容建議為各種原物料、設備、器具的數量、盤點金額、週轉率、實際盤點與帳面金額差異分析。

(三)各種原物料成本報告

包括每月各項實際成本、各種成本減項明細、實際成本與潛在成本差異分析。

餐廳櫃台出納職位功能及作業說明

正如前一節所解釋餐，廳經營最後的一個環節就在出納，也是眾人努力成果的收穫，所以餐廳出納重要功能在於結帳的流暢及正確、提供顧客對餐廳最後的好印象及財務稽核的第一線等。

一、餐廳出納的任用條件

1. 工作時間、休假：八小時／天、輪班制，依勞基法規範。
2. 對誰負責：餐廳經理或店長。
3. 相關經驗：一年以上餐廳出納相關經驗。
4. 年齡限制：二十至四十歲。
5. 工作能力與專長：營業稅相關法規、會計基礎良好、頭腦清晰、熱忱負責。
6. 工作職責：負責結算餐廳客人帳款的工作及製作相關報表。
7. 儀表要求：微笑有禮，服務親切，口齒清晰。
8. 教育程度：高商以上畢業。

9.工作性質：處理有關餐廳收支及客人帳款之工作。。

10.體位要求：需要充沛的體力，體健耐勞，無傳染病。

二、餐廳出納的職掌說明

1.負責處理餐廳客人買單、收支及製作相關報表工作。

2.依據公司電腦或POS系統的作業要求，將各項營收及進貨單據正確無誤輸入電腦。

3.處理餐廳帳務及每日結帳的相關工作（如整理各種憑證、key in打帳單、列印報表、清點現金、禮券、總結收銀機帳款等）。

4.負責每日營收現金存入前台保險箱（旅館）或公司指定銀行帳戶內（餐廳）。

5.每日作業前須與前一個班次的人員交接及櫃台零找金盤點、保管，並備有足夠零錢，以利客人買單找零。

6.負責餐廳香煙、酒類、點菜單、招待單及各種文具用品的購買、領用、登錄、控制與管理。

7.餐廳零用金申請、稽核與核發。

8.列印餐飲收入日報表及免費用H／U（house use）、招待用ENT（entertainment）、自用P／ENT（personal entertainment）等有關的報表。

9.負責餐廳背景音樂的播放。

10.隨時保持工作區域的整齊清潔並定期安排大掃除。

11.參加公司定期或不定期的訓練、會議及活動。

12.其他臨時或特殊交辦事項。

三、餐廳出納的作業說明

(一)營業前的準備與交接

1.依公司規定及主管所排定的班表到班，到班的第一件事是與前一班次的出納交接或查閱「值班日誌簿」（表10-3）中是否有任何交辦及注意事項，並盡速處理（如無法處理時必須立即向值班主管呈報）。

表10-3　值班日誌簿

典雅餐廳值班日誌簿

日期：_____年_____月_____日　星期_____　天氣：_____

早班主管_____　中班主管_____　晚班主管_____

今日總營業額		來客數分析：
中餐		男：　　　　人
下午茶		女：　　　　人
晚餐		來客總數：
其他收入		
本月累計營業額		

交接及注意事項說明

早班：

中班：

晚班：

出納：

機器設備：

物料／訂貨：

收入及支出事宜：

2.檢視及核算櫃台內所有的現金是否正確並簽字。

3.依據當日營業之所需，檢查香煙、酒類、各式單據存量及文具印刷品等是否足夠，若使用量不足，則依「餐廳、旅館請購入倉管理辦法」處理。

4.檢視各種刷卡機器及POS機器的運作是否正常，並事先準備足夠相關的用紙（例如刷卡機、統一發票等）。

5.負責櫃台內外的維護與清潔。

(二)各種餐廳營業帳務的作業程序

1.營業中為客人核算、結帳作業程序

(1)各餐廳服務員於客人點菜時填點菜單（參考第七章表7-9）一聯轉交廚房，另一聯轉交餐廳出納，另一聯置於客人桌上待結帳時使用。

(2)餐廳出納於客人結帳時確認是否為「房客帳」（旅館作業），如果不是「房客帳」則印出四聯式發票，將其中二聯交於客人並收款。買單作業時必須要先查對所有帳單明細，如桌號、人數、食物、飲料的價錢及內容，並補充服務人員遺漏（漏單）的部分。

(3)若為「房客帳」，則請房客於點菜單上簽名並印出代用發票或明細表，將其中三聯及點菜單轉前台出納。前台出納叫出房客檔案核對無誤後將點菜單一聯及代用發票或明細表二聯置於客人帳袋，另一聯點菜單及代用發票或明細表則轉夜間稽核。

(4)詢問客人是否需要加註統一編號，並將發票號碼填寫於帳單上。

(5)收受現金時：

A.收現金時，禮貌回應客人「收您XX元，謝謝！」並檢視現金（以手觸摸或使用偽鈔辨識機判讀）是否與帳單上的金額相符（注意不可在顧客面前上下左右照看現鈔過久，以免引發顧客不悅）。

B.將零找金於客人面前清點清楚或將零找金與發票置於小費盤中由服務人員交給客人。

(6)收受信用卡時：

A.以本餐廳（旅館）可使用的信用卡為限，若客人持用非本餐廳（旅館）可使用的信用卡，應委婉的向客人解釋，請客人使用其他信用卡或付現金。

B.查核信用卡的有效期限。

C.於E.D.C.自動刷卡機上刷卡並輸入金額後，列印簽帳單請客人簽名，若有小費時，則重新列印帳單並補開小費發票（若為手刷單時請於刷卡單據上填寫消費金額、日期與授權碼後請客人簽名）。

D.若消費金額超出信用卡公司規定的金額，則打電話向信用卡公司索取授權碼或請其顧客核對相關資料（若為房客之結帳超額則須向財務部門報備）。

E.核對簽帳單上簽名是否與信用卡簽名相符。

F.簽名無誤後，將信用卡、信用卡簽單收執聯連同發票收執聯交還給客人。

(7)餐廳出納於交班時核對留底點菜單、代用發票及收到的現金或簽帳的信用卡等，印出各班別收入日報表、收款明細表等核對無誤後，轉交夜間稽核（旅館作業）或是財務部門。

(8)夜間稽核核對餐廳收入日報表及收款明細表總表及相關憑證無誤後，轉財務部門再次核對，並編製餐飲收入傳票轉交會計入帳。

2.招待（交際）簽單作業程序

(1)招待（交際）申請單使用，僅限於「准予使用的主管人員」並應與公務有關者。

(2)使用時應先填妥及由相關主管簽核准許的招待申請單（表10-4）交予餐廳出納，用膳後應即刻至出納櫃台於招待單發票上簽認。如有不符合公司規定的程序除向餐廳經理報告外，並用便條紙註明以便稽核及日後的查核。

(3)服務員應於點菜單上註明「招待」，餐廳出納員應按點菜單開出發票以五折（依據每家公司規定而異）計算免加服務費，並附上

表10-4　招待申請單

典雅餐廳招待申請單		
		日期：＿＿＿年＿＿＿月＿＿＿日
餐廳名稱： （outlet）	桌號： （table number）	預計招待人數： （ENT. Q 'ty）
品名： （item）	數量： （Q 'ty）	總價： （total）
招待目的： （ENT. purpose）		
申請人 ＿＿＿＿＿＿＿＿＿	部門主管 ＿＿＿＿＿＿＿＿＿	總經理 ＿＿＿＿＿＿＿＿＿

　　　　招待申請單作招待紀錄一式二份。

3.各營業點帳單傳遞作業程序

　　(1)旅館作業：

　　　　A.所有營業點（包含各賣店）的帳單，各單位人員應負責將帳單
　　　　　送至前台出納處，或在公司規定時間內先用電話告知前台出納
　　　　　後再補送帳單，由櫃台接待或夜間稽核做入帳工作。

　　　　B.將帳單置入帳袋內，各班別印出各班別明細表，核對無誤於交
　　　　　班時將帳袋轉交夜間稽核。

　　　　C.夜間稽核核對收入明細總表及相關單據無誤後，轉交財務部門
　　　　　由相關主管再次核對，然後交由會計員編製收入傳票入帳。

　　(2)餐廳作業：一般而言，獨立餐廳或連鎖餐廳多為各自結帳，再以
　　　　電腦連線由財務部門彙整，所以並無所謂營業點帳單傳遞的相關
　　　　作業。

4.出納日報表作業

(1)旅館作業：

A.前台出納於每班交班前印出餐飲、客房收入日報表，核對日報表與手中現金及簽帳單據無誤後，將日報表及相關單據轉交夜間稽核。

B.夜間稽核將前台出納轉交的所有資料再次複核，以確立無誤。

C.夜間稽核將日報表及相關單據轉交財務部相關主管稽核。

D.會計人員依照出納日報表製作顧客簽帳明細表、應收帳款收回報告表等資料。

(2)餐廳作業：

A.櫃台出納於每日結帳前將結帳單據（點菜單、招待單、簽帳單等）依時段與結帳類別整理好，並且統計金額。

B.更換收銀機結帳紙卷，列印收銀機結帳條後，換回收銀機的發票紙捲。於結帳條上填上起訖號碼，並輸入電腦發票起訖明細檔，且與營業額核對是否相符。

C.依據餐廳財務部門規定列印櫃台出納每日報表，核對及統計手邊所有的現金、信用卡、簽帳單、招待單、禮券等是否相符。

D.清點營業額，將營業額與零找金分開裝好並簽名。

E.櫃台出納每日報表核對無誤，經由店長或店內最高主管簽核後，於次日將全部單據轉回總公司財務部門。

F.依據餐廳電腦系統印出每日相關報表。

G.「營業額」的現金部分則依公司規定存入指定銀行帳戶內。

5.顧客簽帳收款作業

顧客簽帳收款作業視各家旅館、餐廳財務政策而異：

(1)各餐廳或前台出納於客人結帳時開立發票，若客人採簽帳方式則填製顧客簽帳單。

(2)前台出納將結帳方式及金額輸入電腦，於交班時列印出各班收入及收款明細表，核對無誤後，將應收帳款相關憑證轉交財務稽核主管。

(3)財務稽核主管核對無誤後，將發票存根聯及相關報表留底備查，並將簽帳單發票轉交應收帳款人員再次核對。

(4)應收帳款人員核對相關憑證及顧客簽帳明細表無誤後，若為顧客簽帳，則先請收帳員將發票及簽帳單第一聯送交客戶請款。

(5)收款時，應收帳款人員應填製應收帳款收回報告表，並將簽帳單第二聯轉交收款員收款。

(6)收款後，收款員於應收帳款收回報告表中填寫收回金額，經應收帳款人員核對無誤後，一聯收款員留底，另二聯連同收回款項轉總出納簽收。一聯總出納自存，另一聯交應收帳款會計人員保存並輸入電腦以列印出「入帳後應收帳款收回報告表」。

第二節　餐飲人力資源管理

　　餐飲人力資源管理目前在餐廳營運上扮演著日益重要的角色，雖然旅館、餐廳的組織中有「人力資源部」專門管理各項人員聘用、公司制度的規劃及推動等專業事務。但餐飲部門、各分店中對所屬各單位人員聘用、人力的配屬、班表的排定、工作量的安排、員工始業在職輪調等訓練，進而至其生涯的發展，都是專業餐飲管理人員必須學習的重要課題。

　　餐飲人力資源的功能與目的範圍廣泛，本節中將針對餐廳、餐飲部人力資源的開發掌控與規劃、員工專業訓練等二大重點，解說各項作業重點及技巧。若可以將上項餐飲人力資源工作執行徹底，必能提高整體餐廳的服務品質及工作士氣，增加餐廳對外的競爭優勢，使企業經營能夠永續。

人力資源的開發掌控及規劃

一、人力資源開發與掌控技巧

　　台灣的餐飲市場雖然在2003年受到SARS的影響，但因為有「民以食

為天」的民族性，不但仍有很大的發展空間，更是兵家必爭的產業。依據經濟部2004年的最新統計資料顯示：2003年國內批發、零售及餐飲業之商品銷售總額達八兆九千兩百七十二億元，其中批發業為五兆九千五百四十五億元（占66.70%）、零售業為兩兆七千零六十四億元（占30.32%）、餐飲業為兩千六百六十三億元（占2.98%）❶。

另外，近年來由於台灣經濟不景氣、失業率高以及餐飲業投資及專業技能門檻不高，所以吸引了相當多人投資及從事。

正如前面許多章節一再強調，餐飲業成敗最大的關鍵在於「人」，又因為餐飲業的最大費用為「人事成本」，且無法如製造業以機器來取代人的角色，所以有效地開發及掌控人力資源將是經營者最大獲利的基準。

經營管理者因身負此一重責大任，必須善用各項規劃技巧，才有辦法在競爭的餐飲市場中脫穎而出。以下謹列出目前餐飲業者常使用的方法及筆者在餐飲業的相關經驗分享。

(一)充分掌握最新的人力市場訊息

餐飲業是一種人力密集的產業，餐廳的人力充足與否將影響整體用餐品質的呈現。台灣近幾年來由於以下因素的影響下，使得餐飲人力市場嚴重匱乏，現場管理者必須要有未雨綢繆的前瞻性理念。

1.台灣產業轉型

傳統的製造業因為投資環境的轉變紛紛出走，許多留在本地的投資者將重心轉移到服務業，導致餐飲業如雨後春筍般的蓬勃發展，從業者選擇眾多。

2.入學門檻降低

過去餐飲業有一項重要的人力來源，就是考不上學校或是不愛唸書小孩的好去處，但是目前由於各種職校、二技或學分班的廣設，造成只要有錢不怕沒有學校唸，更因傳統士大夫的觀念仍未改變，因此不唸書就業的比率逐年降低。

3.餐飲業辛苦及服侍的錯誤觀念

許多當父母的不願讓小孩從事餐飲業，其原因不外乎上班時間不正常（常常要排二頭班）、端盤子很辛苦、拋頭露面沒有面子等。雖然近年來有

漸漸改觀的趨勢，但依據筆者在餐旅業多年的經驗，許多人最後放棄在這個行業發展的理由還是這些拋之不去的陰影。

4.創業獲利高且有成就感

過去在五星級旅館的餐飲人員流動率較一般餐廳低，不外乎其福利較佳且對外形象良好。而近年來旅館的餐廳主管異動頻傳，除了高級餐廳的人才需求挖角外，許多人更自行創業且有相當不錯的成績，法樂琪老闆張振民的成功讓許多有創意的年輕人對於創業之途躍躍欲試。

5.國內出生率逐年下降

依據2003年年底內政部發布的統計數字顯示，國內出生率這幾年來下降快速，其中，育齡婦女總生育率可望從一‧三四再降為一‧二，雖然經建會曾推估，我國人口可能在2027年之後出現「零成長」，並轉而負成長，不過從超過預期生育率快速下降看來，人口「零成長」將提早到來。在少數子女及教育資源豐富的因素影響下，許多父母更不願意讓小孩從事薪資較低且辛苦度較高的餐飲業。

(二)依據服務特性規劃最有效率的人員數

由投資者以及旅館人資部門取得餐廳的組織表，依據業者所訂定的餐廳等級、客源的屬性以及菜系的屬性等因素，規劃餐廳或餐飲部最有效率的組織架構（餐飲部組織架構部分請參考本書第二章第二節）。

(三)建立各職級人員的任職條件達到有效的分工

由上述的各種餐廳性質建立任職條件，以作為服務現場最有效的人力成本控制、任用、補員、晉升等評估的標準（餐飲業各職級的任職條件部分請參考本書第二章第三節）。

(四)制定餐廳標準作業程序以確保服務品質

聚集各單位主管，將各項作業分析與整理，建立一份餐飲部標準作業程序，其功能除可再確認各單位的服務及作業標準化外，更可為日後因服務標準的不同、作業器材的改變、客源的變動、管理制度的更新等奠定基礎，才不至於朝令夕改讓員工及幹部無所適從（餐飲業各部門標準作業程序請參考本書第六章至第九章）。

(五) 各項人力變動因素的預測及提早因應的準備

依據季節性的變化及業務行銷部門的客房住房率等變動因素，來作相關人力的彈性調整及運用。一般而言，餐飲業會有大幅度人力調整不外乎以下因素：

1. 結婚及各種慶典的旺季。

2. 季節性變動住房（如各項展覽、活動、假期等）而帶動的人潮。

3. 餐廳促銷活動。

4. 異業結合（例如銀行、百貨公司、旅行社及航空公司等）的聯合性促銷活動。

5. 流行性產品（例如甜甜圈）及各種食品（例如有機產品）熱潮的帶動。

6. 餐廳裝修或保養期。

7. 商圈的改變（例如捷運的周邊效益）。

8. 觀光客或旅遊的帶動。

9. 各種選舉、政商活動。

(六) 規劃最適切的工作量

1. 彈性人員數編制的機制

餐飲業的不確定特性，無法預先估算生意量而安排適量工作人員，所以彈性班表的規劃是每一位專業管理人員最基本的技巧。

2. 最高、最低編制人員人數的適度安排

依據餐廳的標準作業程序，適切地安排每一個人的工作量，在此以西式餐廳的服務人員說明，以最高的工作量來計算：

(1) 每一位員工每日負責區域為六桌。

(2) 餐廳來客率百分之百。

(3) 每人每週工作五天（勞基法的規範，每週一天公休、一天國定假期或年假，年資較久的員工可能要每月再扣一天）。

(4) 餐廳總桌數為三十桌。

(5) 每人每天需要服務及整理的桌數為：

30 桌×7天＝210桌 （每週餐廳共需被清理的桌數）

6桌×5天＝30桌　　（每週每人共需服務及清理的桌數）

210桌÷30桌＝7人　　（所須的服務員最高編制的人數）

　　另外，以同樣方法可試算出最低編制人數，以作為餐廳員額制定的最低標準。

　　以上雖然可大略計算出人力的初估，但因為餐飲服務的類別及特性不同，所以並非所有的餐廳都可以如此輕易的計算出人力需求。餐飲管理者應該就其中的可能變動因素，如翻台率、服務的等級與標準、菜系的特色、上菜的標準作業、顧客的期望及要求、餐廳供餐的類別（全套服務、單點、半自助式、自助餐等）、飲料作業、結帳流程等等作全盤地規劃，才可計算出適合自己餐廳人員的工作量。

二、推動及確認各項人力的精確性

(一)確認人力計畫總表的各項原則

　　許多旅館、餐廳會針對上述工作量的規劃重點，確認人力計畫總表（master manpower plan）的原則，例如：

1. 最高、最低的正職人員人數（參考上述計算方法）。
2. 本月排休狀況：依據正職人員的休假日數、本月國定例假日及生意量的預估，排定本月員工休假日。
3. 確認離、尖峰時段的固定兼職人員人數：由正職人員排休的狀況，決定本月離、尖峰時段的固定兼職人員人數。
4. 臨時人力的預排：由目前接受訂位的狀況，預先將各種筵席排定臨時人力的人數。

(二)善用排班表的各種管理功能

　　排班表為旅館每一現場作業主管依據到客的尖、離峰及淡、旺季將所屬人員作一工作時段的安排，其排班的技巧需要注意的事項：

1.重點人力優先排班以留住企業人才

　　餐飲部門最忙碌的時段多集中於午餐及晚餐時段，因為必須準備各種前置作業、清潔工作、服務顧客等，所以應將主要人力安排於上午十點至下午二點間及晚上六點至九點間的兩個重要時段。

　　另外，餐廳的重要服勤工作是由服務人員及基層幹部擔負，更因為這二層人力是所有餐廳最欠缺的，唯有事先良好工作重點及條件的規劃，才有辦法為餐廳吸引到優良的人力素質。茲列出目前餐飲市場的趨勢供經營管理者參考：

　　(1)正職服務人員方面：餐廳正式服務人員是未來幹部的來源，除了要有一套有系統的培訓制度外，更要以其為第一優先及主力排班的對象，除了可以排除因為過於沉重的工作量及紊亂不堪的上班時段導致人員因適應不良而離開，更可留住適應能力較不佳的年輕人從事餐飲基層工作。另外，在主要人力排定後，就可以計算出較精確的兼職或臨時性人力需求，將人力成本控制在最有效率的情況。

　　(2)基層幹部方面：幹部的排班則應採彈性及機動的作法，其班別應以正職服務人員排定後再行彈性調配。例如區域領班可兼點菜人員或是排其班別跨午晚餐時段，那麼晚餐準備時段人數將可相對的減少，最後備餐品質也可以同時被當班主管及時確認。

2.彈性工時的充分運用

　　傳統的人力管理均將所屬員工的安排以「天」為計算單位，但勞基法的修正及因應目前旅館、餐廳營運現狀（淡旺季明顯、生意量較難預估、固定員工的人數減少等因素），許多經營管理者已漸漸調整為較有彈性的工時。例如忙碌時工作十小時、生意清淡時現場主管可適時的安排部分的人手先行下班，如此一來，整體的人事成本及人員編制皆可控制在最適當的比率。

3.固定兼職人員庫的建立

　　許多餐廳漸漸將固定人員減少到最低的編制，然後運用固定兼職人員來接替其工作量，目前在餐旅市場中有許多這種打工族的產生，其原因不外乎：

　　(1)台灣已經進入高學費的時代：許多大專院校的學生家長不再負擔得起高額學費，相對的學生也被要求自行賺取學費或生活費，所以利用課堂之餘成為旅館或餐廳固定的（一般多為每週二十小時）兼職人員，已經是許多學生的另一種生活寫照了！

(2)餐飲經營者人力運用的趨勢：以每一位正職人員而言，經營者必須負擔薪資以外的三分之一費用來支付勞健團保、勞退、各項福利及休假等，造成餐廳沉重的經營費用。兼職人員並不需要全部支付（例如勞健保、休假等），所以漸漸成為餐廳主要服務人力之一。

(3)勞退新制的後續效應：在2005年7月1日勞退新制正式上路後，餐飲經營雖然必須額外負擔兼職人員6%的退休金，但也相對地增加許多擁有正職人員兼職的意願，讓這一個區塊的人力增加了許多不同的來源。許多五星級旅館為了強化這一區塊的人力資源，有不同於以往的制度規劃（參考表10-5）。

4.臨時人員的充分利用

因季節性（例如結婚、宴會旺季或旅館住房率）變動而突增的來客率，應善用臨時人員，其人力來源可為別部門人員（輪調訓練）、實習的

表10-5　各飯店計時服務人員薪資制度比較表

2005年2月份統計資料

飯店名稱	喜來登	遠東	君悅	晶華	六福	圓山	
職前訓練	4小時	8小時	8小時	1.5小時	6小時	2次	
訓練津貼	無	每小時65元	無	無	無	每次200元（於3次實習結束後才給予）	
實習次數	3次					3次	
實習時薪	70元					80元	
正式開始時薪	100元	110元	110元	90元-100元	100元	其他餐廳	宴會廳（每檔4.5小時）
						100元	每檔450元
晉升制度	110元（300小時）	130元（300小時，參加考試）	130元（參加考試）	110元（300小時）	110元（300小時）	110元（400小時）	每檔500元（薪資累計20,000元）
	120元（600小時）			130元（500小時）	130元（參加考試）	120元（800小時）	每檔550元（薪資累計40,000元）
	130元（1,000小時）			150元（1,800小時）		130元（1,200小時）	每檔600元（薪資累計60,000元）
組長	無此編制	150元	150元	無此編制	150元	無此編制	每檔找10位PT以上給予津貼100元

學生、退休的員工、離職的員工或建教合作學校的來源等。因其已具有相關的工作技能及對餐廳本身運作有某種程度上的了解，不但可紓解人力不足的窘境，亦可大幅降低逐日攀升的人事成本。茲列出目前餐飲業較常使用的臨時人員：

(1)建教合作實習生：目前各大專院校因應服務業的興起已廣設餐飲科系，爲使學生更能早日融入社會，許多學校均讓學生有四至六個月的實習時間，對於經常性缺人的餐廳有久旱逢甘雨的效益。雖然過去有部分業者或主管對此作法抱持保守的看法，但是以目前各校餐飲科系同學實習大熱門的現狀效應，餐廳管理者也不得不重視這一個重要的人力來源！

(2)採用各部門人力資源相互支援及輪調：加強旅館或餐廳各部門的輪調作業訓練，不但可以增加員工的多項專業，更可以強化員工的向心力，有利於人員的生涯規劃。例如在SARS流行的那一年，許多餐廳爲了節省人力，洗碗的人員可以支援外場，外場人員則變成了外送員，廚師更站到櫃台支援外賣等不同於以往的情況，讓這一個彈性的機制充分發揮應有的效益。

(3)二度就業的人口：台灣目前因整體產業結構快速變化，許多傳統產業已釋出許多就業人口，再加上中老年失業人口的增加，如何讓這部分的人力資源可以被餐飲業所運用及吸收，就必須在員工訓練及生涯規劃上加強。目前速食業如摩斯漢堡、麥當勞及肯德基等，兼職人員的年齡層有逐年增加的趨勢。

(4)將部分工作轉予外包商：許多餐廳爲因應逐漸競爭的生意及爭取更多的獲利率，將部分的工作（如夜間清潔、洗碗工作及代客停車等）已轉包給外包商或個人承攬，以解決人力不足及因固定員工逐年上漲的人事成本等問題。另外有些季節性、專案性的工作則轉給一些專業的顧問公司，如餐廳電腦系統的轉換、網頁設計、部分較專業的企劃案或美工設計，甚至許多餐廳的員工旅遊或訓練也有慢慢轉包給顧問公司的趨勢。

(5)派遣人力的運用：部分固定性的忙碌工作（如年底報稅）或短期

的行政事務等，利用人力仲介公司的企業人力派遣，不但不須增加人力編制，更可將行政職的人數控制在預算內。

(三)依據餐廳需要定期檢討人事成本

餐廳的經理或店長必須依據財務部門的各項成本分析表，仔細核對每週或每月的人事成本是否超過預算、有無異常（例如固定人力、兼職、臨時人力的運用是否與營業額成正比）的狀況、人員的任用是否有浮濫，及整體服務的呈現是否維持餐廳、旅館應有的水準，若有出現任何異常的現象，必須與相關單位的主管開會檢討對策，並在時效內調整回應有的比率。

(四)靈活且彈性的人員編制

餐廳、旅館必須要有彈性的人力機制而非一成不變，如果可以按照上半年度或今年度的營業額及明年預估的生意量來調整每一個單位的人力編制及預算成本，才有辦法調適自我生存的能力來應付瞬息萬變的餐飲市場。

餐廳的營運以「獲利」為最高的指導原則，餐廳主管或店長必須嚴守預算制度，來安排相關裝潢、傢俱、設備、人事成本等。

專欄 10-2　旅館業專業人力派遣運用實例分析

多數餐廳人員的工作量十分沉重，而每一旅館、餐廳依各種經營條件、管理制度、作業內容及客源不同等，有不同的人力規劃。至於應該如何規劃部分工作，適用最新的人才派遣機制，每一家公司自有不同的條件及考量項目。五星級旅館通常在以下的狀況下，才會考慮採用人才派遣的機制：

1. 旺季或臨時性的宴會。
2. 整體組織人力資源運用的新策略。
3. 需要減少內部行政作業狀況。

4.利用此機制篩選未來正式的員工。

5.控制整體人事、福利成本。

以下列出五星級旅館最新的人力派遣運用現狀，以作為餐廳規劃的參考。

目前專業人力派遣業迅速發展，並為各行各業廣泛運用。而此一新興行業在旅館飯店業者的人力運用策略，被媒體稱「裡外兼顧」，不但創新更可提供其他行業參考及運用。

旅館業工作發包委外主要考量為日漸上升的人事成本。依據旅館業者統計，由於勞、健保、退休準備金與其他費用相加後，業者每聘僱一名正式員工實際支出的成本，約為員工薪資的一·五至二倍。如果將一部分人力委外發包後，便可由人力派遣公司自行消化吸收此一部分的成本。在旅館主要營收有二大部分，分為住房及餐飲收入。而依據台灣旅館市場的趨勢，此兩種業務不僅有淡旺季之分，同一季節內尚有尖峰與離峰之別。過去，業者為維持服務品質，多以臨時工補強尖峰時段人力。如果可以將部分房務或餐飲工作委外，離尖峰人力失衡的問題便可迎刃而解。

SARS期間，國際觀光飯店因為生意量遽降，在不得已的情況下窮則變、變則通，興起服務輸出熱潮。不只便當、糕點外賣，還推出專人到府清潔、主廚到府掌廚等服務。此一「服務輸出」策略，雖屬權宜之計，交易亦屬杯水車薪，但是對於收入也仍具「不無小補」作用。

專業人力或勞務派遣業前景看好，旅館飯店業者從「抗煞經驗」中獲得靈感啟發，有意在此一新興市場中，挾既有品牌與五星形象，鎖定金字塔頂端客層、向上攻堅。

發包委外的想法不外乎降低營運成本，主要是要解決內部管理問題。服務輸出，則是看中旅館派遣市場中的潛在商機。

人力派遣業在SARS及勞退新制雙重利基的推動下方興未艾，至於五星級旅館是否可由此波瀾下脫穎而出，則有待市場的考驗及觀察。

餐廳人事作業說明

　　餐廳人事作業依據各餐廳管理制度而有不同，雖然許多旅館及餐廳都有獨立的人力資源部來管理公司的各項人資作業，但是仍有許多獨立型餐廳或連鎖餐廳的分店，承攬了許多人事作業。茲列出相通的作業內容：

一、新餐廳、新分店成立時聘僱作業

1. 依據新餐廳、新分店組織之特性與需求，編定最適切的人員編制。
2. 呈事業部主管、總經理參閱並經討論後確定。
3. 與各店主管、事業部主管及總經理進行新組織招募工作之討論。其中包含下列事宜：

   (1) 各店點人事成本的核計及預算。

   (2) 確定最高及最低人員數。

   (3) 建立各職級人員的任職條件。

   (4) 編定登報費用（應依籌備期、開幕前置期、正式開幕期等不同狀況編列）。

   (5) 登報時使用的企業識別系統及文宣內容。

   (6) 安排適當的面試場所，並決定面試的方法：

   　　A.新進人員徵募及條件審核，須由人資部門會同用人單位核對公司所列工作說明書上的任用條件，先行過濾應試者之條件是否吻合，作為初步審核的標準，不符合者則發婉拒通知書。

   　　B.經初步審核合格的應徵人員，人資單位將所有資料整合後，立即與各部門、各分店主管安排好團體面試的時間與地點。

   　　C.所有應徵人員一律先填工作申請書（如表10-6），由初試人員（單位主管及人事主管等人）先行面試。

   　　D.初試通過人員，在複試通知後面試。（可視情況安排當天或另擇日再面試）。

   　　E.複試時應由主試人員陪同與用人單位主管一同面試，並由所有

表10-6　工作申請書

典雅餐廳工作申請書

<table>
<tr><td>一、貼個人照片處。
二、本表免費供應典雅餐廳工作申請書。
三、填寫本表並不保證錄用。</td></tr>
</table>

一、個人資料

姓名中文：　　　　　　　　　　英文：

戶籍地址：　　　　　　　　　　電話：

現在住址：　　　　　　　　　　電話：　　　　手機：

籍貫　　省　　縣　　出生年月日：　　　年齡：　　性別：　　血型：

身分證統一編號：□□□□□□□□□□（外籍人員則填寫護照號碼）

申請職位：　　　　　　　　　　希望待遇：

身高：　　　　公分　　　　體重：　　　　公斤

婚姻狀況：□未婚□已婚□喪偶□其他

軍役：□役畢□免役□待役：須待_____月

介紹人：

為何想換工作：

二、教育

學校或受訓機構	時間		主要課程	學位、證書
	自	至		

三、任職經歷

服務機構及所在地	期間	職位	薪資	離職原因

僱用日期 _____ 職稱_____ 薪資 _____ 工作職位_____

員工代號 _____ 部門主管 _____ 人資主管_____ 總經理_____

（續）表10-6　工作申請書

四、語言及其他能力

語言能力	說			聽			讀			寫		
	優	良	尚可	優	良	尚可	優	良	尚可	優	良	尚可
英文												
日文												

能使用何種電腦軟體：

能否打中英文字：　　　　　　　　　　　速度：

證照　1.類別：　　　　號碼：　　　　2.類別：　　　　號碼：

特殊訓練、專長：

五、其他

興趣及嗜好：

病歷（曾否患過重大病症）：

緊急連絡人：　　　　　　關係：　　　　　　電話：

通訊處：

配偶：　　　　　　　　　　　　　依靠生活人數：
　　　　　　　　　　　　　　　　　（請明列子女人數）

朋友姓名	地址及電話	職業	認識時間多久

本表所填資料屬事實，倘有不實經查覺後，願意無條件接受解僱處分。

又若本人因體格檢查及安全檢查未通過，同意無條件離職。

簽名　　　　　　　　　　　　
　　　　　　　（申請人）

日期：　　　年　　　月　　　日

與會的評審將面試結果填入「員工面談紀錄表」（如表10-7），並視應徵職級，安排權限主管簽核意見，填妥待遇及特殊條件（人資主管則需審核其所列條件是否符合薪資級距及人事規定）。

F.複試通過人員，人事部門給其報到資料，請其於約定日期辦理報到（獨立餐廳則視編制情況由櫃台人員或主管辦理報到）。

二、新進人員報到流程

新進人員報到流程依據各公司規定而有所差異：

1.新進人員需於指定時間親自前往人資部或餐廳總公司辦理報到手續。新進人員應檢具：

(1)學經歷證件、國民身分證及服役證明（限男性）正本（正本核對後發還）及影本各乙份。

(2)本人最近半身脫帽正面一吋照片三張。

(3)保證書（一般員工的保證書只需有除二等親內人員之簽名蓋章，但若為經管錢財或物品等特殊職位者，則需具有資本額新台幣五十萬元以上，並經當地縣市政府核發營業執照的舖保為保證人）。

(4)簽定勞動契約書（如表10-8）。

(5)薪資所得扶養親屬申請表（依國稅局提供表格）及公司指定銀行帳號。

(6)體檢報告（以法令規定者如廚房從業人員、餐飲外場人員為主）。

(7)勞健保及勞退投保受保人及受益人等資料填寫。

2.向人資部門或餐廳總公司領取相關物品：

(1)員工制服申請單（限著制服者）。

(2)更衣櫃鎖匙。

(3)員工服務證，外場人員則須領取名牌。

(4)員工手冊及各種基本訓練資料。

表10-7　新進員工面談紀錄表

典雅餐廳新進員工面談紀錄表

90-100 傑出
80-89 優秀
70-79 適用
60-69 備用（再通知）
60以下 不適用

一、個人資料（由員工自行填寫）

姓名：	年齡：
應徵職位：	希望待遇：
前項工作職位：	前項工作待遇：
為何想換工作：	

二、面談內容（由面試評審主管負責填寫）

應試者條件	人資主管		部門主管	
	評分	說明	評分	說明
1.儀表				
2.語言能力				
3.表達能力				
4.應變能力				
5.工作經驗				
6.專業知識				
（1）經驗				
（2）訓練				
（3）發展潛力				
（4）特殊專長				
（5）證照				
7.其他（請列出）				
（1）				
（2）				
8.總分				
9.結論及批示	□適用 □備用　　　□第二次面試 □不適用 人資主管 ＿＿＿＿＿ 日期：　　年　　月　　日		□適用□僱用薪資：＿＿＿＿＿ □備用　　　□第二次面試 □不適用 部門主管 ＿＿＿＿＿ 日期：　　年　　月　　日	

表10-8　勞動契約書

典雅餐廳勞動契約書

立契約人：　　　　　　　　　　　　　（以下簡稱甲方）
　　　　　　　　　　　　　　　　　　　（以下簡稱乙方）

雙方同意訂立契約，共同遵守約定條款如下：

第一條：【契約期間】
　　　　甲方自＿＿年＿＿月＿＿日起僱用乙方，試用期＿＿個月。
　　　　工作地點為：＿＿＿＿＿＿＿＿＿。

第二條：【工作項目】
　　　　乙方受甲方雇用，職稱為＿＿＿＿＿＿＿，工作項目如下：
　　　　＿＿＿＿＿＿＿＿＿＿＿＿＿＿＿＿＿＿＿＿＿＿
　　　　＿＿＿＿＿＿＿＿＿＿＿＿＿＿＿＿＿＿＿＿＿＿

第三條：【工資】
　　　　甲方應按月給付乙方工資新台幣＿＿＿＿元。按月給付之工資，甲方應於每月
　　　　＿＿日發給，該日如遇例假日、休假日或特別休假日者，以休息日之次日代
　　　　之。若適用甲方各項獎金辦法時，依其規定辦理。

第四條：【工作時間】
　　　　乙方每日工作時間為＿＿小時，每週＿＿小時，依各單位實際情形規定其上下
　　　　班時間。甲方因業務需要延長工作時間時，依勞動基準法規定辦理。

第五條：【服務守則】
　　　　本公司員工於服務期間應遵守員工手冊上的各項守則，若有違反規定者，除依
　　　　規定處置外；情節嚴重者，並應送請司法機關追訴。

第六條：【保險】
　　　　甲方應為乙方辦理全民健康保險、勞工保險及依甲方規定意外保險。

第七條：【比照辦理】
　　　　乙方之獎懲、福利、休假、例假等事項依甲方工作規則規定辦理。

第八條：【終止契約】
　　　　本契約終止時，乙方應依規定辦妥離職手續後，方得離職。
　　　　資遣費或退休金給與標準，依本公司工作規則規定辦理。

第九條：【權利義務】
　　　　甲乙雙方僱用受僱期間之權利義務，悉依本契約規定辦理，本契約未規定事
　　　　項，依本公司工作規則及相關法令規定辦理。

第十條：【修訂】
　　　　本契約經雙方同意，得隨時修訂。

第十一條：【存照】
　　　　本契約一式兩份，由雙方各執一份存照。

立契約人：甲　方：
　　　　　代表人：
　　　　　乙　方：
　　　　　　　　　　年　　　月　　　日

三、發布人事通知作業流程

1. 繕打人事通知單（如表10-9），由各相關部門主管簽核，並請總經理簽核後轉財務部門作為核薪的依據。

2. 財務部門將正本撕下自存，餘聯傳回人事經辦人員，其將第二聯撕下歸入該員工個人檔案，第三聯則轉員工保管。

3. 將員工資料歸檔並彙整後檢視是否有遺漏，若有未繳清者必須於一週內繳清。

4. 發布人事通知：

    (1) 凡經決定任用員工，皆應經由人資部門、總公司發布通知，部門主管或分店主管則無權自行發布任何人事異動。

表10-9　人事通知單

<table>
<tr><td colspan="4" align="center">典雅餐廳
人事通知單</td></tr>
<tr><td colspan="2">部門（分店）：</td><td colspan="2">日期：　　年　　月　　日</td></tr>
<tr><td>姓名</td><td></td><td>到職日</td><td></td></tr>
<tr><td>目前職位</td><td></td><td>目前薪資</td><td></td></tr>
<tr><td>建議職位</td><td></td><td>建議薪資</td><td></td></tr>
<tr><td>員工代號</td><td></td><td>生效日期</td><td></td></tr>
<tr><td>團保級數</td><td></td><td>勞健保投保額</td><td></td></tr>
<tr><td>勞退投保額</td><td></td><td>勞退自行提撥</td><td></td></tr>
<tr><td colspan="4">變動原因：

　　　　　　　　　　　　　　直屬主管＿＿＿＿＿＿＿＿</td></tr>
<tr><td colspan="4">批准

　部門主管　　　人資部主管　　　副總經理　　　　總經理　　　　財務主管
＿＿＿＿＿　＿＿＿＿＿　＿＿＿＿＿　＿＿＿＿＿　＿＿＿＿＿</td></tr>
<tr><td colspan="4">正本：財務部　　　　第二聯：人力資源部　　　　第三聯：員工本人</td></tr>
</table>

(2)部門主管：由人資部門、總公司擬妥書函（memo）內容呈送總經理核准並簽署發布，附辦的相關表格由人資部門、總公司負責轉送。

(3)一般職工：由人資部門、總公司定期每月發布，必要時發布書面資料輔助說明。

四、各項員工保險作業勞保、健保、勞退業務

(一)加退保業務

員工資料若有變更或加保、退保時，則須填寫保險人變更資料申請書或加入、退出申請表並附上身分證影本，影印一份存檔，正本寄出。

(二)相關給付申請

1. 員工因傷病住院或重大疾病時，可向人資部、總公司領取健保給付申請書，填寫後交回人資部、總公司，並附上醫院收據正本、診斷證明書，經辦人員審核無誤，在投保單位證明欄內填妥，寄往健保局請領。

2. 員工本人生育、死亡、員工家屬死亡（指父母、配偶、子女）等情況，則依勞保局規定，填寫相關表格及繳交相關證明，由人資部經辦人員將投保證明欄內填妥，寄往勞保局請領相關給付。

3. 員工因傷病無法上班者，可向人資部、總公司領取傷病給付申請書、現金收據、傷病診斷書，填寫後交回人資部、總公司，經辦人員審核無誤，在投保單位證明欄內填妥，寄往勞保局傷病給付科。

4. 依殘廢給付標準表所定之殘害項目，員工若有符合其上條件則可請領殘廢給付申請書、現金給付收據，另由勞保特約醫院開具之殘廢診斷書，需要X光檢查者，須檢附X光照片，一併繳交人資部、總公司，經辦人員審核無誤，在投保單證明欄內填妥，寄往勞保局殘廢給付科。

5. 員工如果要自行提撥退休金，則須向人資部、總公司索取相關表格，並將自行提撥額度填妥後簽名，每月由薪資中扣除。

6. 員工已達退休年齡（男六十歲，女五十五歲）可向人資部、總公司

領取老年給付申請書、現金給付收據，經辦人員為其辦理退保，並在申請書內投保單位證明欄內填妥，連同保險人之戶籍謄本一併寄往勞保局老年給付科。

(三)加保資料異動

員工薪資有變更時，則須填寫勞健保險投保薪資變更表影印二份，一份自存，一份轉財務部作為勞健保自付部分的依據，正本寄出。

五、員工獎懲考核作業

1. 公司、餐廳員工獎懲考核辦法詳載於「員工手冊」內。
2. 員工平時表現優良者，由該店最高主管填具獎懲通知單送人資部門、總公司彙辦。
3. 由人資部、總公司彙簽獎懲通知單，然後影印二份，正本自存，一份轉財務部扣薪或加薪，一份轉至各店留存。

六、各種服務證明申請作業

1. 依本公司、餐廳規定，不論在職或離職之員工均可申請服務證明，經人資部門、總公司簽證核准辦理。
2. 在職證明書、離職證明書，均由人資部門、總公司奉前項核准填發。

七、離職人員處理程序

1. 員工有其理由需申請離職，必須先知會單位主管，並填妥離職申請書，主管必須提醒及告知同仁公司、餐廳相關規定如預告期、繳交物及辦理期限等。
2. 員工若有未告知而離職者，必須立即告知人資部、總公司作後續處理及追蹤。
3. 離職申請單經餐廳主管、店長簽字後，由人力資源部、該店行政人員保管，員工於最後工作日下班後，始辦理離職手續。
4. 離職申請書離職原因紀錄須請員工自行填妥後，由人力資源部、該

店行政人員統計離職原因，以利尋求後續解決之道。

5. 人力資源部、該店行政人員必須憑藉離職單申請人員補充需求，並依據公司規定於特定時間登報或其他管道尋找遞補之人力。

6. 員工於最後工作日工作結束後，至人力資源部、分店行政人員索取離職申請書，按表逐項繳交公物，並由負責的相關單位簽字後，由人力資源部主管、分店主管確定發薪日數並註明核薪日期。另外，若有公物未繳回者，則依照公司、餐廳規定扣薪賠償。

餐飲訓練規劃重點

一、決定訓練需求的因素

目前餐飲業負責訓練的單位，仍以人力資源部（或人事部門）居多，成立專職的訓練部門則以大型連鎖餐廳及五星級旅館占多數。餐飲業雖然與旅館經營方向有不同的重點，但因為屬同一個消費市場，所以在此列出兩者可相通的需求因素：

1. 公司、餐廳的經營目標及企業文化。
2. 依據年度目標所設定的訓練重點及方向。
3. 餐飲的潮流及趨勢。
4. 消費者的意見及各種客訴。
5. 相關部門的建議或需求。
6. 改善員工工作能力的現狀。
7. 配合各種員工生涯的規劃。
8. 其他臨時性的需求。

二、餐飲不同職位訓練需求的原因

(一) 新進員工

1. 對於新的工作、環境、服務內容完全陌生。
2. 新組織需要員工重新認知。

3. 有過去的工作經驗，但是其標準、方式及過程等與現在的工作不同。

4. 有過去的工作經驗，但是缺乏工作上某方面的知識、技巧或態度。

5. 有過去的工作經驗，但是產業別有所不同及各種管理模式差異。

(二)舊有員工

1. 缺乏知識、技巧或錯誤的態度，而未能達成公司、餐廳要求的工作要求或產生客訴的情況。

2. 原工作內容、過程、設備、方法等有所變動，須重新介紹說明。

3. 新的工作成立、部門分立或合併等。

4. 升遷、調職或輪調。

5. 提升現有員工的工作職能、服務技巧或心態等。

6. 新的公司政策。

7. 配合餐飲服務趨勢的改變。

(三)高階主管

1. 增加餐廳管理及未來趨勢的認知。

2. 熟悉成本管理及財務規劃，以增加餐廳獲利能力。

3. 得知組織人力資源的設定及未來計畫。

4. 提升展店的各種技巧及控制管理能力。

5. 行銷及品牌概念推動，以提高餐廳對外知名度。

6. 奠定店舖管理的基礎。

7. 同業觀摩的安排，增加不同專業能力並擴充餐飲人脈關係。

三、餐廳及旅館餐飲部訓練規劃範例

每一家餐廳、旅館依據個別需求有自成一格的訓練規劃，無所謂對與錯，只有合不合適，而其中更是全憑主事者的認知及訓練後追蹤，才有辦法認定訓練的成功與否。以下列出在餐飲業界常用的訓練規劃：

(一)始業訓練

始業訓練（orientation）就是「新人訓練」（new-comer training）：

1.公司部分

    (1) 訓練對象：每一家旅館、餐廳都有不同的始業訓練項目規劃及時間的安排（半天、一天或二天等），旅館、餐廳的所有新進人員均應接受此項訓練。有些公司會規定兼職人員也必須參加，但是否與正職人員一併受訓則視個別需求而定。

    (2) 內容大要：

        A.協助新人了解公司歷史、傳統精神、經營理念及未來展望。

        B.協助新人了解公司的組織、制度及規章。

        C.協助新人了解飯店的安全、衛生及緊急事件的處理。

        D.協助新人熟悉工作環境及各項設備。

        E.其他公司特殊需求。

    (3) 始業訓練課程安排範例：

        A.公司、餐廳組織架構介紹。

        B.公司、餐廳傳統及服務理念。

        C.公司、餐廳人事制度及福利現狀講解。

        D.餐飲業特色介紹及未來發展趨勢。

        E.服務業特質及公司、餐廳服務管理介紹。

        F.旅館、餐廳安全消防及意外事件處理程序。

        G.餐飲服務特性的分析。

        H.禮儀重點及儀容規定。

        I.參觀餐廳宴會、包廂及各後勤區。

        J.其他。

2.餐廳分店、餐飲部門新人訓練部分

    (1) 訓練對象：所有未通過試用期（probation）的新進人員。

    (2) 內容大要：

        A.協助新人了解餐廳、餐飲部各項規定及責任分配。

        B.協助新人了解餐廳、餐飲部排班及各種刷卡制度。

        C.協助新人學習該單位應具備的基本專業知識及技巧。

        D.協助新人了解餐廳、餐飲部特別的安全、衛生及緊急事件的處

理原則。

E.協助新人熟悉餐廳、餐飲部環境及設備。

(3)訓練課程安排：以「餐廳服務員」為範例，並視各餐廳、旅館而定。

A.制服領取及更衣櫃各項管理辦法說明。

B.餐廳內部打卡及簽到規定的介紹。

C.如何領取、保管及交回樓層的主鑰匙。

D.各項布品、備品及用品的領取手續。

E.工作安全鞋領取及管理辦法說明。

F.備餐室、備餐車及備餐區的清潔及整理。

G.如何服務顧客（基本餐飲服務禮儀）。

H.如何與客人打招呼及問候（標準用語）。

I.如何擺設餐具（table setting）。

J.服務、上菜等標準作業流程教導。

K.如何整理及補充各項用品。

L.基礎餐飲英日文會話（英文如附錄五）。

M.其他。

專欄 10-3　旅館等級評鑑制度對於餐旅業訓練的影響分析

　　觀光局於2004年規劃國內旅館等級評鑑制度，對於餐旅業服務提升有正面的影響，更帶來了不同的訓練方向及重點。

評鑑方法重點說明 ❷

　　評鑑實施方法將參酌美國AAA評鑑制度之精神及兼顧人力、經費等考量，規劃採取兩階段進行評鑑：

1. 「建築設備」評鑑：依評鑑項目之總分，評定為一至三星級。

2. 前項評鑑列為三星級者，可自由決定是否接受「服務品質」評鑑，而給予四、五星級。

依據旅館等級評鑑標準表的整體配分，四、五星級旅館之評定將採取軟、硬體合併加總得分，四星級旅館須為軟硬體總分合計六百分以上之旅館，五星級旅館則須軟硬體合計總分達七百五十分以上之旅館。

由以上的法規說明可以得知，旅館等級最大的影響應該是「服務品質」，而服務品質的高低往往是訓練落實與否的呈現。換言之，評鑑制度的制定精神應該是鼓勵業者多充實軟體的提升。

餐飲服務品質評鑑標準

對於代表國內餐飲最高標準呈現的五星級旅館，主管機關對其期望可想而知，所以相對的其設定標準可為餐飲業提升服務品質訓練的最佳參考。

一、餐廳服務評分標準（共計50分）

1. 員工於接聽電話時是否注意電話禮儀，並提供適當且有效率之服務（3分）？

2. 員工是否親切有禮迎接客人並迅速帶位（3分）？

3. 員工之服裝儀容是否整潔美觀？是否皆配戴中外文名牌（3分）？

4. 員工是否具備外語能力（3分）？

5. 員工接受點菜時，是否對菜色及材料、內容均有相當了解（點餐）（3分）？

6. 是否於點餐後十五分鐘內上菜（點餐）（3分）？

7. 員工於上菜時是否注意基本禮儀，如提醒客人要上菜了（點餐）（3分）？

8. 送給客人之餐點是否正確完整？食物與菜單上名稱是否相符（點餐）（2分）？

9.員工是否具備飲料專業知識及介紹是否詳細（點餐）（2分）？

10.員工是否適時補充茶水及更換餐具（點餐）（3分）？

11.自助餐台是否乾淨、美觀、吸引人（自助餐）（3分）？

12.自助餐台各式食物、飲料是否清楚標示（自助餐）（2分）？

13.自助餐台區是否有專人負責服務整理工作（自助餐）（2分）？

14.是否提供足夠之餐具器皿？是否提供足夠份量之食物（自助餐）（3分）？

15.廚師是否始終於自助餐台後面提供服務（自助餐）（3分）？

16.餐廳於即將結束收餐時是否預先告知客人並提供必要服務（自助餐）（3分）？

17.員工能否於客人離席後三分鐘內將桌面收拾乾淨（3分）？

18.員工是否詢問客人對於餐飲及服務之滿意度？餐廳結帳作業是否迅速（3分）？

二、用餐品質評分標準（共計30分）

1.餐桌擺設是否整齊美觀（3分）？

2.餐具是否維持乾淨清潔（無破損）（4分）？

3.佐料是否配置妥當且保持清潔衛生（4分）？

4.食物份量是否適中？食物溫度是否恰當？食物是否新鮮且色香味俱全（5分）？

5.能否避免廚房內吵雜聲及味道傳至餐廳用餐區（4分）？

6.餐廳整體清潔及衛生維持程度如何（4分）？

7.餐廳整體氣氛是否維持舒適安靜（3分）？

8.餐巾、桌布、椅套等布巾類能否維持乾淨，並燙平且無破損、污點（3分）？

　　由以上餐飲服務品質八十分的內容來看，對於整體用餐的環境、清潔程度、員工專業服務水平、廚師供餐的速度及結帳作業都有平均的分配。所以要有高分的呈現，就必須徹底實施標準作業流程，才不會疏漏了某一些重點，而影響了整體餐廳應有高品質的落實。

(二) 在職訓練

在職訓練（on-the-job training）即爲「專業職業訓練」（OJT）。

1.公司部分

(1)語文訓練（language training）：爲提升餐旅從業人員的外語能力，以期與客人有更好的互動及溝通。以英、日語會話爲主。

(2)一般性訓練（general training）：配合餐廳、旅館的經營理念，訓練員工正確觀念的建立，以達成公司期望目標及理想。一般餐旅業者所安排的課程項目舉例如下：

A.公司企業文化與精神。

B.美姿美儀。

C.消防及餐廳安全訓練。

D.餐飲服務禮儀。

E.消費者心理學。

F.交談及溝通技巧。

G.人際關係。

H.如何處理顧客抱怨及提升顧客滿意度。

I.各種餐飲銷售技巧。

J.新作業程序及技術訓練。

K.自我發展及生涯規劃。

(3)訓練訓練員（train-the-trainer）：訓練在職人員熟悉工作的技術、專業知識，藉以訓練餐飲各單位所屬人員，以維持一貫服務水準及品質，進而增進工作效率。訓練的內容規劃參考如下：

A.各單位訓練員的職責。

B.各種有效教導的技巧。

C.基本的管理概念。

D.如何宣導公司政策。

E.同業訓練員觀摩。

F.訓練員升遷及考核管理辦法。

G.其他各種訓練員須具備的專業、一般性的知識。

2.餐廳、餐飲部門部分

茲以「服務員、領班」為範例：

(1)一般餐飲從業人員（含正職、兼職餐飲服務員）訓練：為加強餐飲人員的各項在職專業技能及知識，許多餐廳店長、餐飲部門主管會依個別需求而安排相關的訓練課程。

A.專業性：

a.各項餐飲服務標準作業程序（餐桌擺設、上菜、收拾餐桌等）。

b.餐具送洗作業程序。

c.各種布品送洗及領用作業程序。

d.各項宴會桌型及各種器具的準備。

e.各種餐廳清潔工具的使用與保養。

f.各種口布摺疊作業。

g.各種飲料的認識。

h.餐具的清潔。

i.其他。

B.一般性：

a.餐廳逃生及安全訓練。

b.電話禮儀及各種用語。

c.人際溝通。

d.如何消除職業傷害。

e.其他。

(2)領班級以上人員訓練：

A.專業性：

a.各項人力的安排（排班表的技巧）。

b.各工作區檢查作業。

c.增進訂位作業能力及安排座位技巧。

d.餐廳簡報技巧。

e.兼職、臨時員工的運用與管理。

f.各種預算的制定及財務報表的分析。

g.如何增進推薦菜餚、飲料的能力。

h.節約能源與緊急狀況處理。

i.各項餐飲促銷的執行。

j.餐飲用品採購、訂貨流程的認識。

k.各項顧客抱怨的處理。

l.如何消除工作危險因素。

m.其他。

B.一般性：

a.餐飲基層主管的角色扮演與職責。

b.應徵員工的面談技巧。

c.時間管理。

d.餐飲業緊急救護與意外傷害的防止。

e.服務業的特色及精神。

f.有效的授權及委任藝術。

g.解決員工問題及激勵士氣。

h.各種安全衛生管理。

i.其他。

(3) 餐飲訓練員「訓練技巧」的培養：目前餐飲業一般員工流動率很高，為了有效地訓練新進及在職人員，多數大規模餐廳都會運用有經驗的訓練員，在最短的時間內教導所屬人員各種餐廳所需的專業技巧。但在實務面上，訓練員不但要忙碌於自己份內工作，還要負擔起額外的訓練事宜，往往覺得力不從心。因此，餐廳、旅館的人資部除了要訓練這些種子訓練員具備專業的教導技巧，更要有一套完整的教材分解表，才有辦法協助這些訓練員完成忙碌的訓練工作。以下列舉目前餐旅業常運用到的一些訓練技巧：

A.事先準備妥善訓練實施計畫表（如表10-10）：利用事先準備好的訓練實施計畫表，清楚地標明訓練單位及訓練員應該事先準備好的教材、用具、案例等，不但減少狀況的產生，讓訓練

表10-10　訓練課程實施計畫表範例

課程名稱：如何接受顧客點菜	課程需要器材：
受訓員：李安琪	（受訓單位提供）
日期：2005年10月20日下午三時	1.麥克風。
受訓地點：中餐廳貴賓室一	2.投影機、螢幕。
受訓成員：所有新進點菜員、領班	3.錄音筆。
受訓時間：下午三時至五時	4.講義。
課程目標：	5.紙與筆。
1.讓學員在最短時間內了解餐廳菜餚特色。	6.電腦。
2.接受顧客點菜的標準作業程序。	
3.接受顧客點菜時的標準用語。	（自己需準備）
4.如何適時促銷（提高平均消費額）。	1.餐廳菜單、飲料單。
5.其他注意事項及討論。	2.點菜單。
	3.各種點菜範例。
	4.案例書寫。
	5.討論主題。
	6.其他應該注意事項。

時間	課程步驟	活動	備註（需要器材）
3:00- 3:10	1.介紹課程內容。 2.學習大綱。	以電腦展現事先準備好的課程內容及大綱。	課程powerpoint。
3:00- 4:10	餐廳菜單、飲料單等內容介紹。	1.準備餐廳菜單、點菜單及主廚特色菜單等。 2.逐一介紹各種菜餚的配菜、醬汁、特色、盤飾等相關資料，以利點菜時的介紹及行銷。	餐廳菜單、飲料單、每日特餐、主廚特餐等資料。
4:10- 5:00	各種點菜狀況注意事項介紹。	分組演練並以案例來作分析。	餐廳真實案例的準備並事先與主管研擬正確的說辭及解決方案。

員可以更安心地上課。

B.準備好各項訓練教材分解表（如表10-11）：其目的不外乎是讓訓練員事先沉靜自己，將所有上課所需要的餐飲專業部分一一整理出來。這樣不但可以訓練訓練員書寫教材的能力，更可以在緊張的講授過程中有更多的資料可以參考，讓其日後更有信心。

C.訓練員如何有效地自我練習，增加教學技巧：不論所要訓練的細節如何，茲列出以下訓練員自我基礎訓練步驟，將可以提供訓練員最有效的練習及達到應有的效益。

步驟一：以平常的進度陳述訓練的細節。

步驟二：慢慢解釋並重複敘述每一個細節，更重要的是不要忘了問問題，因為只有如此才有辦法確定所有員工都清楚地接收了相關的訊息。

步驟三：在嚴謹但沒有壓力的監督下，讓員工完成所教的細節。

表10-11　訓練教材分解表範例

訓練主題：如何上菜及服務菜餚		
訓練器具：托盤、各式餐具、點菜單、飲料單		
主要步驟	標準用語	理由說明
1.依table plan放置餐具；用乾淨的托盤拿齊正確搭配的餐具，至客人的右（左）後方，視需要先收客人在桌上的餐具放在托盤中，再從客人的右（左）方放置搭配正確的餐具。	抱歉，可以為您更換餐具嗎？ （Excuseme, Mr.XX / Mrs.XX, may I change your cutlery?）	依據餐廳供餐服務標準，須避免驚動顧客。
2.準備服勤及服務第一道菜。		不要等候顧客招呼，應該要養成習慣，隨時注意其動向。
3.送菜時，適時地為客人介紹餐中酒。		提高餐廳飲料的點杯率。

（續）表10-11　訓練教材分解表範例

訓練主題：如何上菜及服務菜餚		
訓練器具：托盤、各式餐具、點菜單、飲料單		
主要步驟	標準用語	理由說明
4.依菜單順序出菜，順序為主客或女客人優先服務，再依順時針方向一一服務；上菜時應事先告知客人，以免在客人不知情下打擾到客人。	抱歉，這是您點的XX請慢用！ （Excuse me, Mr.XX／Mrs.XX, this is your XX, enjoy your meal!）	上菜嚴格遵守上菜的禮儀，並絕對避免顧客不知情的狀況下供餐，以免發生危險或打擾到顧客間的交談。
5.服務菜餚時，切忌問客人所點為何。 6.服務所有的菜餚，如開胃菜、湯、沙拉、主菜，均由客人右側用右手上菜，然後放置客人面前正中央，左邊則服務麵包、sauce及dressing等。		應該遵守餐廳點餐紀錄的技巧，不該再重複詢問。嚴格遵守餐廳上菜的各種標準作業流程，以利整體服務水準的呈現。
7.服務中如果水只剩下三分之一時，應主動添加，若酒杯已空應上前詢問是否再加一杯。	需要加點葡萄酒嗎？ （Would you like to have some more wine?） 需要加點飲料嗎？ （Would you care for some more drinks?）	隨時注意顧客的餐或飲料食用的狀況，同時也可以增加餐廳的飲料使用率。
8.麵包已剩不多時，應詢問是否要再添加麵包。		隨時表達對顧客的關懷及注意。
9.於客人用完餐後，必須馬上清理桌面，收拾盤子及餐具，如奶油盤、麵包籃、胡椒鹽罐等，若桌上有麵包殘屑等物要小心處理乾淨。		隨時保持桌面的清潔，可以增加顧客對餐廳專業的印象。
其他改進事項或建議：		

步驟四：讓員工重複練習，達到正確迅速的現場要求。

步驟五：在進行下一個工作細節之前，讓員工將所教的細節重新做過一次，並注意其中的技巧、速度與正確性。

步驟六：當訓練完成後，讓員工重述訓練的內容。

專欄 10-4　**如何成為一位具有競爭力的餐飲專業人員**

　　目前餐飲業已經是台灣年輕學子所嚮往的熱門行業之一，此趨勢由各大專院校廣設餐旅科系且招生熱烈的情況可看出。要如何成為具有競爭力的專業人才是青年學子應該好好努力的方向。以下列出筆者在餐旅行業十多年來的經驗及對餐飲未來競爭趨勢的預測。

奠定良好的餐飲基礎能力

　　許多人認為餐飲從業人員不外乎是端端盤子、清理桌椅的基層工作，哪來什麼專業可言，但是只要是真正從事餐飲的人員都知道，一個好的餐飲管理人員，一定要具備各種基層的工作能力，才有辦法服眾。所以，餐旅業不同於別的產業，有高學歷不一定馬上就可以當上主管，只有具備穩紮穩打的專業基礎，才是升遷的不二法門。

具備全方位的能力

　　為促進與顧客良好的互動關係，目前餐飲業吹起一股全方位專業的風潮。一位專業的餐廳主管除了要有餐飲及管理等專業素養外，還必須同時具備相關的能力，才有辦法提升服務品質及建立與顧客信任的關係。

一、熟悉旅館、餐廳各項服務及相關營運特色

　　旅館、餐廳的服務是全面性的，顧客無法分辨何種餐飲是由哪個餐廳管理或提供，為讓客人能得到最快速及正確的服務，應熟悉旅館

內部各餐廳（或連鎖餐廳各業種）的營業型態、菜系、供餐特色、營運時間及行銷手法等，另外也必須熟悉客房餐飲的提供時段及菜色內容等等。

二、與內場主廚建立優勢的工作團隊

餐廳的營運優勢建立在內外場的團結一致，一位專業的外場主管不但應該具備良好的管理能力，更要與內場主廚養成相當程度的默契。積極地與主廚研議及開發有助於餐廳生意的菜色，同時培養自己對於餐飲菜餚的專業及市場的敏銳度。

三、具備與相關部門溝通協調的能力

與餐廳營運關係最密切的部門有採購部、財務部（驗收單位）、餐務部、洗衣房等，必須能夠與其維繫良好關係及互動，對本身工作完成與提供給顧客的服務上，必可得到有效及迅速的支援及協助。

四、充分掌握相關的餐飲趨勢

對於顧客的各種餐飲習慣及趨勢的改變，一位專業的餐飲主管必須在工作與顧客的互動中充分掌握。針對顧客經常詢問的問題、建議事項及消費動向等，都必須主動蒐集及記錄，必要時應該建議公司做適當的調整，以迎合消費者的真正需求。

五、建立顧客個人化的消費紀錄

目前餐飲資訊系統最熱門的不外乎顧客資料系統管理（guest relation management，G.R.M.），對於服務過所有顧客特殊飲食習慣及需求，應該做詳盡地記錄，才有辦法在如此競爭的餐飲市場中，真正得到消費者的青睞。

六、培養餐飲的興趣及多方面的增加專業知識

台灣餐飲市場已經正式邁入無國界的趨勢，只憑一招半式闖江湖的時代已經過了，對於各國料理的了解及隨時充實最新的餐飲知識，是每一位餐飲主管在忙碌工作之餘必要的經營。

運用旅館、餐廳內部各種訓練機會提升自己的專業及能力

1. 積極參與人資部門及各部門相關的訓練（其內容細節請參閱本章第二節的訓練計畫部分）。

2. 申請交換訓練（cross training）提升相關專業知識。

   (1) 交換訓練為跨單位訓練，如餐飲服務員可申請至飲務部門、宴會廳或廚房學習相關的技能，才有辦法真正了解整體餐飲部門運作的實際狀況。

   (2) 另外，為迎合顧客多元口味的變化，應該申請到不同餐飲系統受訓。例如亞都麗緻大飯店就曾經將中餐廳的行政主廚輪調到巴黎廳，最主要的目的就是要讓主廚們具備有許多菜系料理的技巧，對於日後在菜餚的創意上有許多變化的資料庫及訊息，讓中菜、西菜的精髓發揮到極致。

3. 安排相關配合的廠商（例如酒商、肉商等），介紹及詳細說明所有供應貨品的特色（例如葡萄酒產地、葡萄品種、釀造方法、飲用方式等），以隨時充實自我的餐飲專業，更可以在工作中回覆顧客的各種詢問，提升餐廳對外的專業形象。

4. 參與旅館、餐廳內部儲備人員訓練計畫（management trainee program）：

   (1) 此訓練的目的為有計畫培養具有潛力的優秀人員，使其兼具科學管理正確觀念，專門技術知識及旅館、餐廳作業的實務經驗。充實旅館、餐廳的人力資源並適時提供人力需求，健全公司管理體制及有計畫的網羅人才。

   (2) 目前餐旅業儲備人員訓練計畫的相關內容範例：

      A. 以旅館、餐廳當年度預算與政策決定招募的人數。

      B. 以對內或對外的方式招募。

      C. 相關作業程序：

         a. 由人力資源部初步審核所有候選人資料。

b.由內部考選委員會（各部門主管、各事業部主管組成）再次審視候選人資料。

c.寄發考試通知單及安排相關考試場地、時間、監考人員等事宜。

d.運用筆試、專業術科、面試等方法來甄選適合的人員。

e.所有複試人員皆須經由總經理面談後決議。

f.進行儲訓人員所有一般性、專業、管理訓練。

g.儲訓人員訓練中的觀察及考核。

h.由人力資源部、考評委員建議儲訓人員適合分發單位供總經理作決議。

i.安排人員分發事宜及發布新的人事通知。

5.參與同業間的聯誼：目前有許多同業間的聚會（例如旅館餐飲部門主管聯誼會、連鎖餐飲聯誼會等），不但可以擴充自己在餐飲界的人脈，更可以藉由同業間的觀摩互動，開展自己的視野及專業能力。

6.努力爭取各種進階訓練的機會：

(1)旅館、餐廳內部有許多針對高階主管的進階訓練，內容包括海外研習、海外觀摩考察或各項技術比賽、國內外訓練機構舉辦的各種訓練活動或比賽。

(2)藉由參與以上活動可得到：

A.對外的研習、觀摩、考察等訓練，一方面可以增廣見聞，並激發工作的創意，增進管理效率及功能。

B.吸收他人的優點及創意，運用於旅館、餐廳及自身工作上。

C.增加國際性專業知識。

確認自己在餐飲業的生涯規劃

一、事先評估自我的各項條件

1.餐廳的管理及經營是一門繁瑣的學問，要認知自我是否具備接受挑

戰的準備及不畏艱難的個性。

2.餐旅業有許多部門需要有不同專業的人員參與,在進入此一行業初時,最重要的不是如何得到好的職位,而是要確認自己是否適合服務業及興趣的所在。

3.餐飲基層工作十分辛苦,而且工作時間也非常長,時下的年輕人最無法接受的是二頭班及無假日的工作型態。在邁入餐飲業之前必須要與家人商議,取得共識及諒解後,才有辦法專心的打拼事業。

4.餐飲業是一種「人」的行業,絕大多數的工作都必須面對顧客,所以不喜歡與人互動或是無法紓解壓力的人,都必須審慎評估,以避免因此因素離開此一行業,浪費了許多自己的時間及精力。

5.許多從事或投考此一行業的同學是因為有創業的打算,那麼更應該建立從基層做起的心理準備,紮實地學習各種餐飲的專業技巧及管理能力,作為未來開業的最好基金。

二、 經驗是由每日努力學習各種基礎技巧所累積的

1.餐飲人員每日例行性的工作十分繁瑣,讓自己熟悉各種專業技能是須靠每日努力的工作,進而學習到其中的竅門,絕對沒有所謂的捷徑。

2.對於顧客的服務態度,必須要有主動積極、熱心待人的個性,培養自我高EQ及服務熱誠,將會是未來管理之路最重要的基礎。

三、 努力完成每一個階段的考驗及歷練

1.當基層職位學習及磨練數年後,應為自己基礎管理能力作準備,以迎戰下一個職位的挑戰。

2.對於餐飲相關的專業(例如廚藝、調酒等),必須利用時間多充實。

3.學習好英文及第三國語言(例如法、日文等),為自己下一個目標(如經理或店長等)繼續努力。

4.目前許多同學喜歡至國外遊學或留學,對此一趨勢筆者頗為認同,因為如此一來不但可以增加國際觀,更可以提升專業及語文能力。

但首先必須確認自己的真正興趣所在及未來人生的規劃及目標，而
非盲目地追隨流行的熱潮。

四、 為自己餐飲之路更上一層樓

1. 筆者在各大專院校的學生經常會詢問的問題：「老師，妳覺得開餐
   廳好不好？」我的制式答案絕對是：「如果你的興趣在此及有可以
   全力以赴的準備，經過事先詳細的評估，而且具備相當的專業能
   力，Why not！但永遠記住，絕對不要假他人之手來完成自己一生的
   夢想，不然的話你一定會後悔！」
2. 如果不是要自我創業，此階段必須將餐飲視為一生的朋友不離不
   棄，努力地將所有份內工作做好，奠定好與顧客的良好、友善及信
   任關係，同時提升自我各種社會、政治、經濟等資訊，為自己高階
   主管之路奠定穩定的基礎。

 ## 第三節　問題與討論

　　由本書中的各個章節可得知各種餐飲的專業及知識，而到底具備哪一
種特質的餐廳才有辦法在競爭的環境中脫穎而出，將是此節中所要探討的
主題。

個案研究：餐飲業應該如何增加自我競爭能力

　　餐飲業從十七世紀發展至今，差不多已有近三百多年的歷史了，其中
雖然也有遭遇到經濟不景氣時期的來臨（例如SARS期間），餐飲業在台灣
服務業市場仍舊是一枝獨秀，門庭若市。但是現階段許多餐飲業者所共同
面臨著許多的挑戰：外來競爭者壓力（許多國際型連鎖餐廳）、內部優秀
人才的不易留住及不斷上升的人力成本。面臨這種內憂外患的局勢，餐飲
業者應該如何因應，才有辦法保持優勢的競爭能力呢？

　　此趨勢說明台灣餐飲業的經營面臨到許多潛在的問題，例如：物價、房租不斷上漲；原物料的漸漸枯竭及毒化（例如2005年年底的毒石斑魚事件）；環保意識的抬頭；基層人力缺乏及流動率高；法令對於員工福利的要求有增無減；與忠誠顧客的關係不易建立等等因素，導致餐廳經營管理的困難與複雜性提高，管理者必須重視並積極尋找解決的最佳途徑，才能在競爭的市場中取得經營優勢。

　　針對此個案綜合作者本身及各方資料分析如下：

一、房租的不確定性

　　許多餐廳的經營者都有切身的感受，就是房租租金過高、生意一好房東就開始漲價、許多好地段或是好的建物都不願意租給餐飲店等狀況，造成經營上的困難。許多大型連鎖餐廳目前以進駐大型商場、賣場、百貨公司等方法來因應，除了其聚客力較佳外，最主要的因素應該是為了避免前項所敘述的原因。但也有不同的作法，例如王品集團從不迷信好地段、好風水，寧可遷店面也不願意讓房東拿翹，或是將部分盈餘轉入投資購買店面作長期的經營，也可供其他餐飲業者參考。

二、原物料的漸漸枯竭及毒化

　　台灣近幾年來因為許多原物料的缺乏及毒化，導致物價的飆漲及無法採購的窘境，許多大型餐廳或是速食產業採用企業聯盟方式，集體向海外市場訂購。如此一來，不但可以規避中、小盤商層層剝削外，更可得到較優質的原物料。

三、法令對員工福利的有增無減

　　而近年來以2005年7月開始推動的勞退新制影響最大，對於成立較久的老餐廳衝擊也較大，許多業主更陷入人神交戰的地步，是否需要再經營（苦撐）下去還是乾脆解散另起爐灶呢？餐飲業在台灣的發展中就是一種打代跑行業（獲利了結），老店的壓力對於部分經營者而言，在此時期真的太過沉重。所以，無法承受資金壓力的餐廳選擇了歇業或換人經營，而

其後續效應更值得觀察。

　　但對於有心經營的資本主而言，也必須拿出許多對策來度過此一難關，茲整理出業界相關的做法如下：

(一)重新調整公司內部組織，全職人員減少、兼差人口增多

　　其人力結構重新定位，減少管理階層及幹部不斷簡化管理的動線，更重要的是將第一線服務人員由兼差的人員取代全職員工。如此一來就可以減少福利給付給較多的全職人員，不足的人力由福利需求較少的兼差人員來補。

(二)部分工作採取外包制

　　將一些人員多方面運用率較差的單位、營運效益不佳或較沒有把握的餐飲單位外包出去，不但可減少人員龐大福利支出，又可賺取一些租金貼補。

(三)多功能的餐飲服務人員

　　許多五星級旅館為應付日漸短缺的餐飲人力市場、人事成本不斷增加及創新式服務（one-stop service）的趨勢，運用輪調或交叉式的訓練，使所有人員學習另一種或多種工作的技能，例如服務員可兼做出納員或兼做點菜人員。如此一來，服務員工作的挑戰、專業度的培養、成就感增加及未來職涯的規劃等都有極大的助益，而對於員工在生活的實際面（收入提高）更有所提升。

(四)二度就業市場的趨勢

　　國外市場行之有年的已婚婦女或銀髮族工作人口，在以往台灣的就業市場中一向無法被企業主所接受，其原因不外乎即將界臨退休、放在外場不夠亮眼、體力不及年輕人等原因。但是近年來年輕就業人口的減少及逐年降低的生育率，讓許多經營者開始注意到這些族群的潛力，許多人在工作表現上並不輸給年輕人，而工作的穩定性、個性的成熟及負責、社會歷練的豐富、職業道德與倫理的重視等，更是年輕人所沒有的特性。連鎖速食餐廳的龍頭例如麥當勞、摩斯漢堡等企業，都在這塊職場人口經營許久，這兩年來已交出了亮麗的成績單。

四、顧客關係管理不易

　　服務業的經營本身就不易，加上近年來許多產業也加入這個戰局，而真正可以鞏固業者在市場上生存的因素，沒有別的，只有消費者對自己品牌的認同。所以現階段的餐旅服務業也最重視顧客關係的管理，但是到底顧客對台灣服務業服務品質的感想如何呢？由2005年10月份出版的遠見雜誌針對台灣十大服務業做的品質評鑑❸就可以看出些端倪。依據報導顯示與2004年度（遠見第一次的評鑑成果）比較，整體評分不升反降，更甚者在七十八家業者中也只有亞都麗緻大飯店、老爺酒店、長榮桂冠酒店及玉山銀行等四家在六十分以上。此一情況說明了台灣服務業在消費者心目中的印象仍有待提升。

　　其中較值得探討的是連續兩年蟬連旅館業服務品質第一名，今年更以七十四‧五分大幅領先第二名，登上台灣十大服務業榜首的亞都麗緻大飯店，再度成為全國服務業學習的對象。筆者因為在亞都麗緻大飯店從事人事管理及員工教育訓練工作多年的經驗，認為亞都麗緻大飯店的成功來自管理者對員工的重視及愛護（每個員工都是主人），讓員工將同理心（設想在顧客之前、尊重顧客的獨特性及絕不輕易說不）發揮到極致的服務藝術！

　　服務業在目前的市場經濟已經成為火車頭的角色，餐飲業的經營者應該體認到餐飲自身的本質及在社會中的責任外，要如何經營才有辦法繼續在如此競爭的環境下生存，是每一個業者最關心的課題。

　　綜合本書各重點分析，業者對於餐飲趨勢有充分的了解和遠見，掌握消費者的喜好和流行趨勢，由管理者多年應對市場及潮流的分析和見解，設定最適合的經營模式及穩定服務品質，超越其他的競爭者，成為餐飲品牌的領導者，唯有如此才有辦法鞏固在市場上的穩定地位！

問題與討論

　　凱西是一家連鎖餐廳的人事主管，對於人力的時常性缺乏常有無力感，對於公司高層最近的政策決定亦覺得非常無法接受及認同。幾位高階主管為了減少勞退新制對於公司的人事成本負擔，指示人資部門必須在三個月內研擬一套因應政策，這其中最無法讓凱西接受的是，主管希望以後餐廳外場及內場除了少數主管外，其他的編制一律採用兼職人員。雖然這種時薪制在國外被採用的案例非常多，但是對於國內普遍存在餐飲人才匱乏的人力市場，還沒有人大膽全面應用，更何況是一家十幾年的老公司？

　　對於無法認同的政策，凱西陷入天人交戰，應該捍衛自己的專業領域與公司高階唱反調，還是鄉愿地接受？

註　釋

❶「九十三年批發、零售及餐飲業經營實況調查報告」（2004年3月調查）（經濟部統計處，2005年）。

❷交通部觀光局網站資料，2005年。

❸《遠見雜誌》，2005年10月，212-226頁。

附錄一　中式自助餐服務作業程序

一、客人進來時，親切地與客人打招呼，由接待員或主管帶引客人至
　　所訂或適當的餐桌。

二、帶領客人至餐桌後為客人拉椅子，幫助客人落座，並代客人保管
　　衣物，提供高椅給小孩。

三、為客人攤口布，撤走不必要的餐具，拔筷套。

四、推薦及為客人點餐前飲料，然後送「點菜單」至酒吧，並負責領
　　取。

五、為客人服務餐前飲料，若客人不點餐前飲料，則立刻服務茶水。

六、指引客人用自助餐，取自助餐盤，介紹菜餚。

七、用餐期間，應隨時為客人提供必要的額外服務，如為客人添茶
　　水、推銷第二杯飲料、為客人點煙；若客人起身欲取用第二回
　　時，撤走不必要的餐盤、碗，但須留下筷、匙及小碟。

八、客人取用點心、甜點、水果時，撤走桌上所有不必要的餐具，包
　　括筷、匙、小碟，只留水杯及飲料杯，並應該清理桌面。

九、送上牙籤及換上新茶。

十、確定客人不再點其他東西時，至餐廳出納處查核，準備客人帳
　　單。

十一、依客人要求呈送帳單，並詢問客人一切滿意嗎。客人若有任何
　　　讚譽或抱怨，虛心誠懇的接受。

十二、客人離開時，為客人拉椅子，若有寄放之衣物，應事先備妥；
　　　感謝客人光臨，請客人下次再光臨，經理、副理及接待員在門
　　　口恭送客人。

十三、客人離開後再收拾桌面。

附錄二　中式喜宴服務作業流程

一、迎賓流程（協助喜宴招待人員迎賓及安排的工作）

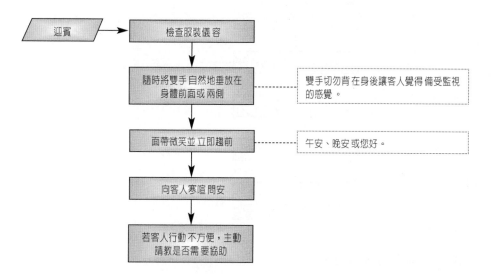

二、帶客入座流程（協助喜宴招待人員帶位）

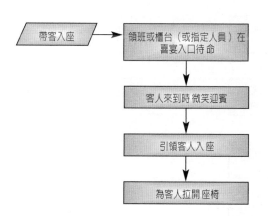

三、服務茶水／毛巾／調整餐具等流程

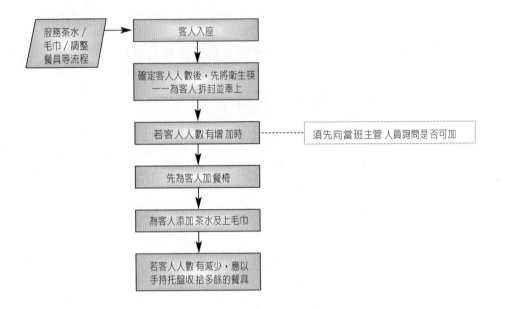

四、用餐中的服務流程

(一)上菜、佐料、器皿流程

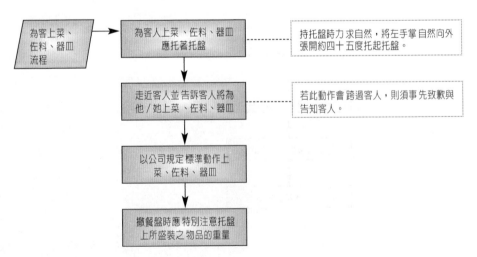

(二)撤餐盤流程

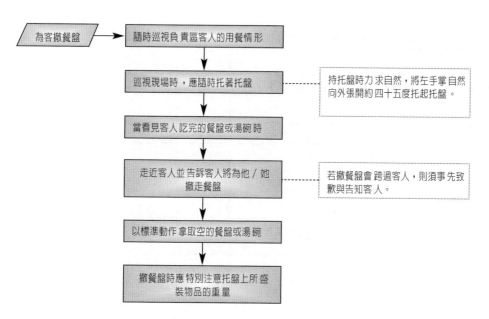

為客撤餐盤 → 隨時巡視負責區客人的用餐情形

巡視現場時，應隨時托著托盤 ┄┄ 持托盤時力求自然，將左手掌自然向外張開約四十五度托起托盤。

當看見客人吃完的餐盤或湯碗時

走近客人並告訴客人將為他／她撤走餐盤 ┄┄ 若撤餐盤會跨過客人，則須事先致歉與告知客人。

以標準動作拿取空的餐盤或湯碗

撤餐盤時應特別注意托盤上所盛裝物品的重量

(三)為客倒水、飲料、酒類流程

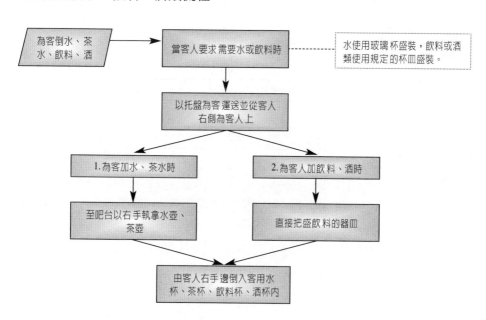

為客倒水、茶水、飲料、酒 → 當客人要求需要水或飲料時 ┄┄ 水使用玻璃杯盛裝，飲料或酒類使用規定的杯皿盛裝。

以托盤為客運送並從客人右側為客人上

1.為客加水、茶水時　　　　2.為客人加飲料、酒時

至吧台以右手執拿水壺、茶壺　　　　直接把盛飲料的器皿

由客人右手邊倒入客用水杯、茶杯、飲料杯、酒杯內

(四)爲客換煙灰缸流程

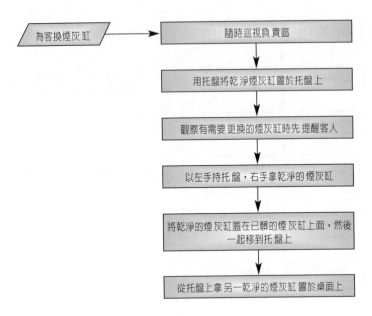

(五)爲客換毛巾流程（依餐廳、旅館規定的頻率）

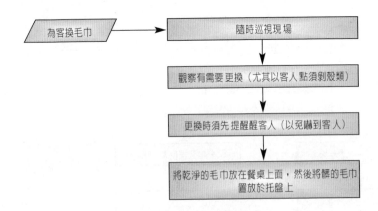

(六)為客換骨盤流程（依餐廳、旅館規定換骨盤的頻率）

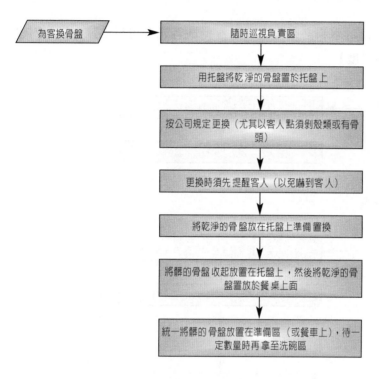

為客換骨盤 → 隨時巡視負責區

用托盤將乾淨的骨盤置於托盤上

按公司規定更換（尤其以客人點須剝殼類或有骨頭）

更換時須先提醒客人（以免嚇到客人）

將乾淨的骨盤放在托盤上準備置換

將髒的骨盤收起放置在托盤上，然後將乾淨的骨盤置放於餐桌上面

統一將髒的骨盤放置在準備區（或餐車上），待一定數量時再拿至洗碗區

(七)為客添加飲料、酒流程

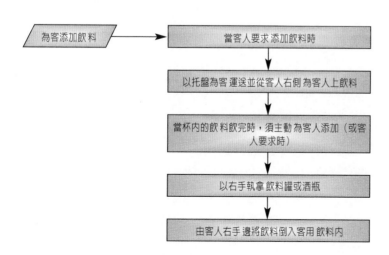

為客添加飲料 → 當客人要求添加飲料時

以托盤為客運送並從客人右側為客人上飲料

當杯內的飲料飲完時，須主動為客人添加（或客人要求時）

以右手執拿飲料罐或酒瓶

由客人右手邊將飲料倒入客用飲料內

五、用餐後的服務流程

(一)服務水果流程（水果必須先上，以避免顧客先食用甜點後，影響對水
　　果甘甜的滿意度）

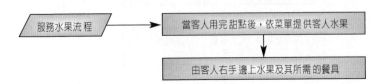

(二)服務甜點流程

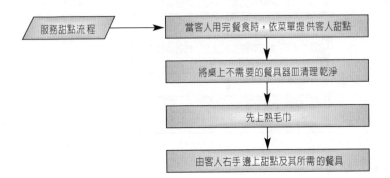

六、歡送客人流程

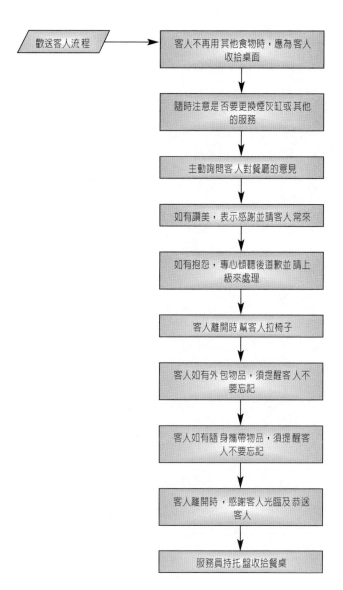

```
歡送客人流程  ──►  客人不再用其他食物時，應為客人
                   收拾桌面
                        │
                        ▼
                   隨時注意是否要更換煙灰缸或其他
                   的服務
                        │
                        ▼
                   主動詢問客人對餐廳的意見
                        │
                        ▼
                   如有讚美，表示感謝並請客人常來
                        │
                        ▼
                   如有抱怨，專心傾聽後道歉並請上
                   級來處理
                        │
                        ▼
                   客人離開時 幫客人拉椅子
                        │
                        ▼
                   客人如有外包物品，須提醒客人不
                   要忘記
                        │
                        ▼
                   客人如有隨身攜帶物品，須提醒客
                   人不要忘記
                        │
                        ▼
                   客人離開時，感謝客人光臨及恭送
                   客人
                        │
                        ▼
                   服務員持托盤收拾餐桌
```

附錄三　飯店喜宴相關資料調查範例

2004 年11月15日

公司別 / 項目別	遠東飯店	亞都麗緻	國賓飯店	君悅酒店	福華飯店	圓山飯店
1.喜宴售價	18,000 起	16,000 起	16,800 起	19,000 起	16,500 起	12,000 起
2.每桌人數 限制	10人	10-12人	12人	12人	12人	10-12人
3.每桌是否 有桌花	收禮台、主 桌有花	是	是	是	是	是
4.每位服務 員服務桌 數	主桌2人 1人2桌	主桌2人 1人1桌 2人3桌（人 力不足時）	主桌2人 1人1桌 2人3桌（人 力不足時）	主桌2人 1人2桌	主桌2人 1人2桌	主桌2人 2人3桌
5.換盤頻率	視菜單情況 （約二道）	每道皆換	視菜單情況 （約二道）	視菜單情況 （約二道）	視菜單情況 （約二道）	視菜單情況 （約二道）
6.工讀生薪 資	半天（包工 制） 700	100-130或 4小時500	4小時450 4小時500 （資深）	100-120	100-130	1.100-140 2.10時以後 每小時150
7.當年度促 銷專案特 色	1.飲料無限暢 飲。 2.紅酒每桌二 瓶喝不完可 帶走）。	1.飲料無限 暢飲。 2.紅酒每桌 二瓶。	1.每桌送威 士忌酒。 2.飲料無限 暢飲。 3.冰雕一對。	1.飲料無限 暢飲。 2.紅酒每桌 二瓶。	1.飲料無限 暢飲。 2.主桌小型 冰雕一對。	1.18,000以上 1人1桌。 2.飲料無限 暢飲。

附錄四　一般性餐飲服務技能

一、如何使用托盤

(一)托盤種類

依其材質分類、可分為止滑與不止滑兩種。

(二)托盤形狀

常用的托盤依其形狀分圓形托盤、長方形托盤及橢圓形托盤。托盤的運用必須依據餐廳的特色、作業需求與服勤的功能等因素，選擇適當的托盤型式與大小。

(三)使用托盤的目的

協助服勤及搬運。

(四)托盤的使用方式

1.手托式

(1)左手肘呈自然垂直狀。

(2)將手掌呈現自然張開的形狀。

(3)將托盤置於手掌上。

2.肩托式

(1)取托盤時應先稍微彎腰（重心往下移動以免腰部不當使力），將托盤穩當提起上肩。

(2)托盤上肩時手掌要自然向外撐開，並將托盤另一個支撐點撐在肩上。

(五)操作重點及注意事項

1.不可雙手拿托盤。

2.手托式要求左手習慣向外張開十五度。

3.手托托盤時力求自然，太緊張、托盤太高或太低都容易造成操作安全問題。

二、如何使用服務叉匙

(一)服務叉匙的主要功能

　　分派及服務各種類食物。

(二)使用方式

　　1.單手持服務叉匙：以匙在下，叉在上的使用法。

　　　(1)指夾式：夾派重物、大件物品、扁平物品。

　　　(2)指握式：夾菜，取汁，夾圓形物品，現場烹調用。

　　2.雙手持服務叉匙：以左手持叉，右手拿匙的使用法。

　　　夾長形物品、大塊肉類及重物，適用於俄式服勤。

　　3.服務叉匙可應用在以下之狀況：

　　　(1)夾麵包。

　　　(2)夾奶油塊。

　　　(3)英式服勤，現場桌邊服務，如去骨，分魚等。

三、如何使用口布❶

(一)口布的最主要功能

1.餐廳營運上

　　提供顧客使用及增加整體餐廳用餐氣氛及質感。

2.顧客使用上

　　可防止燙傷、防止食物污損衣物等。

(二)折口布前的檢視工作

　　1.口布是否有脫線及破損的情況。

　　2.口布是否污漬或不潔處。

　　3.口布是否方正及上漿燙平（檢視口布是否是正方形的方法：將口布
　　　折成對角，若呈正三角形則口布為正方形）。

(三)決定及折疊客用口布的要點如下

　　1.口布形狀需要簡單明瞭及符合菜系或宴會型式（例如西餐廳常用皇
　　　冠或是天堂鳥，而中餐喜宴最常被業者使用的則是星光燦爛）。

2.方便顧客開展及使用。

3.選擇折法簡單，以減少因手多次碰觸而污染口布的乾淨度。

4.如果選擇折法複雜，最好用於觀賞用。

5.口布折角要對折角，線條要拉平直。

(四)為顧客攤開口布的要領

　　為客人攤口布時不管站立在哪個定點（在左或右），站左邊由左手橫向身體將口布輕輕放在顧客腿上；站右邊，則右手橫向客人身體，避免用手肘碰觸客人。

註釋

❶交通部觀光局，《旅館餐飲實務》（交通部觀光局委託台北市觀光旅館商業同業工會編印，1992年），28-32頁。

附錄五　二十五句基礎實用英語會話介紹

G：guest（顧客）　H：hostess（領台）　W：waiter／waitress（男／女服務員）

Part I ：Making Restaurant Reservation （餐廳訂位）

1.H：Good morning, Chinese Restaurant. This is Catherine. How may I help you?

「早安，您好！這裡是中餐廳？我是凱薩琳，能為您服務嗎？」

　G：I want to reserve a table for three on this Friday at six o'clock. I'd like to sit in the non-smoking area.

「我想要預約這個星期五晚上六點，我們有三個人。我希望坐在非吸煙區。」

2.H：All right, could I have your name and phone number, please?

「好的，您能留下姓名及電話號碼？」

　G：Sure, my name is Lily Lin and phone number is 2666-0011.

「我是林麗麗，電話號碼是2666-0011。」

3.H：Yes, Ms.Lin, that 'll be a table for three at six o'clock p.m. on this Friday. Is that right?

「是的，林小姐您預約本週五晚上六點共計有三人，請問是否正確？」

　G：Right, thank you.

「是的，謝謝你！」

Part II ：Greeting and seating （迎客及帶位）

4.H：Madam, may I have your name please? Do you have a reservation? Are there three people in your group? Do you smoke? Do you mind sitting by the window?

「XX先生、XX小姐，您好！請問您貴姓？是否已經訂位了？請問是三位嗎？有沒有抽煙？喜歡靠窗的位置嗎？」

G：My name is Lily Lin. I have reserved a table for three at six o'clock and I don't smoke, thank you.

「我是林麗麗，已經預約晚上六點三人的座位，我們不抽煙。謝謝！」

5.H：Ms.Lin, is this table fine for you?

「林小姐，請問這張桌子可以嗎？」

G：That is fine, thank you.

「這個可以，謝謝你！」

6.H：Ms.Lin, our captain Jack, he will serve you today, hope you enjoy your stay!

「林小姐，這位是本餐廳領班傑克，他將為您服務，祝您用餐愉快！」

Part III：Ordering （點菜）

7.W：Ms.Lin, my name is Jack, it's my pleasure for taking care of your table tonight.

「林小姐，我是傑克，今天晚上很高興能夠為您們服務。」

W：Ms.Lin, before you look at the menu, I would like to recommend our aperitif.

「林小姐，在您們看菜單之前，我想建議開胃酒。」

G：Can I have your wine / beverage list？

「我可以先看一下酒單／飲料單嗎？」

W：Yes, Ms.Lin, right away.

「是的，林小姐，馬上來。」

8.G：Is there anything special in your restaurant, would you recommend？

「你們餐廳有沒有什麼較特別的，你可以建議嗎？」

W：The cocktail is the most popular aperitif in our restaurant.

「雞尾酒是本餐廳最具特色且最受歡迎的開胃酒。」

G：Yes, we would like to have three glasses of this, thank you.

「好的，我們想點三杯這個，謝謝你！」

9.W：Ms.Lin, may I show you our menu? Before taking your order, I would like to recommend the daily special in this page for your reference.

「林小姐，您想要看菜單嗎？在點菜之前我想推薦菜單這頁上的主廚
特選供您參考！」

W：Please take your time, I will be right back when you are ready to order.

「請您慢慢看，當您們要點菜時我會馬上回來！」

G：All Right, thank you.

「好的，謝謝你！」

10.W：Ms.Lin, may I take your order now?

「林小姐，請問您要點菜了嗎？」

G：Yes, thank you. We would like to have the onion soup to start with, and
the salad for next.

「是的，謝謝你！我們想要先點洋蔥湯，然後再上沙拉。」

11.W：What kind of dressing would you like for your salad? We have chef spe-
cial, caesar and thousand Island.

「請問您的沙拉要配什麼醬？我們有主廚特調醬汁、凱撒醬、千島醬
等選擇。」

G：We would like to have two chef special and one thousand island.

「我們需要兩份主廚特調醬汁和一份千島醬。」

12.W：What would you like to have for the main course for tonight? Our daily
special will be Canada lobster, French style goose liver, and the steak.

「請問您今晚需要什麼樣的主菜？我們今天主廚的特餐有加拿大龍
蝦、法式鵝肝醬及牛排等選擇。」

G：Let me see, we would like to one of each.

「我想我們各來一份。」

13.W：How would you like your steak? Rare, medium or well-done?

「請問您的牛排要幾分熟？稍熟、五分熟還是全熟？」

G：I would like it medium well .

「我想要七分熟。」

14.W：Will there be anything else?

「您還需要點些什麼嗎？」

G：I will let you know.

「我會讓你知道。」

15.W：It will take about ten minutes to prepare your meal, I will be right back! If you need anything, I will be right with you.

「我可能需要十分鐘來準備各位的餐點，我馬上回來！如果有任何需要請隨時交代我！」

PartIV: During the meal（用餐中）

16.W：Excuse me, Ms.Lin, may I change your cutlery?

「抱歉，林小姐，可以為您更換餐具嗎？」

G：Sure, please.

「好啊，請！」

17.W：Excuse me, Ms.Lin, this is the French style goose liver, enjoy your meal!

「抱歉，林小姐，這是您點的法式鵝肝醬。請慢用！」

G：Thank you, it seems delicious.

「謝謝，它看起來十分可口！」

18.W：Excuse me, Ms.Lin, would you like to have some more wine?

「抱歉，林小姐，請問您需要再加點葡萄酒嗎？」

G：Thank you, I just need half of glass.

「謝謝，但我只需要半杯！」

19.W：Excuse me, Ms.Lin, would you like to have some more bread?

「抱歉，林小姐，請問您需要再添加一些麵包嗎？」

G：No, thank you.

「不了，謝謝！」

20.W：Excuse me, Ms.Lin, may I remove your plate?

「抱歉，林小姐，可以幫您收下空盤嗎？」

G：Sure, please.

「好啊，請！」

21.W：Excuse me, Ms.Lin, may I clear your table?

「抱歉，林小姐，可以幫您清理桌面嗎？」

G：No, can you come back after three minutes.

「還不行，請你三分鐘後再來！」

W：I'm so sorry, Ms.Lin, I will be back after three minutes.

「我很抱歉，林小姐，我三分鐘後再來！」

22.W：Ms.Lin, would you like some dessert? Our homemade cheese cake tastes delicious!

「林小姐，請問您飯後要來點甜點嗎？我們自製的起士蛋糕口感很棒！」

G：Sure, we will have three cheese cakes.

「好啊，那我們要點三份起士蛋糕！」

22.W：Ms.Lin, may I repeat your order? Your order will be three cheese cakes!

「林小姐，讓我重複您所點的甜點，您點的是三份起士蛋糕！」

G：Yes, that is correct.

「正確！」

24.W：Ms.Lin, would you care for some drink with the dessert?

「林小姐，您需要點飲料來搭配甜點嗎？」

G：Sure, three cups of coffee will be fine.

「好啊，請來三杯咖啡！」

Par V: After the meal （用餐後）

25.W：Ms.Lin, is everything all right with your meals?

「林小姐，請問您的餐點都滿意嗎？」

G：We are really enjoying them. And your service is excellent!

「我們都很滿意餐點！而且你的服務很棒！」

W：Thank you very much, it's my pleasure to serve you all.

「感謝您，這是我的榮幸能夠提供服務給各位！」

NOTE...

NOTE...

NOTE...

餐飲旅館19

餐飲概論

作　　者／張麗英

出 版 者／揚智文化事業股份有限公司

發 行 人／葉忠賢

總 編 輯／林新倫

執行編輯／姚奉綺

登 記 證／局版北市業字第1117號

地　　址／台北市新生南路三段88號5樓之6

電　　話／(02)2366-0309

傳　　眞／(02)2366-0310

郵撥帳號／19735365　戶名：葉忠賢

法律顧問／北辰著作權事務所　蕭雄淋律師

印　　刷／大象彩色印刷製版股份有限公司

I S B N ／957-818-787-4

初版四刷／2014年9月

定　　價／新台幣550元

　E-mail　／service@ycrc.com.tw

國家圖書館出版品預行編目資料

餐飲概論 / 張麗英著. -- 初版. -- 臺北市：
揚智文化, 2006[民95]
　　面；　公分
　ISBN 957-818-787-4(平裝)

　1. 飲食業 - 管理

483.8　　　　　　　　　　　95005558